大学物理复习精要

马春兰 臧涛成 程新利 葛丽娟
毛红敏 时善进 孙 坚 沈娇艳 编著

南京大学出版社

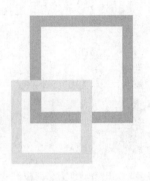

图书在版编目(CIP)数据

大学物理复习精要 / 马春兰等编著. — 南京 ：南京大学出版社，2019.1(2022.3 重印)

ISBN 978-7-305-21552-0

Ⅰ. ①大… Ⅱ. ①马… Ⅲ. ①物理学－高等学校－教学参考资料 Ⅳ. ①O4

中国版本图书馆 CIP 数据核字(2019)第 012324 号

出版发行　南京大学出版社
社　　址　南京市汉口路 22 号　　　邮编　210093
出 版 人　金鑫荣

书　　名　大学物理复习精要
编　　著　马春兰　臧涛成　程新利　葛丽娟　毛红敏　时善进　孙　坚　沈娇艳
责任编辑　甄海龙　王南雁　　　编辑热线 025-83592146

照　　排　南京理工大学资产经营有限公司
印　　刷　南京玉河印刷厂
开　　本　787×1092　1/16　印张 14.25　字数 350 千
版　　次　2019 年 1 月第 1 版　2022 年 3 月第 4 次印刷
ISBN　978-7-305-21552-0
定　　价　36.00 元

网　　址：http://www.njupco.com
官方微博：http://weibo.com/njupco
官方微信号：njuyuexue
销售咨询热线：(025)83594756

前　言

大学物理是高等学校非物理类理工科专业的基础课程.本书是按马文蔚、周雨青主编的《物理学教程》第三版各章顺序编写，每章分基本要求、内容提要、典型例题、习题选讲和综合练习五个部分.基本要求部分简明扼要地指出每章应该掌握、理解与了解的内容，内容提要部分系统概括和总结了本章的主要内容和知识点，典型例题部分则精选了教材以外的具有典型意义的题目讲解，习题选讲部分题目均为教材课后习题(为使用方便，题号与《物理学教程》相应各章习题题号一致).典型例题和习题选讲两部分所选例题力求内容丰富、难度适当并能覆盖主要知识点.

本书具有一定的通用性，可作为理工科院校相关各专业大学物理课程的教学辅导参考.

本书编写分工如下:第一、二章由孙坚编写，第三、四章由马春兰编写，第五、六章由臧涛成编写，第七、八章由时善进编写，第九、十章由葛丽娟编写，第十一、十二章由沈娇艳编写，第十三、十四章由毛红敏编写，第十五、十六章由程新利编写.全书由臧涛成修订并统稿.

本书编写过程参考了同类教学辅导书以及其他形式的资料，在此不便一一列举，编者在此表示歉意并衷心感谢.

本书在出版过程中得到了苏州科技大学数理学院、南京大学出版社的大力支持，在此编者一并表示诚挚的感谢.

限于编者水平，书中难免出现错漏之处，敬请批评指正.

编者

2018.10

目　录

第 1 章　质点运动学

1.1　基本要求

一、掌握位置矢量、位移、速度、加速度等描述质点运动及变化的物理量概念.

二、理解运动方程的物理意义,熟练掌握由运动方程求解速度和加速度的方法.基本掌握已知质点运动加速度和初始条件求速度、运动方程的方法.

三、掌握曲线运动的自然坐标表示法,能计算质点在平面内运动时的速度和加速度,以及质点作圆周运动时的角速度、角加速度、切向加速度和法向加速度.

四、了解质点的相对运动问题.

1.2　内容提要

一、参考系、坐标系和质点模型

1. 参考系

为定性描述物体运动而选用的标准物体或物体系.

2. 坐标系

为定量描述物体的位置与运动情况,在给定的参考系上建立的带有标尺的数学坐标.

坐标系的种类较多,视不同需要而选择.大学物理中常用的坐标系有直角坐标系(x,y,z)、极坐标系(r,θ)、自然坐标系等.在解某些力学问题时,经常会用到自然坐标系.

3. 质点

具有一定质量而大小或形状可以忽略的理想物体.一般有两种简化:

(1) 转动物体自身线度与其活动范围相比小得多时可视为质点.

(2) 物体平动时可视为质点.

二、描述质点运动的物理量

1. 位矢(位置矢量)$\boldsymbol{r}(t)$

确定质点 t 时刻空间具体位置的物理量，是指从坐标原点指向空间某点的有向线段.

直角坐标系中：$\boldsymbol{r}(t)=x(t)\boldsymbol{i}+y(t)\boldsymbol{j}+z(t)\boldsymbol{k}$，其大小 $r=\sqrt{x^2+y^2+z^2}$，方向可用与直角三个坐标轴的夹角余弦表示，$\begin{cases}\cos\alpha=x/r\\ \cos\beta=y/r.\\ \cos\gamma=z/r\end{cases}$

2. 位移 $\Delta\boldsymbol{r}$

描述质点 Δt 时间内位置移动的物理量，是指 $\boldsymbol{r}(t)$端点指向 $\boldsymbol{r}(t+\Delta t)$端点的有向线段，即 $\Delta\boldsymbol{r}=\boldsymbol{r}(t+\Delta t)-\boldsymbol{r}(t)$.

位移 $\Delta\boldsymbol{r}$ 表示 Δt 时间内质点位置变化的净效果，与质点运动轨迹无关，只与始、末点位置有关.

直角坐标系中，$\Delta\boldsymbol{r}=(x_2-x_1)\boldsymbol{i}+(y_2-y_1)\boldsymbol{j}+(z_2-z_1)\boldsymbol{k}=\Delta x\boldsymbol{i}+\Delta y\boldsymbol{j}+\Delta z\boldsymbol{k}$，

大小 $|\Delta\boldsymbol{r}|=\sqrt{\Delta x^2+\Delta y^2+\Delta z^2}$.

3. 路程 Δs

描述质点 Δt 时间内通过的实际轨迹长度的物理量. Δs 是标量，与质点运动轨迹有关.

$|\Delta\boldsymbol{r}|$、Δr 及 Δs 的区别和联系见图 1-1：

$|\Delta\boldsymbol{r}|$指 Δt 时间内位移的大小，$|\Delta\boldsymbol{r}|=\overline{AB}$；$\Delta r$ 指 Δt 时间内位矢大小(模)的增量，$\Delta r=|\boldsymbol{r}_2|-|\boldsymbol{r}_1|=r_2-r_1$；$\Delta s$ 指 Δt 时间内的路程.

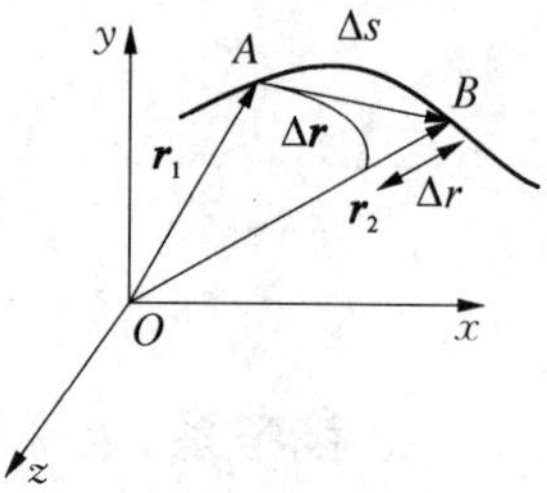

图 1-1

通常情况下，$|\Delta\boldsymbol{r}|\neq\Delta r\neq\Delta s$. 曲线运动时，$\Delta t\to 0$ 时有 $|\mathrm{d}\boldsymbol{r}|=\mathrm{d}s$.

4. 速度 $\boldsymbol{v}$

描述质点运动的快慢和方向的物理量，$\boldsymbol{v}=\lim\limits_{\Delta t\to 0}\dfrac{\Delta\boldsymbol{r}}{\Delta t}=\dfrac{\mathrm{d}\boldsymbol{r}}{\mathrm{d}t}$.

直角坐标系中，$\boldsymbol{v}=\dfrac{\mathrm{d}x}{\mathrm{d}t}\boldsymbol{i}+\dfrac{\mathrm{d}y}{\mathrm{d}t}\boldsymbol{j}+\dfrac{\mathrm{d}z}{\mathrm{d}t}\boldsymbol{k}=v_x\boldsymbol{i}+v_y\boldsymbol{j}+v_z\boldsymbol{k}$，方向沿质点所在处曲线切线并指向前进一侧，速度的大小 $v=|\boldsymbol{v}|=\sqrt{v_x^2+v_y^2+v_z^2}$ 也称为速率，速率还可以用路程对时间的变化率表示，即 $v=\dfrac{\mathrm{d}s}{\mathrm{d}t}$.

Δt 内的平均速度$\overline{\boldsymbol{v}}$定义为 Δt 时间内的位移 $\Delta\boldsymbol{r}$ 与 Δt 之比，即 $\overline{\boldsymbol{v}}=\dfrac{\Delta\boldsymbol{r}}{\Delta t}$.

5. 加速度 $\boldsymbol{a}$

描述质点速度大小、方向变化快慢的物理量，$\boldsymbol{a}=\dfrac{\mathrm{d}\boldsymbol{v}}{\mathrm{d}t}$.

直角坐标系中，$\boldsymbol{a}=\dfrac{\mathrm{d}^2x}{\mathrm{d}t^2}\boldsymbol{i}+\dfrac{\mathrm{d}^2y}{\mathrm{d}t^2}\boldsymbol{j}+\dfrac{\mathrm{d}^2z}{\mathrm{d}t^2}\boldsymbol{k}=a_x\boldsymbol{i}+a_y\boldsymbol{j}+a_z\boldsymbol{k}$，大小 $a=|\boldsymbol{a}|=\sqrt{a_x^2+a_y^2+a_z^2}$，曲线运动时，$\boldsymbol{a}$ 的方向指向质点所在处曲线凹侧.

三、运动方程及运动学两类基本问题

1. 运动方程和轨迹方程

在给定坐标系中，质点的位置随时间按一定规律变化，位置可以用坐标表示为时间的函数，叫作运动方程.描述质点运动轨迹的曲线方程称为轨迹方程.

运动方程：$\boldsymbol{r}=\boldsymbol{r}(t)$

直角坐标系中的分量式：$x=x(t)$，$y=y(t)$，$z=z(t)$

由分量式消去 t 得轨迹方程：$f(x,y,z)=0$

2. 运动学的两类基本问题

(1) 已知运动方程，求速度和加速度

将已知函数 $\boldsymbol{r}(t)$ 对时间 t 求导数即可，即：

$$\boldsymbol{r}\xrightarrow{\text{求导}}\boldsymbol{v}=\frac{\mathrm{d}\boldsymbol{r}}{\mathrm{d}t}\xrightarrow{\text{求导}}\boldsymbol{a}=\frac{\mathrm{d}\boldsymbol{v}}{\mathrm{d}t}$$

(2) 已知速度和加速度，求运动方程

若已知速度、加速度与 t 的关系，直接进行积分即可，即：

$$\boldsymbol{a}=\boldsymbol{a}(t)\xrightarrow{\text{积分}}\boldsymbol{v}=\boldsymbol{v}_0+\int\boldsymbol{a}\,\mathrm{d}t\xrightarrow{\text{积分}}\boldsymbol{r}=\boldsymbol{r}_0+\int\boldsymbol{v}\,\mathrm{d}t$$

特别地，若已知加速度与 x 的关系，应先进行变换

$$a(x)=\frac{\mathrm{d}v}{\mathrm{d}t}=\frac{\mathrm{d}v}{\mathrm{d}x}\cdot\frac{\mathrm{d}x}{\mathrm{d}t}=v\frac{\mathrm{d}v}{\mathrm{d}x}$$

通过积分 $\int_{v_0}^{v}v\,\mathrm{d}v=\int_{x_0}^{x}a(x)\,\mathrm{d}x$ 可得到 v 与 x 的关系

$$v^2(x)=v_0^2+2\int_{x_0}^{x}a(x)\,\mathrm{d}x$$

再由 $\int_{t_0}^{t}\mathrm{d}t=\int_{x_0}^{x}\dfrac{\mathrm{d}x}{v(x)}$，即可求得 x 与 t 的关系.

四、圆周运动

1. 圆周运动的角量描述(如图 1-2)

(1) 角坐标 $\theta(t)$:描述质点在 t 时刻的角位置.

角位移 $\Delta\theta$:描述质点角坐标的变化,$\Delta\theta=\theta(t+\Delta t)-\theta(t)$.

角速度 ω:描述质点圆周运动的快慢和方向,$\omega=\frac{d\theta}{dt}$.

角加速度 α:描述质点角速度大小、方向的变化快慢,$\alpha=\frac{d\omega}{dt}$.

注意:圆周运动时,角位移、角速度和角加速度仅有正负,一般定义逆时针旋转时角位移、角速度为正,顺时针则为负.角加速度的正负与角速度的变化情况有关:角速度变大时,角加速度的正负与角速度的正负相同;角速度变小时,角加速度的正负与角速度的正负相反.

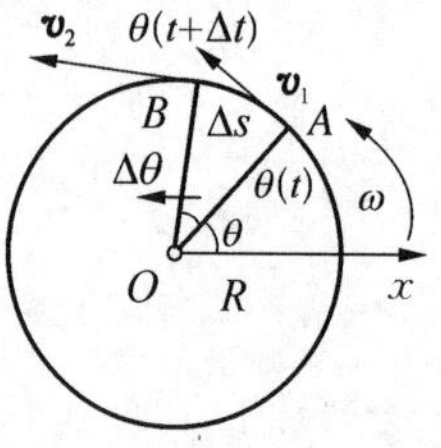

图 1-2

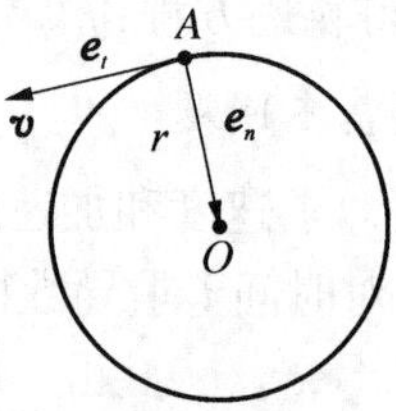

图 1-3

(2) 自然坐标系

如图 1-3 所示,以轨迹上任意一点 A 点为原点,以切线单位矢量 $\boldsymbol{e}_t$ 和法向单位矢量 $\boldsymbol{e}_n$ 建立的二维坐标系称为自然坐标系.在讨论圆周运动及曲线运动时,我们经常要用到这种坐标系.即时速度 $\boldsymbol{v}$ 的方向就是在轨迹在 A 点的切线单位矢量 $\boldsymbol{e}_t$ 方向,r 为即时曲率半径.

(3) 线量与角量的关系

角位移与弧长:$\Delta s=r\Delta\theta$

角速度与线速度的大小:$v=r\omega$

切向加速度与角加速度的大小关系:$a_t=\frac{dv}{dt}=r\frac{d\omega}{dt}=r\alpha$

法向加速度与角速度的大小关系:$a_n=\frac{v^2}{r}=r\omega^2$

(4) 圆周运动时总加速度计算式:

$$\boldsymbol{a}=\boldsymbol{a}_t+\boldsymbol{a}_n=\frac{dv}{dt}\boldsymbol{e}_t+\frac{v^2}{r}\boldsymbol{e}_n \text{ 或 } \boldsymbol{a}=r\alpha\boldsymbol{e}_t+r\omega^2\boldsymbol{e}_n$$

切向加速度、法向加速度和总加速度的关系,如图 1-4 所示.

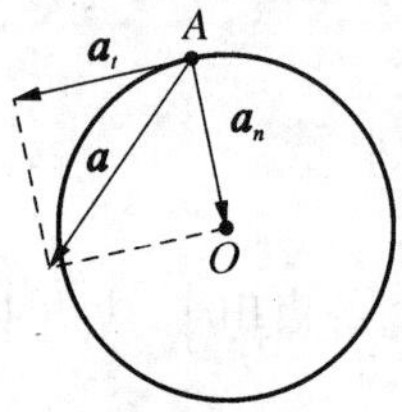

图 1-4

2. 两种圆周运动

(1) 匀速率圆周运动:$\alpha=0$,ω 是恒量,基本方程 $\theta=\theta_0+\omega t$.

(2) 匀变速率圆周运动：α 是恒量，基本方程

$$\omega=\omega_0+\alpha t,\theta=\theta_0+\omega_0 t+\frac{1}{2}\alpha t^2,\omega^2-\omega_0^2=2\alpha(\theta-\theta_0).$$

五、相对运动

如图1-5所示，静止坐标系 xOy，运动坐标系 $x'O'y'$.在 O' 系相对于 O 系以速度 $\boldsymbol{u}$ 作平动运动的情况下，同一质点 P 在这两个参考系中的位矢、速度、加速度之间的关系为：

$$\boldsymbol{r}_{OP}=\boldsymbol{r}_{O'P}+\boldsymbol{u}\Delta t,\boldsymbol{v}_{OP}=\boldsymbol{v}_{O'P}+\boldsymbol{u},\boldsymbol{a}_{OP}=\boldsymbol{a}_{O'P}+\frac{\mathrm{d}\boldsymbol{u}}{\mathrm{d}t}$$

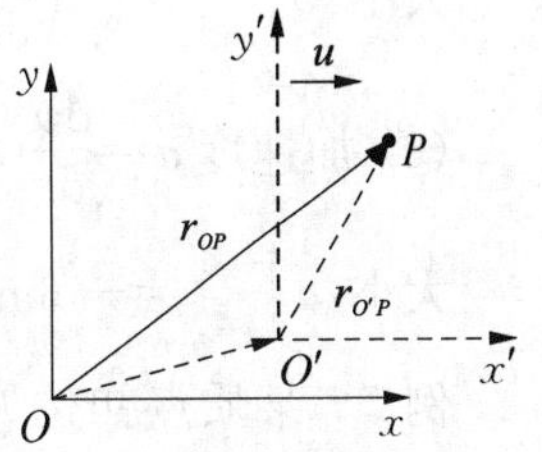

图1-5

1.3　典型例题

例1　已知质点的运动方程 $\boldsymbol{r}=2t\boldsymbol{i}+(4-3t^2)\boldsymbol{j}$ (SI)，求

(1) 质点的轨迹；

(2) $t=0$ s 及 $t=3$ s 时，质点的位置矢量；

(3) $t=0$ s 到 $t=3$ s 时间内的位移；

(4) $t=0$ s 到 $t=3$ s 时间内的平均速度；

(5) $t=3$ s 末的速度及速度大小；

(6) $t=3$ s 末加速度及加速度大小.

解　这是一道已知运动方程，求解位矢、位移、速度、加速度的典型题目，属于第一种类型，可根据第一种类型的解题思路依次求解，注意求解过程中的矢量的方向如何表示.

(1) 先写运动方程的分量式：$\begin{cases}x=2t\\y=4-3t^2\end{cases}$

消去 t 得轨迹方程：$y=4-\frac{3}{4}x^2$，是抛物线.

(2) 位矢：$\boldsymbol{r}\Big|_{t=0\,\mathrm{s}}=4\boldsymbol{j}$，$\boldsymbol{r}\Big|_{t=3\,\mathrm{s}}=(6\boldsymbol{i}-23\boldsymbol{j})$ m

(3) 位移：$\Delta\boldsymbol{r}=\boldsymbol{r}\Big|_{t=3\,\mathrm{s}}-\boldsymbol{r}\Big|_{t=0\,\mathrm{s}}=6\boldsymbol{i}-23\boldsymbol{j}-4\boldsymbol{j}=(6\boldsymbol{i}-27\boldsymbol{j})$ m

大小：$|\Delta\boldsymbol{r}|=\sqrt{6^2+(27)^2}=27.66$ m

方向：$\theta_0=\arctan\left(\frac{-9}{2}\right)=-1.35$ rad，与 x 轴正方向夹角为 -1.35 rad.

(4) 平均速度：$\overline{\boldsymbol{v}}\Big|_{t=0-3\,\mathrm{s}}=\frac{\Delta\boldsymbol{r}}{\Delta t}=\frac{\Delta x}{\Delta t}\boldsymbol{i}+\frac{\Delta y}{\Delta t}\boldsymbol{j}=(2\boldsymbol{i}-9\boldsymbol{j})\,\mathrm{m}\cdot\mathrm{s}^{-1}$

大小：$|\bar{\boldsymbol{v}}|=\sqrt{\left(\frac{\Delta x}{\Delta t}\right)^2+\left(\frac{\Delta y}{\Delta t}\right)^2}=\sqrt{4+81}=9.22\ \text{m}\cdot\text{s}^{-1}$

(5) 速度：$\boldsymbol{v}=\frac{\mathrm{d}\boldsymbol{r}}{\mathrm{d}t}=\frac{\mathrm{d}x}{\mathrm{d}t}\boldsymbol{i}+\frac{\mathrm{d}y}{\mathrm{d}t}\boldsymbol{j}=2\boldsymbol{i}-6t\boldsymbol{j}$，$\boldsymbol{v}\Big|_{t=3\ \text{s}}=(2\boldsymbol{i}-18\boldsymbol{j})\ \text{m}\cdot\text{s}^{-1}$

大小：$v\Big|_{t=3\ \text{s}}=\sqrt{\left(\frac{\mathrm{d}x}{\mathrm{d}t}\right)^2+\left(\frac{\mathrm{d}y}{\mathrm{d}t}\right)^2}=18.11\ \text{m}\cdot\text{s}^{-1}$

(6) 加速度 $\boldsymbol{a}=\frac{\mathrm{d}\boldsymbol{v}}{\mathrm{d}t}=-6\boldsymbol{j}\ \text{m}\cdot\text{s}^{-2}$，$\boldsymbol{a}\Big|_{t=3\ \text{s}}=-6\boldsymbol{j}\ \text{m}\cdot\text{s}^{-2}$

大小：$a\Big|_{t=3\ \text{s}}=-6\ \text{m}\cdot\text{s}^{-2}$，沿 y 轴负向，与时间无关

例 2 某质点初位矢 $\boldsymbol{r}_0=2\boldsymbol{i}$(SI)，初速度 $\boldsymbol{v}_0=2\boldsymbol{j}$(SI)，加速度 $\boldsymbol{a}=4t\boldsymbol{i}+2t^3\boldsymbol{j}$(SI)，求：(1) 该质点任意时刻的速度；(2) 该质点任意时刻的运动方程.

解 这是一道已知加速度表达式，提供初位矢，初速度等初始条件，求解任意时刻的速度、位矢的典型题目，属于第二种类型，可根据第二种类型的解题思路依次求解.注意求解过程中积分如何确定积分上下限.

(1) 给出的加速度是含时间变量的函数，由 $\boldsymbol{a}=\frac{\mathrm{d}\boldsymbol{v}}{\mathrm{d}t}$，并结合题设给出的初速度条件可得：

$$\boldsymbol{v}-\boldsymbol{v}_0=\int_0^t \boldsymbol{a}\,\mathrm{d}t=\int_0^t(4t\boldsymbol{i}+2t^3\boldsymbol{j})\mathrm{d}t=2t^2\boldsymbol{i}+\frac{t^4}{2}\boldsymbol{j}$$

$$\boldsymbol{v}=\boldsymbol{v}_0+2t^2\boldsymbol{i}+\frac{t^4}{2}\boldsymbol{j}=2t^2\boldsymbol{i}+\left(2+\frac{t^4}{2}\right)\boldsymbol{j}$$

(2) 由 $\boldsymbol{v}=\frac{\mathrm{d}\boldsymbol{r}}{\mathrm{d}t}$，注意带入的速度表达式应是上述已求解的任意时刻的速度表达式，并结合题设给出的初速度条件可得：

$$\boldsymbol{r}-\boldsymbol{r}_0=\int_0^t \boldsymbol{v}\,\mathrm{d}t=\int_0^t\left[2t^2\boldsymbol{i}+\left(2+\frac{t^4}{2}\right)\boldsymbol{j}\right]\mathrm{d}t=\frac{2t^3}{3}\boldsymbol{i}+\left(2t+\frac{t^5}{10}\right)\boldsymbol{j}$$

$$\boldsymbol{r}=\boldsymbol{r}_0+\frac{2t^3}{3}\boldsymbol{i}+\left(2t+\frac{t^5}{10}\right)\boldsymbol{j}=\left(2+\frac{2t^3}{3}\right)\boldsymbol{i}+\left(2t+\frac{t^5}{10}\right)\boldsymbol{j}$$

例 3 一质点按规律 $S=t^3+2t^2$(SI)在圆的轨道上运动，S 为圆弧的自然坐标.如果当 $t=2$ s 时的总加速度大小为 $16\sqrt{2}\ \text{m}\cdot\text{s}^{-2}$，求此圆周的半径 R.

解 题目涉及圆周运动的线量与角量的关系式、圆周运动时的速度、加速度公式，尤其是加速度公式中有关切向加速度、法向加速度和总加速度的大小的求解，解题时需要把这些公式综合使用.

由题意可得，t 时刻质点沿圆周运动的运动方程为：$s=R\theta=t^3+2t^2$

质点沿圆周运动的速度：$v=R\omega=3t^2+4t$

切向加速度：$a_t=\frac{\mathrm{d}v}{\mathrm{d}t}=R\alpha=6t+4$

法向加速度：$a_n=\frac{v^2}{R}=\sqrt{a^2-a_t^2}$

半径：$R=\dfrac{v^2}{\sqrt{a^2-a_t^2}}=\dfrac{(3\times2^2+4\times2)^2}{\sqrt{(16\sqrt{2})^2-(6\times2+4)^2}}=\dfrac{20^2}{4^2}=25\ \mathrm{m}$

1.4　习题选讲

1-11　质点沿直线运动，加速度 $a=4-t^2$，式中 a 的单位为 $\mathrm{m\cdot s^{-2}}$，t 的单位为 s.如果当 $t=3$ s 时，$x=9$ m，$v=2\ \mathrm{m\cdot s^{-1}}$，求质点的运动方程.

解　本题属于运动学第二类问题，即已知加速度求速度和运动方程，必须在给定条件下用积分方法解决.由于是直线运动，所以此时可以去掉矢量号，以正负号来表示某一直线上的运动情况.由 $a=\dfrac{\mathrm{d}v}{\mathrm{d}t}$ 和 $v=\dfrac{\mathrm{d}x}{\mathrm{d}t}$ 可得 $\mathrm{d}v=a\,\mathrm{d}t$ 和 $\mathrm{d}x=v\mathrm{d}t$.

由 $\int_{v_0}^{v}\mathrm{d}v=\int_0^t a\,\mathrm{d}t$ 可得，

$$v=4t-\frac{1}{3}t^3+v_0 \tag{1}$$

再由 $\int_{x_0}^{x}\mathrm{d}x=\int_0^t v\mathrm{d}t$ 可得，

$$x=2t^2-\frac{1}{12}t^4+v_0t+x_0 \tag{2}$$

将 $t=3$ s 时，$x=9$ m，$v=2\ \mathrm{m\cdot s^{-1}}$ 代入(1)、(2)得 $v_0=-1\ \mathrm{m\cdot s^{-1}}$，$x_0=0.75$ m.于是可得质点运动方程为：$x=2t^2-\dfrac{1}{12}t^4+0.75$

1-14　质点在 Oxy 平面内运动，其运动方程为 $\boldsymbol{r}=2.0t\boldsymbol{i}+(19.0-2.0t^2)\boldsymbol{j}$，式中 $\boldsymbol{r}$ 的单位为 m，t 的单位为 s.求：(1) 质点的轨迹方程；(2) 在 $t_1=1.0$ s 到 $t_2=2.0$ s 时间内的平均速度；(3) $t_1=1.0$ s 时的速度及切向和法向加速度；(4) $t_1=1.0$ s 时质点所在处轨道的曲率半径 ρ.

解　根据运动方程可直接写出其分量式 $x=x(t)$ 和 $y=y(t)$，从中消去参数 t，即得质点的轨迹方程.平均速度是反映质点在一段时间内位置的变化率，即 $\overline{\boldsymbol{v}}=\dfrac{\Delta\boldsymbol{r}}{\Delta t}$，它与时间间隔 Δt 的大小有关，当 $\Delta t\to0$ 时，平均速度的极限即瞬时速度 $\boldsymbol{v}=\dfrac{\mathrm{d}\boldsymbol{r}}{\mathrm{d}t}$.切向和法向加速度是指在自然坐标下的分矢量 $\boldsymbol{a}_t$ 和 $\boldsymbol{a}_n$，前者只反映质点在切线方向速度大小的变化率，即 $\boldsymbol{a}_t=\dfrac{\mathrm{d}v}{\mathrm{d}t}\boldsymbol{e}_t$，后者只反映质点速度方向的变化，它可由总加速度 $\boldsymbol{a}$ 和 $\boldsymbol{a}_t$ 得到.在求得 t_1 时刻质点的速度和法向加速度的大小后，可由公式 $a_n=\dfrac{v^2}{\rho}$ 求 ρ.

(1) 由参数方程：$x=2.0t$，$y=19.0-2.0t^2$

消去 t 得质点的轨迹方程：$y=19.0-0.50x^2$

(2) 在 $t_1=1.0$ s 到 $t_2=2.0$ s 时间内的平均速度：

$$\overline{\boldsymbol{v}}=\frac{\Delta \boldsymbol{r}}{\Delta t}=\frac{\boldsymbol{r}_2-\boldsymbol{r}_1}{t_2-t_1}=2.0\boldsymbol{i}-6.0\boldsymbol{j}$$

(3) 质点在任意时刻的速度和加速度分别为：

$$\boldsymbol{v}(t)=v_x\boldsymbol{i}+v_y\boldsymbol{j}=\frac{\mathrm{d}x}{\mathrm{d}t}\boldsymbol{i}+\frac{\mathrm{d}y}{\mathrm{d}t}\boldsymbol{j}=2.0\boldsymbol{i}-4.0t\boldsymbol{j}$$

$$\boldsymbol{a}(t)=\frac{\mathrm{d}^2x}{\mathrm{d}t^2}\boldsymbol{i}+\frac{\mathrm{d}^2y}{\mathrm{d}t^2}\boldsymbol{j}=-4.0\boldsymbol{j}$$

则 $t_1=1.0$ s 时的速度：$\boldsymbol{v}(t)\Big|_{t=1\,\mathrm{s}}=(2.0\boldsymbol{i}-4.0\boldsymbol{j})\,\mathrm{m}\cdot\mathrm{s}^{-1}$

切向和法向加速度分别为：

$$\boldsymbol{a}_t\Big|_{t=1\,\mathrm{s}}=\frac{\mathrm{d}v}{\mathrm{d}t}\boldsymbol{e}_t=\frac{\mathrm{d}}{\mathrm{d}t}(\sqrt{v_x^2+v_y^2})\boldsymbol{e}_t=3.58\boldsymbol{e}_t\ \mathrm{m}\cdot\mathrm{s}^{-2}$$

$$\boldsymbol{a}_n=\sqrt{a^2-a_t^2}\boldsymbol{e}_n=1.79\boldsymbol{e}_\mathrm{n}\mathrm{m}\cdot\mathrm{s}^{-2}$$

(4) $t_1=1.0$ s 质点的速度大小为：$v=\sqrt{v_x^2+v_y^2}=4.47\ \mathrm{m}\cdot\mathrm{s}^{-1}$

$$\rho=\frac{v^2}{a_n}=11.17\ \mathrm{m}$$

1-20 一半径为 0.50 m 的飞轮在启动时的短时间内，其角速度与时间的平方成正比. 在 $t=2.0$ s 时测得轮缘一点的速度值为 4.0 $\mathrm{m}\cdot\mathrm{s}^{-1}$.求：(1) 该轮在 $t'=0.5$ s 的角速度，轮缘一点的切向加速度和总加速度；(2) 该点在 2.0 s 内所转过的角度.

解 首先应该确定角速度的函数关系 $\omega=kt^2$.依据角量与线量的关系由特定时刻的速度值可得相应的角速度，从而求出式中的比例系数 k，$\omega=\omega(t)$确定后，注意到运动的角量描述与线量描述的相应关系，由运动学中两类问题求解的方法(微分法和积分法)，即可得到特定时刻的角加速度、切向加速度和角位移.

因 $v=\omega R$，由题意 $\omega\propto t^2$ 得比例系数

$$k=\frac{\omega}{t^2}=\frac{v}{Rt^2}=2\ \mathrm{rad}\cdot\mathrm{s}^{-3}$$

所以
$$\omega=\omega(t)=2t^2$$

则 $t'=0.5$ s 时的角速度、角加速度和切向加速度分别为

$$\omega=2t'^2=0.5\ \mathrm{rad}\cdot\mathrm{s}^{-1}$$

$$\alpha=\frac{\mathrm{d}\omega}{\mathrm{d}t}=4t'=2.0\ \mathrm{rad}\cdot\mathrm{s}^{-2}$$

$$a_t=\alpha R=1.0\ \mathrm{m}\cdot\mathrm{s}^{-2}$$

总加速度：$\boldsymbol{a}=\boldsymbol{a}_t+\boldsymbol{a}_n=a_t\boldsymbol{e}_t+a_n\boldsymbol{e}_n=\alpha R\boldsymbol{e}_t+\omega^2R\boldsymbol{e}_n$

总加速度大小：$a=\sqrt{(\alpha R)^2+(\omega^2 R)^2}=1.01\ \mathrm{m\cdot s^{-2}}$

在 2.0 s 内该点所转过的角度

$$\theta-\theta_0=\int_0^2 \omega\,\mathrm{d}t=\int_0^2 2t^2\,\mathrm{d}t=\frac{2}{3}t^3\Big|_0^2=5.33\ \mathrm{rad}$$

1.5　综合练习

一、选择题

1. 一质点在平面上做一般曲线运动，其瞬间速度为 $\boldsymbol{v}$，瞬时速率为 v，某一段时间内的平均速度为 $\overline{\boldsymbol{v}}$，平均速率为 $\overline{v}$. 它们之间的关系必定有（　　）

(A) $|\boldsymbol{v}|=v, |\overline{\boldsymbol{v}}|=\overline{v}$　　(B) $|\boldsymbol{v}|\neq v, |\overline{\boldsymbol{v}}|=\overline{v}$

(C) $|\boldsymbol{v}|\neq v, |\overline{\boldsymbol{v}}|\neq\overline{v}$　　(D) $|\boldsymbol{v}|=v, |\overline{\boldsymbol{v}}|\neq\overline{v}$

2. 若用 $\boldsymbol{r}$、s、$\boldsymbol{v}$ 和 $\boldsymbol{a}$ 分别表示质点运动的位矢、路程、速度和加速度，则下列表述正确的是（　　）

(A) $|\Delta\boldsymbol{r}|=\Delta r$　(B) $\left|\frac{\mathrm{d}\boldsymbol{r}}{\mathrm{d}t}\right|=\frac{\mathrm{d}s}{\mathrm{d}t}=v$　(C) $a=\frac{\mathrm{d}r}{\mathrm{d}t}$　(D) $v=\frac{\mathrm{d}r}{\mathrm{d}t}$

3. 质点作半径为 R 的变速圆周运动时的加速度大小为（v 表示任一时刻质点的速率）（　　）

(A) $\frac{\mathrm{d}v}{\mathrm{d}t}$　(B) $\frac{v^2}{R}$　(C) $\frac{\mathrm{d}v}{\mathrm{d}t}+\frac{v^2}{R}$　(D) $\left[\left(\frac{\mathrm{d}v}{\mathrm{d}t}\right)^2+\left(\frac{v^4}{R^2}\right)\right]^{1/2}$

4. 某质点的运动方程为 $x=3t-5t^3+6$(SI)，则该质点作（　　）

(A) 匀加速直线运动，加速度沿 x 轴正方向

(B) 匀加速直线运动，加速度沿 x 轴负方向

(C) 变加速直线运动，加速度沿 x 轴正方向

(D) 变加速直线运动，加速度沿 x 轴负方向

5. 下列说法哪一条正确？（　　）

(A) 加速度恒定不变时，物体运动方向也不变

(B) 平均速率等于平均速度的大小

(C) 不管加速度如何，平均速率表达式总可以写成（v_1、v_2 分别为初、末速率）

$$\overline{v}=\frac{(v_1+v_2)}{2}$$

(D) 运动物体速率不变时，速度可以变化

6. 质点在平面内运动时，位矢为 $\boldsymbol{r}(t)$，若保持 $\frac{\mathrm{d}v}{\mathrm{d}t}=0$，则质点的运动是（　　）

(A) 匀速直线运动　　(B) 变速直线运动
(C) 圆周运动　　(D) 匀速曲线运动

7. 在忽略空气阻力和摩擦力的条件下,加速度矢量保持不变的运动是(　　)
(A) 单摆的运动　　(B) 匀速率圆周运动
(C) 抛体运动　　(D) 弹簧振子的运动

8. 物体做曲线运动时,以下几种说法中哪一种是正确的(　　)
(A) 切向加速度必不为零
(B) 法向加速度必不为零(拐点处除外)
(C) 由于速度沿切线方向,法向分速度必为零,因此法向加速度必为零
(D) 若物体的加速度 $\boldsymbol{a}$ 为恒矢量,它一定作匀变速率运动

9. 下列说法正确的是(　　)
(A) 质点作圆周运动时的加速度指向圆心
(B) 匀速圆周运动的加速度为恒量
(C) 只有法向加速度的运动一定是圆周运动
(D) 只有切向加速度的运动一定是直线运动

10. 质点沿半径为 R 的圆周作匀速率运动,每转一圈需时间 t,在 $3t$ 时间间隔中,其平均速度大小与平均速率大小分别为(　　)
(A) $\frac{2\pi R}{t},\frac{2\pi R}{t}$　　(B) $0,\frac{2\pi R}{t}$　　(C) $0,0$　　(D) $\frac{2\pi R}{t},0$

11. 一质点在平面上运动,已知质点位置矢量 $\boldsymbol{r}(t)=(3t^2+2)\boldsymbol{i}+6t^2\boldsymbol{j}$,则该质点做(　　)
(A) 匀速直线运动　　(B) 变速直线运动
(C) 抛物线运动　　(D) 一般曲线运动

12. 一作直线运动的物体的运动规律是 $x(t)=t^3-40t$,从时刻 t_1 到 t_2 间的平均速度是(　　)
(A) $(t_2^2+t_1t_2+t_1^2)-40$　　(B) $3t_1^2-40$
(C) $3(t_2-t_1)^2-40$　　(D) $(t_2-t_1)^2-40$

13. 以初速率 v_0 将一物体斜向上抛,抛射角为 θ,忽略空气阻力,则物体飞行轨道最高点处的曲率半径是(　　)
(A) $v_0\sin\theta/g$　　(B) v_0^2/g　　(C) $v_0^2\cos^2\theta/g$　　(D) $v_0^2\sin^2\theta/2g$

*14. 某物体的运动规律为 $\frac{dv}{dt}=-kv^2t$,式中的 k 为大于零的常数.当 $t=0$ 时,初速为 v_0,则速率 v 与时间 t 的函数关系是(　　)
(A) $v=\frac{1}{2}kt^2+v_0$　　(B) $v=-\frac{1}{2}kt^2+v_0$
(C) $\frac{1}{v}=\frac{1}{2}kt^2+\frac{1}{v_0}$　　(D) $\frac{1}{v}=-\frac{1}{2}kt^2+\frac{1}{v_0}$

15. 一质点作直线运动，某时刻的瞬时速度 $v=2\ \mathrm{m\cdot s^{-1}}$，瞬时加速率 $a=2\ \mathrm{m\cdot s^{-2}}$，则一秒钟后质点的速度大小为(　　)

(A) 等于零　　(B) 等于 $-2\ \mathrm{m\cdot s^{-1}}$ (C) 等于 $2\ \mathrm{m\cdot s^{-1}}$　(D) 不能确定

二、填空题

16. 一个质量为 m 的质点，沿 x 轴作直线运动，受到的作用力为 $\boldsymbol{F}=F_0\cos\omega t\boldsymbol{i}$ (SI). $t=0$ 时刻，质点的位置坐标为 x_0，初速度 $\boldsymbol{v}_0=0$. 则质点的位置坐标和时间的关系式是 $x=$________.

17. 一质点沿 x 轴运动，其加速度 $a=ct^2$(其中 c 为常量). 当 $t=0$ 时，质点位于 x_0 处，且速度大小为 v_0，则在任意时刻 t，质点的速度大小 $v=$________，质点的运动学方程 $x=$________.

18. 一质点从静止出发，沿半径 $R=3.0\ \mathrm{m}$ 的圆作圆周运动，切向加速度大小始终为 $a_t=3.0\ \mathrm{m\cdot s^{-2}}$，当总加速度与半径成 $45°$ 角时，所经过的时间为________s，在上述时间内质点经过的路程为________m.

19. 一质点作半径为 R 的圆周运动，其路程 S 随时间 t 变化的规律为 $S=bt+ct^2$，式中 b、c 为正的常量. 则在任一时刻 t，质点的切向加速度大小 $a_t=$________，法向加速度大小 $a_n=$________.

20. 已知质点运动方程为 $\boldsymbol{r}=\left(5+2t-\frac{1}{2}t^2\right)\boldsymbol{i}+\left(4t+\frac{1}{3}t^3\right)\boldsymbol{j}$ (SI). 当 $t=2\ \mathrm{s}$ 时，$\boldsymbol{v}=$________，$\boldsymbol{a}=$________.

21. 一质点沿半径为 0.1 m 的圆周运动，其角位移 θ 随时间 t 的变化规律是 $\theta=2+4t^2$ (SI).

(1) 它的法向加速度大小 $a_n=R\omega^2=$________；

(2) 切向加速度大小 $a_t=R\alpha=$________；(其中 α 表示角加速度)

(3) 当切向加速度 a_t 的大小恰为总加速度 $\boldsymbol{a}$ 的大小的一半时，$\theta=$________.

22. 质点 P 在一直线上运动，其坐标 x 与时间 t 有如下关系：

$$x=-A\sin\omega t\ \text{(SI)}\quad (A\ \text{为常数})$$

(1) 任意时刻 t，质点的加速度大小 $a=$________；

(2) 质点速度为零的时刻 $t=$________.

23. 一质点沿 x 轴作直线运动，它的运动学方程为 $x=3+5t+6t^2-t^3$ (SI)

则(1) 质点在 $t=0$ 时刻的速度大小为________；

(2) 加速度为零时，该质点的速度大小为________.

24. 已知质点的运动学方程为 $\boldsymbol{r}=\left(5+2t-\frac{1}{2}t^2\right)\boldsymbol{i}+\left(4t+\frac{1}{3}t^3\right)\boldsymbol{j}$　(SI)

当 $t=2\ \mathrm{s}$ 时，加速度的大小为 $a=$________；

加速度 $\boldsymbol{a}$ 与 x 轴正方向间夹角 α________.

25. 当 $a_t=0$,$a_n=0$ 时,质点作________运动,

当 $a_t=0$,$a_n\neq0$ 时,质点作________运动,

当 $a_t\neq0$,$a_n=0$ 时,质点作________运动,

当 $a_t\neq0$,$a_n\neq0$ 时,质点作________运动.

26. 一质点沿 x 轴运动,其速度与时间的关系为 $v=t^2+4$,式中 v 的单位为 $\mathrm{m\cdot s^{-1}}$,t 的单位为 s.当 $t=3$ s 时,质点位于 $x=9$ m 处,则质点的位置与时间的关系为____________.

27. 一质点沿半径 $R=1$ m 的圆周运动,运动学方程为 $s=2\pi t^2+\pi t$(SI),则质点运动一周的路程为________m;位移大小为________m;平均速度大小为________m/s;平均速率为________m/s.

28. 质点沿半径为 0.10 m 的圆周运动,其角坐标 θ 可表示为 $\theta=5+2t^3$.当 $t=1$ s 时,它的总加速度的大小为________.

29. 在平面内有一运动质点,它的运动学方程为 $\boldsymbol{r}=R\cos\omega t\boldsymbol{i}+R\sin\omega t\boldsymbol{j}$(SI),其中,$R$ 和 ω 均为大于零的常数,如果在 t 时刻时,其运动速度为 $\boldsymbol{v}=$________;则其切向加速度的大小为________;该质点运动轨迹是________.

30. 一质点 P 从 O 点出发以匀速率 1 cm/s 作顺时针转向的圆周运动,圆半径为 1 m,如图 1-6 所示,当它走过 2/3 圆周时,走过的路程是________;这段时间平均速度大小为:________;方向与 x 轴正方向夹角________.

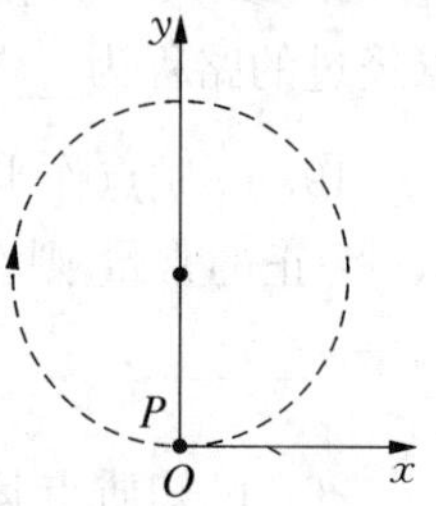

图 1-6

三、计算题

31. 物体作斜抛运动,初速度 $v_0=20\ \mathrm{m\cdot s^{-1}}$ 与水平方向成 45°角,求:(1) 在最高点处的切向加速度的大小、法向加速度的大小;(2) 在 $t=2$ s 时,切向加速度的大小和法向加速度的大小.

32. 质点沿 x 轴运动,其加速度 $a=2t^2$(SI).已知 $t=0$ 时,质点位于 $x_0=4$ m 处,其速度 $v_0=3\ \mathrm{m\cdot s^{-1}}$,求其运动方程.

33. 一艘正在沿直线行驶的电船,在发动机关闭后,其加速度方向与速度方向相反,即 $a=-kv^2$,试证明电艇在关闭发动机后又行驶 x 距离时的速度为 $v=v_0e^{-kx}$,式中 v_0 是关闭发动机后的速度的大小.

34. 已知一质点作直线运动,其加速度为 $a=(4+3t)\ \mathrm{m\cdot s^{-2}}$.开始运动时,$x=5$ m,$v=0$,求该质点在 $t=10$ s 时的速度的大小和位置.

35. 在质点运动中,已知 $x=a\mathrm{e}^{kt}$,$\dfrac{\mathrm{d}y}{\mathrm{d}t}=-bk\mathrm{e}^{-kt}$,$y|_{t=0}=b$.求质点的加速度和它的运动轨迹.

36. 一质点具有恒定加速度 $\boldsymbol{a}=(4\boldsymbol{i}+3\boldsymbol{j})$(SI),在 $t=0$ 时,其速度为零,位置矢量 $\boldsymbol{r}_0=5\boldsymbol{i}$(SI),求(1) 任意时刻质点的速度和位置矢量;(2) 质点的运动轨迹方程.

37. 质点按照 $s=bt-\frac{1}{2}ct^2$ 的规律沿半径为 R 的圆周运动，其中 s 是质点运动的路程，b、c 是常量，并且 $b^2>cR$.问当切向加速度与法向加速度的大小相等时，质点运动了多少时间？

*38. 一张CD光盘音轨区域的内半径 $R_1=2.2$ cm，外半径 $R_2=5.6$ cm，径向音轨密度 $n=650$ 条/mm.在CD唱机内，光盘每转一圈，激光头沿径向向外移动一条音轨，激光束相对光盘是以 $v=1.3\ \mathrm{m\cdot s^{-1}}$ 的恒定线速度运动的.求(1) 这张光盘的全部放音时间是多少？(2) 激光束到达离盘心 $r=5.0$ cm 处时，光盘转动的角速度和角加速度的大小各为多少？

39. 若一飞轮半径为 $r=0.4$ m，自静止启动，其角加速度为 $\beta=0.2\ \mathrm{rad\cdot s^{-2}}$，求 $t=2$ s 时，边缘上各点速度的大小、法向加速度的大小、切向加速度的大小和合加速度的大小.

40. 质点沿半径为1 m的圆周运动，运动方程为 $\theta=2+3t^3$，θ 式中以弧度计，t 以秒计，求:(1) $t=2$ s时，质点的切向加速度和法向加速度的大小;(2) 当加速度的方向和半径成45°角时，其角位移的大小是多少？

第 2 章　牛顿定律

2.1　基本要求

一、掌握牛顿定律及其适用条件.

二、能用微积分方法求解一维变力作用下质点简单力学问题.

2.2　内容提要

一、牛顿运动定律

1. 牛顿第一定律

任何物体都要保持其静止或匀速运动状态，直到外力迫使它改变运动状态为止.

牛顿第一定律指明了物体具有保持运动状态不变的特性—惯性，因而又称为惯性定律.

2. 牛顿第二定律

物体动量 $\boldsymbol{p}$ 对时间的变化率$\frac{\mathrm{d}\boldsymbol{p}}{\mathrm{d}t}$等于物体所受的合外力 $\boldsymbol{F}=\sum \boldsymbol{F}_i$.

$$\boldsymbol{F}=\frac{\mathrm{d}\boldsymbol{p}}{\mathrm{d}t}=\frac{\mathrm{d}(m\boldsymbol{v})}{\mathrm{d}t}$$

物体速度远小于光速时，该式可写为：$\boldsymbol{F}=m\boldsymbol{a}$.

(1) 牛顿第二定律是力的瞬时作用规律，加速度和力同时产生同时消失.

(2) 当几个力同时作用在一个物体上时，合力所产生的加速度等于各分力分别产生的加速度的矢量叠加，此即为加速度的叠加原理.

(3) 实际应用时常用到牛顿第二定律的分量式.

在直角坐标系中有：$F_x=ma_x$；$F_y=ma_y$；$F_z=ma_z$.

对于平面曲线运动，在自然坐标系中有：

$$F_t = ma_t = m\frac{\mathrm{d}v}{\mathrm{d}t}; F_n = ma_n = m\frac{v^2}{\rho}$$

3. 牛顿第三定律

两个物体相互作用时，作用力和反作用力沿同一直线，大小相等，方向相反，分别作用在两个物体上.

$$\boldsymbol{F}_{12} = -\boldsymbol{F}_{21}$$

(1) 作用力和反作用力同时存在，同时消失，而且是同一种性质的力.

(2) 作用力和反作用力作用在不同物体上，不是一对平衡力，不能相互抵消.

4. 牛顿运动定律适用条件

(1) 惯性参考系；(2) 宏观质点；(3) 低速运动.

二、力学中常见的几种力

1. 万有引力和重力

(1) 万有引力：存在于一切物体间的相互吸引力.

$$\boldsymbol{F} = -G\frac{Mm}{r^2}\boldsymbol{e}_r$$

其中，M 和 m 为两个质点的质量，r 为两个质点之间的距离，G 为引力常量.

(2) 重力 $\boldsymbol{P}$：地球上的任何物体都受到地心的引力，称为重力，$\boldsymbol{P} = m\boldsymbol{g}$，其中，$\boldsymbol{g}$ 称为重力加速度.

2. 弹性力

物体在受力形变时，有恢复原状的趋势，这种抵抗外力、力图恢复原状的力就是弹性力. 弹性力的表现形式有多种，常见的弹性力有：弹簧被拉伸或者被压缩时产生的弹簧弹性力；绳索被拉紧时所产生的张力；重物放在支撑面上产生作用在支撑面上的正压力和作用在物体上的支持力等.

3. 摩擦力

两个相互接触的物体，在沿接触面存在相对运动或有相对运动趋势时，在接触面之间产生的一对阻碍相对运动的力，称为摩擦力.

(1) 静摩擦力：两个相互接触的物体虽未发生相对运动，但沿接触面有相对运动的趋势，这时的摩擦力称为静摩擦力. 静摩擦力大小 F 为

$$0 \leqslant F \leqslant F_{\max}$$

其中 $F_{\max} = \mu_s F_N$ 为最大静摩擦力，μ_s 称为静摩擦系数.

(2) 滑动摩擦力：两个相互接触的物体间出现相对滑动时的摩擦力 F_f 为

$$F_f = \mu_K F_N$$

式中 μ_K 为滑动摩擦系数.

2.3 典型例题

例 1 一质量为 10 kg 的物体沿 x 轴无摩擦运动，设 $t=0$ 时，物体位于原点，速度为零，问：

(1) 如物体在力 $F=(3+4t)$ 的作用下运动了 3 s，它的速度和加速度增为多大？

(2) 如物体在力 $F=(3+4x)$ 的作用下运动了 3 m，它的速度和加速度增为多大？

解 这是一道变力问题的题目.通常系统作直线运动时，根据牛顿第二定律 $F=ma$，若 $a=a(t)$，可根据初始条件进行积分即可；若 $a=a(x)$，则需进行变换 $a(x)=v(x)\dfrac{\mathrm{d}v(x)}{\mathrm{d}x}$（见第 1 章）后再根据初始条件进行积分.本题包含上述两种情况.

初始条件：$t=0, x_0=0, v_0=0$

(1) 属于 $a=a(t)$ 的类型.

加速度的表达式为：$a=\dfrac{F(t)}{m}=\dfrac{1}{10}(3+4t)$，代入时刻 $t=3$ s 后可得，$a|_{t=3\,\mathrm{s}}=1.5\ \mathrm{m\cdot s^{-2}}$

由牛顿第二定律 $F=ma(t)=m\dfrac{\mathrm{d}v}{\mathrm{d}t}$ 得，$\mathrm{d}v=\dfrac{F}{m}\mathrm{d}t=\dfrac{3+4t}{m}\mathrm{d}t$

两边积分 $\int_0^v \mathrm{d}v=\int_0^t \dfrac{1}{10}(3+4t)\mathrm{d}t$

可得速度的表达式为：$v=\dfrac{1}{10}(3t+2t^2)$，代入时刻 $t=3$ s 后可得，$v\Big|_{t=3\,\mathrm{s}}=2.7\ \mathrm{m\cdot s^{-1}}$.

(2) 属于 $a=a(x)$ 类型.

加速度的表达式为：$a=\dfrac{F(x)}{m}=\dfrac{1}{10}(3+4x)$，代入坐标 $x=3$ m 后可得，$a|_{x=3\,\mathrm{m}}=1.5\ \mathrm{m\cdot s^{-2}}$，

由牛顿第二定律可知：

$$F=m\frac{\mathrm{d}v}{\mathrm{d}t}=m\frac{\mathrm{d}v}{\mathrm{d}x}\frac{\mathrm{d}x}{\mathrm{d}t}=mv\frac{\mathrm{d}v}{\mathrm{d}x}$$

即

$$v\mathrm{d}v=\frac{F}{m}\mathrm{d}x=\frac{1}{10}(3+4x)\mathrm{d}x$$

两边积分

$$\int_0^v v\mathrm{d}v=\int_0^x \frac{1}{10}(3+4x)\mathrm{d}x$$

可得速度的表达式为：$v=\sqrt{\dfrac{1}{5}(3x+2x^2)}$，代入坐标 $x=3$ m 后可得，$v\Big|_{x=3\,\mathrm{m}}=2.3\ \mathrm{m\cdot s^{-1}}$.

例 2 已知小球的质量为 m，当它从静止开始沉降时，水对小球的浮力为 $\boldsymbol{F}_b$，水对小球

的粘性力为 $\boldsymbol{F}_v=-K\boldsymbol{v}$，式中 K 是和水的粘性、小球的半径有关的一个常量，如图 2-1 所示.计算小球在水中竖直方向沉降的速度随时间的变化关系.

解　这是一道变力问题的题目.物体在遇到液体受阻的过程中，同时受重力和水的浮力和液体的粘滞力的作用，其合力是速度 v 的函数，动力学方程是速度的一阶微分方程.

以小球为研究对象受力分析，如图所示，小球的运动在竖直方向，以向下为正方向，根据牛顿第二定律，列出小球运动方程：$mg-F_b-F_v=ma$

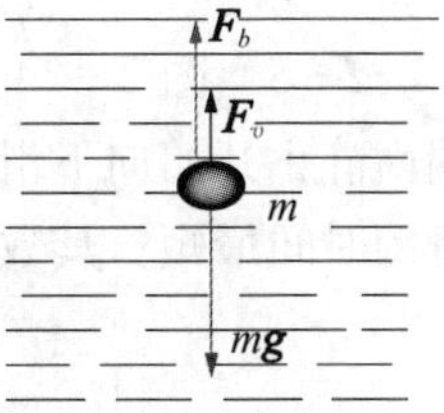

图 2-1

小球的加速度为 $a=\dfrac{\mathrm{d}v}{\mathrm{d}t}=\dfrac{mg-F_b-Kv}{m}$

令 $Kv_T=mg-F_b$，对上式分离变量并积分

$$\int_0^v \frac{\mathrm{d}v}{v_T-v}=\int_0^t \frac{K}{m}\mathrm{d}t$$

有

$$\ln\frac{v_T-v}{v_T}=\frac{K}{m}t$$

最终得到随时间变化的沉降速度为：$v=v_T\left(1-e^{-\frac{K}{m}t}\right)$

当 $t\to\infty$ 时，$v=v_T$，可见 v_T 就是沉降极限速度.

例 3　一小球 m 用绳悬起，绳的另一端系在天花板上，绳长 $l=0.5\ \mathrm{m}$，小球经推动后，在一水平面内作匀速率圆周运动，转速 $n=2\pi\ \mathrm{rad}\cdot\mathrm{s}^{-1}$.这种装置叫作圆锥摆，求这时绳和竖直方向所成的角度.

解　这是一道物体做匀角速度圆周运动的问题.绳挂小球在平面内作匀角速度圆周运动时，由重力，绳中张力合力提供其做匀角速度圆周运动的向心力.注意小球实际作圆周运动的半径不是绳长 l，而是 $r=l\sin\theta$，这里需要用到质点作圆周运动的相关公式 $a_n=\dfrac{v^2}{r}=\omega^2 r$ 以及角速度和转速之间的关系 $\omega=2\pi n$.此外还需用到在曲线运动时，自然坐标系下的牛顿第二定律 $F_n=ma_n=m\dfrac{v^2}{r}=m\omega^2 r$.

以小球为研究对象，受力分析如图 2-2，小球竖直方向平衡，水平方向作匀速圆周运动.将拉力沿两轴进行分解，利用牛顿定律列方程：

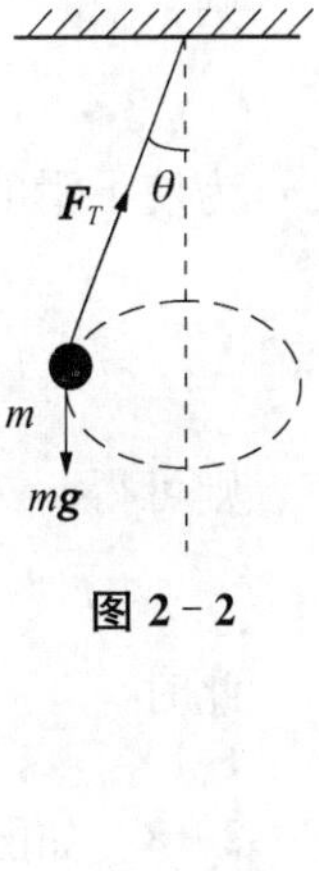

图 2-2

水平方向：$F_T\sin\theta=m\omega^2 r=m\omega^2 l\sin\theta$

即 $F_T=m\omega^2 l=4\pi^2 n^2\ ml$

方向：$F_T\cos\theta=mg$

所以 $\cos\theta=\dfrac{g}{4\pi^2 n^2 l}=\dfrac{9.8}{4\pi^2\times 0.5}=0.497$

$\theta=60°13'$

可以看出，物体的转速 n 愈大，θ 也愈大，而与重物的质量 m 无关.

2.4 习题选讲

2-6 图 2-3 一斜面，倾角为 α，底边 AB 长为 $l=2.1$ m，质量为 m 的物体从图斜面顶端由静止开始向下滑动，斜面的摩擦因数为 $\mu=0.14$. 试问，当 α 为何值时，物体在斜面上下滑的时间最短？其数值为多少？

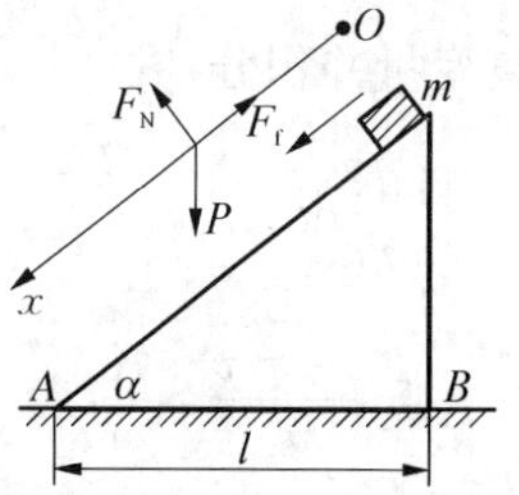

图 2-3

解 动力学问题一般分为两类：(1) 已知物体受力求其运动情况；(2) 已知物体的运动情况来分析其所受的力. 当然，在一个具体题目中，这两类问题并无截然的界限，且都以加速度作为中介，把动力学方程和运动学规律联系起来. 本题关键在列出动力学和运动学方程后，解出倾角与时间的函数关系 $t=f(\alpha)$，然后运用对 t 求极值的方法即可得出结果.

取坐标轴如图，由牛顿第二定律有

$$mg\sin\alpha - mg\mu\cos\alpha = ma \tag{1}$$

可见，物体在斜面上作加速度恒定的匀变速直线运动，故有

$$\frac{l}{\cos\alpha}=\frac{1}{2}at^2=\frac{1}{2}g(\sin\alpha-\mu\cos\alpha)t^2$$

则
$$t=\sqrt{\frac{2l}{g\cos\alpha(\sin\alpha-\mu\cos\alpha)}} \tag{2}$$

为使下滑的时间最短，可令 $\frac{dt}{d\alpha}=0$，由式(2)有

$$-\sin\alpha(\sin\alpha-\mu\cos\alpha)+\cos\alpha(\cos\alpha-\mu\sin\alpha)=0$$

则可得
$$\tan 2\alpha=-\frac{1}{\mu}, \alpha=49^\circ$$

此时
$$t=\sqrt{\frac{2l}{g\cos\alpha(\sin\alpha-\mu\cos\alpha)}}=0.99 \text{ s}$$

2-8 如图 2-4(a)所示，已知两物体 A、B 的质量均为 $m=3.0$ kg 物体 A 以加速度 $a=1.0 \text{ m}\cdot\text{s}^{-2}$ 运动，求物体 B 与桌面间的摩擦力.(滑轮与绳的质量不计)

解　该题为连接体问题，可用隔离体法求解.分析时应注意绳中张力大小处处相等的条件是绳的质量和伸长可忽略、滑轮与绳之间的摩擦不计.

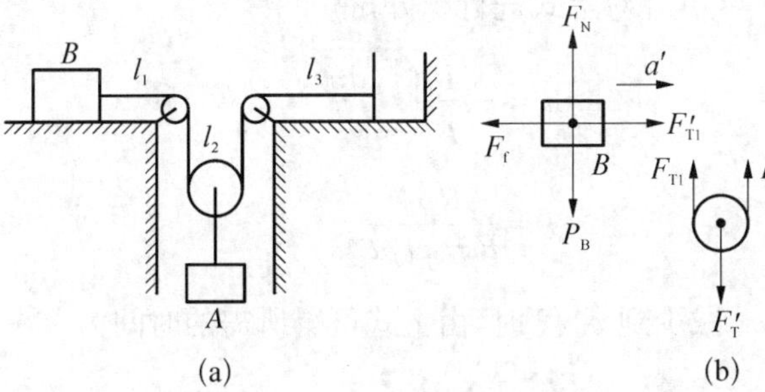

图 2-4

分别对物体和滑轮作受力分析如图(b).

由牛顿定律分别对物体 A、B 及滑轮列动力学方程，有

$$m_A g - F_T = m_A a \tag{1}$$

$$F'_{T1} - F_f = m_B a' \tag{2}$$

$$F'_T - 2F_{T1} = 0 \tag{3}$$

假设绳子总长为 l_0，根据图示几何关系可知，$l_1 + 2l_2 + l_3 = l_0$，其中 l_3 和 l_0 为定值，对等式两边求解二阶导数，可以得到加速度之间的关系式 $a' = 2a$，

而又因为 $m_A = m_B = m$，$F_T = F'_T$，$F_{T1} = F'_{T1}$，于是，可以解得物体与桌面的摩擦力

$$F_f = \frac{mg - (m + 4m)a}{2} = 7.2\ \mathrm{N}$$

2-21　如图 2-5，光滑的水平桌面上放置一半径为 R 的固定圆环，物体紧贴环的内侧作圆周运动，其摩擦因数为 μ，开始时物体的速率为 v_0，求：(1) t 时刻物体的速率；(2) 当物体速率从 v_0 减少 $v_0/2$ 时，物体所经历的时间及经过的路程.

解　物体在作圆周运动的过程中，促使其运动状态发生变化的是圆环内侧对物体的支持力 F_N 和环与物体之间的摩擦力 F_f，而摩擦力大小与正压力 F'_N 成正比，且 F_N 与 F'_N 又是作用力与反作用力，据此可把切向和法向两个加速度联系起来，从而可用运动学的积分关系式求解速率和路程.

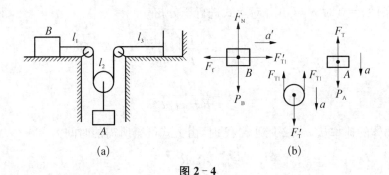

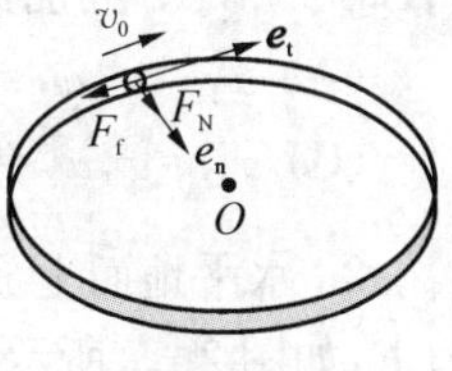

图 2-5

(1) 设物体质量为 m，取图中所示的自然坐标，按牛顿定律，有

$$F_N = ma_n = \frac{mv^2}{R}$$

$$F_f = -ma_t = -m\frac{\mathrm{d}v}{\mathrm{d}t}$$

摩擦力的大小 $F_f = \mu F_N$，由上述各式可得

$$\mu\frac{v^2}{R}=-\frac{\mathrm{d}v}{\mathrm{d}t}$$

取初始条件 $t=0$ 时 $v=v_0$，并对上式进行积分，有

$$\int_0^t \mathrm{d}t=-\frac{R}{\mu}\int_{v_0}^{v}\frac{\mathrm{d}v}{v^2}$$

$$v=\frac{Rv_0}{R+v_0\mu t}$$

(2) 当物体的速率从 v_0 减少到 $v_0/2$ 时，由上式可得所需的时间为

$$t'=\frac{R}{\mu v_0}$$

物体在这段时间内所经过的路程，

$$s=\int_0^{t'}v\mathrm{d}t=\int_0^{t'}\frac{Rv_0}{R+v_0\mu t}\mathrm{d}t$$

积分得
$$s=\frac{R}{\mu}\ln 2$$

2.5　综合练习

一、选择题

1. 两个质量相等的小球由一轻弹簧相连接，再用一细绳悬挂于天花板上，处于静止状态，如图 2-6 所示，若以竖直向下为正方向，将绳子剪断的瞬间，球 1 和球 2 的加速度的大小(a_1 和 a_2)分别为(　　)

(A) $a_1=g, a_2=g$　　(B) $a_1=0, a_2=g$

(C) $a_1=g, a_2=0$　　(D) $a_1=2g, a_2=0$

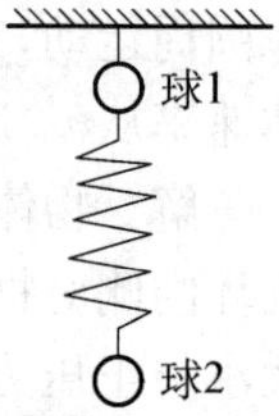

图 2-6

2. 水平地面上放一物体 A，它与地面间的滑动摩擦系数为 μ。现加一恒力 $\boldsymbol{F}$，如图 2-7 所示。欲使物体 A 有最大加速度，则恒力 $\boldsymbol{F}$ 与水平方向夹角 θ 应满足(　　)

(A) $\mu=\sin\theta$　　(B) $\mu=\cos\theta$　　(C) $\mu=\tan\theta$　　(D) $\mu=c\tan\theta$

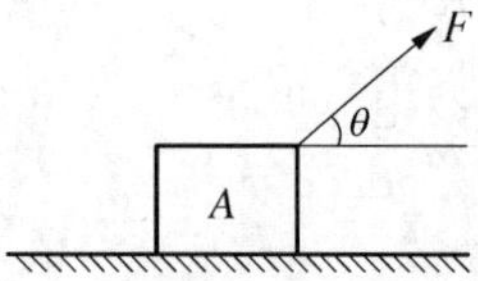

图 2-7

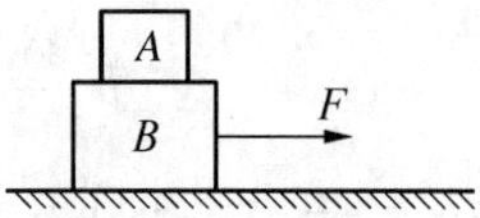

图 2-8

3. 质量分别为 m 和 M 的滑块 A 和 B，叠放在光滑水平面上，如图 2－8 所示，A、B 间的静摩擦系数为 μ_s，滑动摩擦系数为 μ_k，系统原先处于静止状态. 今将水平力 F 作用于 B 上，要使 A、B 间不发生相对滑动，应有(　　)

(A) $F \leqslant \mu_s mg$　　(B) $F \leqslant \mu_s(1+m/M)mg$

(C) $F \leqslant \mu_s(m+M)g$　　(D) $F \leqslant \mu_k mg\dfrac{M+m}{M}$

4. 如图 2－9 所示，一光滑的内表面半径为 10 cm 的半球形碗，以匀角速度 ω 绕其对称 OC 旋转已知放在碗内表面上的一个小球 P 相对于碗静止，其位置高于碗底 4 cm，则由此可推知碗旋转的角速度约为(　　)

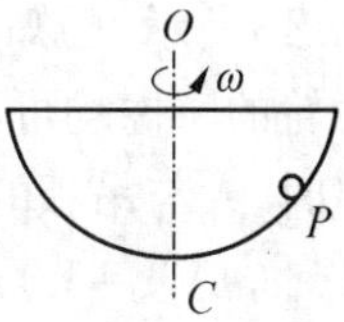

图 2－9

(A) 10 rad · s^{-1}　　(B) 13 rad · s^{-1}

(C) 17 rad · s^{-1}　　(D) 18 rad · s^{-1}

*5. 如图 2－10 所示，质量为 m 的小球用水平弹簧系住，并用倾角为 30°的光滑木板 AB 托住，小球恰好处于静止状态当木板 AB 突然向下撤离的瞬间，小球的加速度为(　　)

(A) 0

(B) 大小为$\dfrac{2\sqrt{3}}{3}g$，方向：竖直向下

(C) 大小为$\dfrac{2\sqrt{3}}{3}g$，方向：垂直于木板向下

(D) 大小为$\dfrac{2\sqrt{3}}{3}g$，方向：水平向右

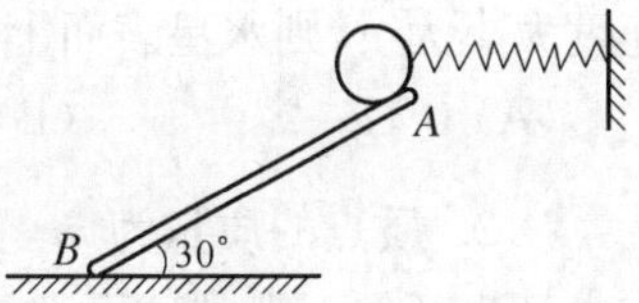

图 2－10

6. 物块 A_1、A_2、B_1 和 B_2 的质量均为 m，A_1、A_2 用刚性轻杆连接，B_1、B_2 用轻质弹簧连接，两个装置都放在水平的支托物上，处于平衡状态，如图 2－11 所示，今突然撤去支托物，让物块下落，在除去支托物的瞬间，A_1、A_2 受到的合力分别为 F_{f1} 和 F_{f2}，B_1、B_2 受到的合力分别为 F_1 和 F_2，则(　　)

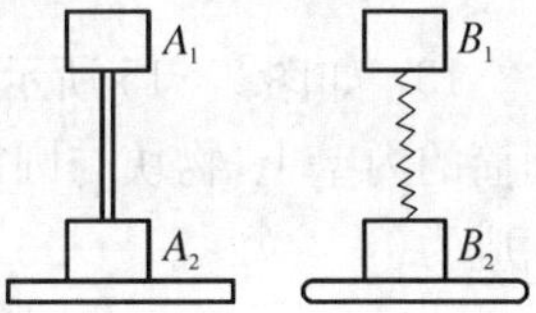

图 2－11

(A) $F_{f1}=0, F_{f2}=2\text{ mg}, F_1=0, F_2=2\text{ mg}$

(B) $F_{f1}=mg, F_{f2}=mg, F_1=0, F_2=2\text{ mg}$

(C) $F_{f1}=mg, F_{f2}=2\text{ mg}, F_1=mg, F_2=mg$

(D) $F_{f1}=mg, F_{f2}=mg, F_1=mg, F_2=mg$

7. 如图 2－12 所示，质量相同的木块 A、B，用轻质弹簧连接处于静止状态，现用水平恒力推木块 A，则弹簧在第一次压缩到最短的过程中(　　)

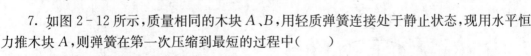

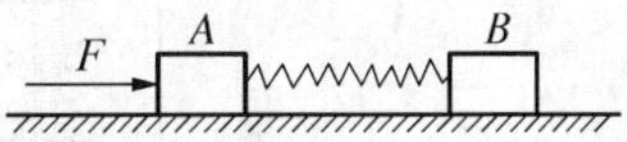

图 2－12

(A) A、B 速度相同时，加速度 $a_A=a_B$

(B) A、B 速度相同时，加速度 $a_A>a_B$

(C) A、B 加速度相同时，速度 $v_A<v_B$

(D) A、B 加速度相同时，速度 $v_A>v_B$

8. 雨滴在下落过程中，由于水汽的凝聚，雨滴质量将逐渐增大，同时由于下落速度逐渐增大，所受阻力也将越来越大，最后雨滴将以某一速度匀速下降，在雨滴下降的过程中，下列说法中正确的是(　　)

(A) 雨滴受到的重力逐渐增大,重力产生的加速度也逐渐增大

(B) 雨滴质量逐渐增大,重力产生的加速度逐渐减小

(C) 由于雨滴受空气阻力逐渐增大,雨滴下落的加速度将逐渐减小

(D) 雨滴所受重力逐渐增大,雨滴下落的加速度不变

9. 跨过定滑轮的绳的一端挂一吊板,另一端被吊板上的人拉住,如图2-13所示,已知人的质量为70 kg,吊板的质量为10 kg,绳及定滑轮的质量、滑轮的摩擦均可不计取重力加速度大小 $g=10\ \mathrm{m\cdot s^{-2}}$,当人以440 N的力拉绳时,人与吊板的加速度 a 和人对吊板的压力 F 分别为(　　)

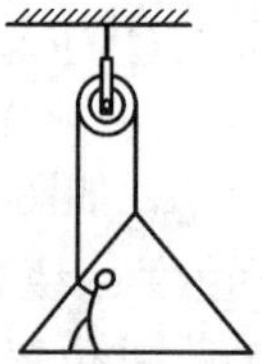
图 2-13

(A) $a=1.0\ \mathrm{m\cdot s^{-2}}, F=260\ \mathrm{N}$　　(B) $a=1.0\ \mathrm{m\cdot s^{-2}}, F=330\ \mathrm{N}$

(C) $a=3.0\ \mathrm{m\cdot s^{-2}}, F=110\ \mathrm{N}$　　(D) $a=3.0\ \mathrm{m\cdot s^{-2}}, F=50\ \mathrm{N}$

10. 物体从粗糙斜面的底端,以平行于斜面的初速度 v_0 沿斜面向上(　　)

(A) 斜面倾角越小,上升的高度越大　　(B) 斜面倾角越大,上升的高度越大

(C) 物体质量越小,上升的高度越大　　(D) 物体质量越大,上升的高度越大

11. 已知水星的半径是地球半径的0.4倍,质量为地球的0.04倍.设在地球上的重力加速度大小为 g,则水星表面上的重力加速度大小为(　　)

(A) $0.1g$　　(B) $0.25g$　　(C) $4g$　　(D) $2.5g$

*12. 质点的质量为 m,置于光滑球面的顶点 A 处(球面固定不动),如图2-14所示.当它由静止开始下滑到球面上 B 点时,它的加速度的大小为(　　)

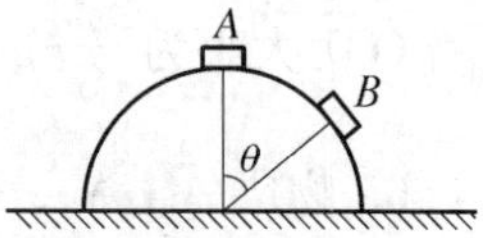

图 2-14

(A) $a=2g(1-\cos\theta)$

(B) $a=g\sin\theta$

(C) $a=g$

(D) $a=\sqrt{4g^2(1-\cos\theta)^2+g^2\sin^2\theta}$.

13. 如图2-15所示,竖立的圆筒形转笼,半径为 R,绕中心轴 OO' 转动,物块 A 紧靠在圆筒的内壁上,物块与圆筒间的摩擦系数为 μ,要使物块 A 不下落,圆筒转动的角速度 ω 至少应为(　　)

(A) $\sqrt{\dfrac{\mu g}{R}}$　　(B) $\sqrt{\mu g}$　　(C) $\sqrt{\dfrac{g}{\mu R}}$　　(D) $\sqrt{\dfrac{g}{R}}$

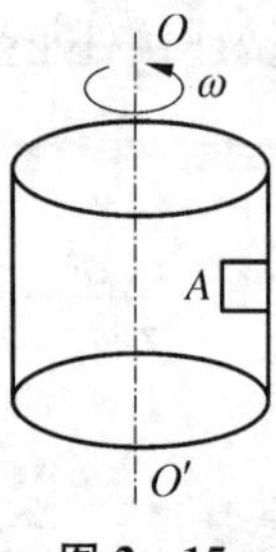

图 2-15

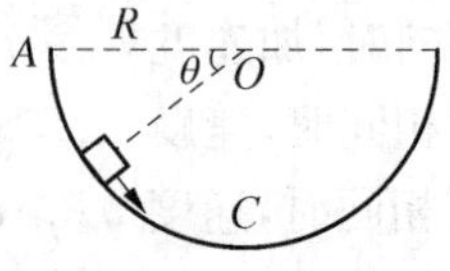

图 2-16

14. 如图2-16所示,假设物体沿着竖直面上圆弧形轨道下滑,轨道是光滑的,在从 A 至 C 的下滑过程中,下面哪个说法是正确的?(　　)

(A) 它的加速度大小不变,方向永远指向圆心
(B) 它的速率均匀增加
(C) 它的合外力大小变化,方向永远指向圆心
(D) 轨道支持力的大小不断增加

15. 如图 2-17 所示,一轻绳跨过一个定滑轮,两端各系一质量分别为 m_1 和 m_2 的重物,且 $m_1>m_2$.滑轮质量及轴上摩擦均不计,此时重物的加速度的大小为 a.今用一竖直向下的恒力 $F=m_1g$ 代替质量为 m_1 的物体,可得质量为 m_2 的重物的加速度为的大小 a',则(　　)

(A) $a'=a$　　　　(B) $a'>a$
(C) $a'<a$　　　　(D) 不能确定

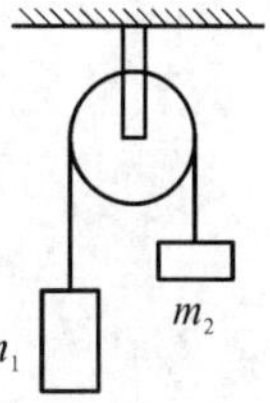

图 2-17

二、填空题

16. 如图 2-18 所示,在光滑水平桌面上,有两个物体 A 和 B 紧靠在一起.它们的质量分别为 $m_A=2$ kg,$m_B=1$ kg.今用一水平力 $F=3$ N 推物体 B,则 B 推 A 的力的大小等于________.如用同样大小的水平力从右边推 A,则 A 推 B 的力的大小等于________.

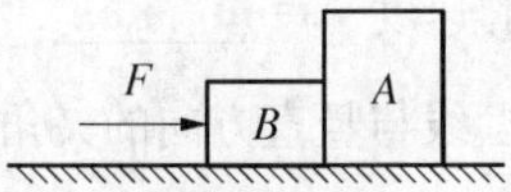

图 2-18

17. 质量为 m 的物体,在力 $F_x=A+Bt$(SI)作用下沿 x 方向运动(A、B 为常数),已知 $t=0$ 时 $x_0=0$,$v_0=0$,则任一时刻物体的速度表达式为____________________,物体的位移表达式为________________.

18. 如果一个箱子与货车底板之间的静摩擦系数为 μ,当这货车爬一与水平方向成 θ 角的小山时,不致使箱子在底板上滑动的最大加速度的大小为________.

19. 质量为 m 的质点,在变力 $F=-Kt+F_0\cos 2t$(F_0 和 k 均为常量)作用下沿 Ox 轴作直线运动.若已知 $t=0$ 时,质点处于坐标原点,速度为 v_0 则质点运动微分方程为____________,质点速度为________,质点运动方程为________________.

20. 一小车沿半径为 R 的弯道作圆运动,运动方程为 $s=3+2t^2$(SI),则小车所受的向心力大小为____________(设小车的质量为 m).

21. 一公路的水平弯道半径为 R,路面的外侧高出内侧,并与水平面夹角为 θ.要使汽车通过该段路面时不引起侧向摩擦力,则汽车的速率为________.

22. 倾角为 30°的一个斜面体放置在水平桌面上.一个质量为 2 kg 的物体沿斜面下滑,下滑的加速度为 $3.0\ \text{m}\cdot\text{s}^{-2}$.若此时斜面体静止在桌面上不动,则斜面体与桌面间的静摩擦力 $f=$________.

23. 如图 2-19 所示,一块水平木板上放一砝码,砝码的质量 $m=0.2$ kg,手扶木板保持水平,托着砝码使之在竖直平面内做半径 $R=0.5$ m 的匀速率圆周运动,速率 $v=1\ \text{m}\cdot\text{s}^{-1}$.

当砝码与木板一起运动到图示位置时，砝码受到木板的支持力大小为________.

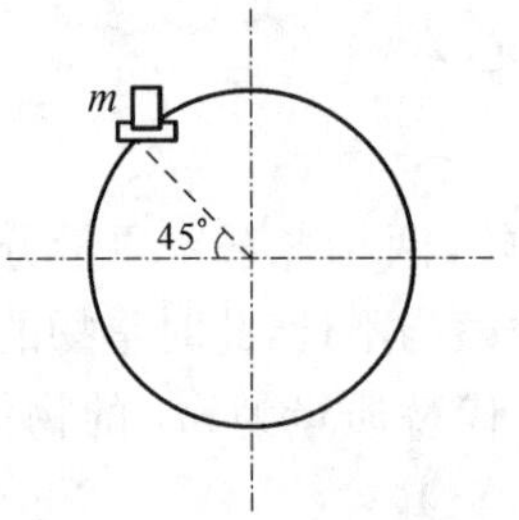

图 2-19

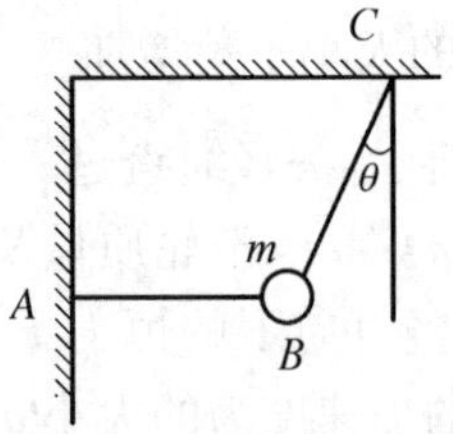

图 2-20

24. 质量为 0.25 kg 的质点，受 $\boldsymbol{F}=t\boldsymbol{i}$ N 的力作用，$t=0$ 时该质点以 $\boldsymbol{v}=2\boldsymbol{j}$ m・s^{-1}的速度通过坐标原点.该质点任意时刻的位置矢量为________.

25. 质量为 m 的小球，用轻绳 AB、BC 连接，如图 2-20 所示，其中 AB 水平.剪断绳 AB 前后的瞬间，绳 BC 中的张力比 $T:T'=$________.

26. 一物体质量 $M=2$ kg，在合外力 $\boldsymbol{F}=(3+2t)\boldsymbol{i}$(SI)的作用下，从静止出发沿水平 x 轴作直线运动，则当 $t=1$ s 时物体的速度 $\boldsymbol{v}=$________.

27. 一个圆锥摆摆线长度为 l，摆线与竖直方向的夹角 θ，则摆锤转动的周期为________.

28. 一质量为 m 的质点，在半径为 R 的半球形容器中，由静止开始自边缘上的 A 点滑下，到达最低点 B 时，它对容器的正压力为 N.则质点自 A 滑到 B 的过程中，摩擦力对其做的功为________.

*29. 质量 m 为 10 kg 的木箱放在地面上，在水平拉力 F 的作用下由静止开始沿直线运动，其拉力随时间的变化关系如图 2-21 所示.若已知木箱与地面间的摩擦系数 μ 为 0.2，那么在 $t=4$ s 时，木箱的速度大小为________；在 $t=7$ s 时，木箱的速度大小为________.($g=10$ m・s^{-2}).

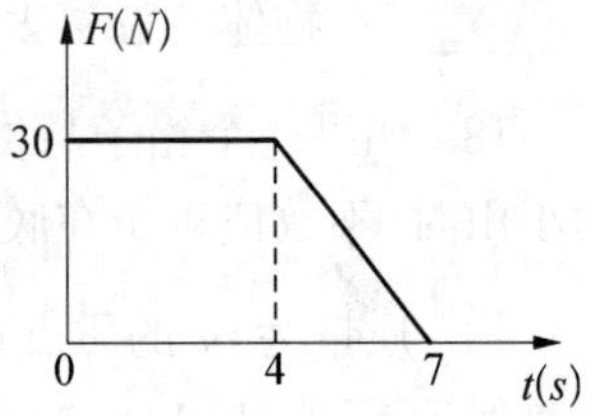

图 2-21

30. 地球半径 $R=6.4\times10^3$ km，地面上重力加速度$G\dfrac{m_E}{R^2}=9.8$ m・s^{-2}，其中 G 为引力常量，m_E 为地球质量，则在地球赤道上空、转动周期与地球自转周期 $T=24$ h 相同的地球同步卫星离地面高度________.

三、计算题

31. 如图 2-22 所示，在水平桌面上有两个物体 A 和 B，它们的质量分别为 $m_1=1.0$ kg，$m_2=2.0$ kg，它们与桌面间的滑动摩擦系数 $\mu=0.5$，现在 A 上施加一个与水平成 36.9° 角的指向斜下方的力 F，恰好使 A 和 B 作匀速直线运动，求所施力的大小和物体 A 与 B 间的相互作用力的大小.($\cos 36.9°=0.8$)

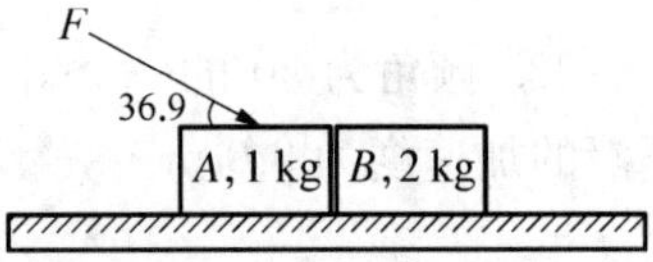

图 2-22

32. 如图2－23所示，质量为m的钢球A沿中心在O、半径为R的光滑半圆形槽下滑.当A滑到图示位置时，速率为v，钢球中心与O的连线OA和竖直方向成θ角，求此时钢球对槽的压力大小，钢球的切向加速度的大小.

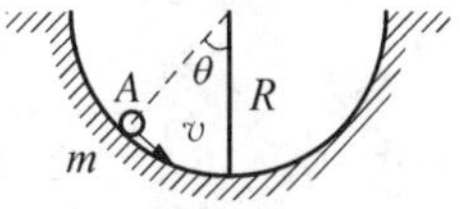

图2－23

33. 质量为m的物体系于长度为R的绳子的一个端点上，在竖直平面内绕绳子另一端点(固定)作圆周运动.设t时刻物体瞬时速度的大小为v，绳子与竖直向上的方向成θ角，如图2－24所示.(1) 求t时刻绳中的张力大小T和物体的切向加速度大小a_t；(2) 说明在物体运动过程中a_t的大小和方向如何变化?

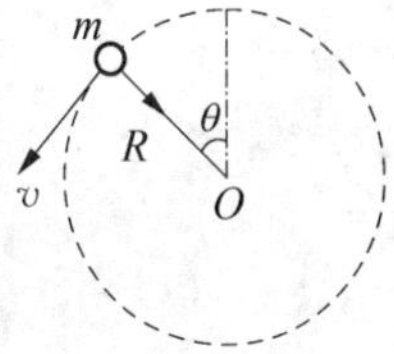

图2－24

34. 水平转台上放置一质量$M=2$ kg的小物块，物块与转台间的静摩擦系数$\mu_s=0.2$，一条光滑的绳子一端系在物块上，另一端则由转台中心处的小孔穿下并悬一质量$m=0.8$ kg的物块.转台以角速度$\omega=4\pi$ rad · s^{-1}绕竖直中心轴转动，求：转台上面的物块与转台相对静止时，物块转动半径的最大值r_{max}和最小值r_{min}.

*35. 飞机着陆时为尽快停止采用降落伞制动，刚着陆时，$t=0$时速度为v_0，且坐标$x=0$，假设其加速度为$a_x=-bv_x^2$，b为常量，分别求出飞机的速度大小和坐标随时间的变化规律.

*36. 质量为m的子弹以速度v_0水平射入沙土中，设子弹所受阻力与速度反向，大小与速度大小成正比，比例系数为k，忽略子弹重力，求：(1) 子弹射入沙土后，速度的大小随时间变化的函数式；(2) 子弹进入沙土的最大深度.

37. 一质量为m的快艇在行驶中受到阻力F与速度v的平方成正比，当它达到速率v_0时，突然关闭发动机，求关闭发动机后，(1) 快艇的速度大小与时间的函数关系；(2) 快艇行驶的路程与时间的函数关系；(3) 快艇的速度大小与路程的函数关系.

38. 如图2－25所示，一个擦窗工人利用滑轮-吊桶装置(整个系统的总质量为$M=75$ kg)上升.试问：(1) 如果要自己慢慢匀速上升，他需要用多大的力拉绳？(2) 如果他的拉力增大10%，它的加速度将为多大?

39. 一质量为$m=10$ kg的质点在力F的作用下沿x轴作直线运动，已知$F=120t+40$(SI)，式中F的单位为N，t的单位为s.在$t=0$时，质点位于$x=5.0$ m处，其速度大小为$v_0=6$ m · s^{-1}，求质点在任意时刻的速度大小和位置.

图2－25

40. 半径为r的光滑球被固定在水平面上，设球的顶点为P.(1) 将小物体自P点沿水平方向以初速度大小为v_0抛出，要使小物体被抛出后不与球面接触而落在水平面上，则v_0至少为多大？(2) 要使小物体自P点自由下滑而落到水平面上，它脱离球面处离水平面有多高?

第 3 章　动量守恒定律和能量守恒定律

3.1　本章基本要求

一、理解动量、冲量概念，掌握动量定理和动量守恒定律.

二、掌握功的概念，能计算一维变力做功问题，理解保守力做功的特点及其与势能的关系，会计算重力、弹性力和万有引力的势能.

三、掌握动能定理、功能原理和机械能守恒定律，能运用以上规律处理简单力学问题.

四、掌握完全弹性碰撞和完全非弹性碰撞的特点，并能处理较简单相关问题.

3.2　内容提要

一、动量定理及其守恒

1. 质点动量定理及其守恒

动量定理：
$$\int_{t_1}^{t_2} \boldsymbol{F}(t)\mathrm{d}t = m\boldsymbol{v}_2 - m\boldsymbol{v}_1$$

守恒条件：质点所受合力 $\boldsymbol{F}(t)=0$

守恒式：
$$m\boldsymbol{v}_2 = m\boldsymbol{v}_1$$

说明：$\int_{t_1}^{t_2} \boldsymbol{F}(t)\mathrm{d}t$ 为力对时间的积累，称为冲量.

2. 质点系动量定理及其守恒

动量定理：
$$\int_{t_1}^{t_2} \boldsymbol{F}^{ex}(t)\mathrm{d}t = \sum_{i=1}^{n} \boldsymbol{p}_{i2} - \sum_{i=1}^{n} \boldsymbol{p}_{i1} = \sum_{i=1}^{n} m_i\boldsymbol{v}_{i2} - \sum_{i=1}^{n} m_i\boldsymbol{v}_{i1}$$

守恒条件：系统所受合外力 $\boldsymbol{F}^{\mathrm{ex}}(t)=0$ 或外力远小于内力

守恒式：
$$\sum_{i=1}^{n} m_i\boldsymbol{v}_{i2} = \sum_{i=1}^{n} m_i\boldsymbol{v}_{i1}$$

注意：(1) 内力不影响系统总的动量，但可改变系统中质点的动量.

(2) 系统所受合外力 $\boldsymbol{F}^{\mathrm{ex}}(t)\neq 0$,但在某一方向如 x 方向上 $F_x^{\mathrm{ex}}(t)=0$,系统动量在此方向上将保持不变,即 $\sum\limits_{i=1}^{n}\boldsymbol{p}_{ix2}=\sum\limits_{i=1}^{n}\boldsymbol{p}_{ix1}$.

(3) 动量定理适用于惯性系.

二、功和能

1. 功和功率

(1) 功和功率的计算

功 W 的计算: $W=\int_A^B \boldsymbol{F}\cdot \mathrm{d}\boldsymbol{r}=\int_A^B (F_x\mathrm{d}x+F_y\mathrm{d}y+F_z\mathrm{d}z)$

功率 P 的计算: $P=\dfrac{\mathrm{d}W}{\mathrm{d}t}=\boldsymbol{F}\cdot\boldsymbol{v}$

注意:(1) 力 $\boldsymbol{F}$ 既可以是恒力也可以是变力;

(2) 如果在对某一物体做功过程中其重力有所变化(如滴漏),那么该过程重力的功要按变力做功计算(参见习题选讲 3-16).

(2) 保守力及其势能

① 保守力:做功与路径无关 $W=\oint \boldsymbol{F}\cdot\mathrm{d}\boldsymbol{r}=0$;

常见的保守力:重力、弹性力、万有引力.

② 保守力做功与势能关系:保守力做功等于势能增量的负值.

重力(恒力)做功: $W=\int_{y_1}^{y_2} mg\boldsymbol{j}\cdot\mathrm{d}y\boldsymbol{j}=-(mgy_2-mgy_1)$

弹性力(变力)做功: $W=\int_{x_1}^{x_2}-kx\boldsymbol{i}\cdot\mathrm{d}x\boldsymbol{i}=-\left(\dfrac{1}{2}kx_2^2-\dfrac{1}{2}kx_1^2\right)$

万有引力(变力)做功:

$$W=\int_{r_A}^{r_B}-G\frac{m'm}{r^2}\boldsymbol{e}_r\cdot\mathrm{d}r\boldsymbol{e}_r=-\left[\left(-G\frac{m'm}{r_B}\right)-\left(-G\frac{m'm}{r_A}\right)\right]$$

注意:(1) 有保守力才有相应势能;

(2) 重力势能 mgy 的零点为 $y=0$;弹性势能 $\dfrac{1}{2}kx^2$ 的零点为 $x=0$;万有引力势能 $-G\dfrac{m'm}{r}$ 的零点为 $r=\infty$.

2. 动能定理

(1) 质点动能定理: $W=\dfrac{1}{2}mv_2^2-\dfrac{1}{2}mv_1^2$

(2) 质点系动能定理:

$$W^{\mathrm{ex}}+W^{\mathrm{in}}=E_{\mathrm{k2}}-E_{\mathrm{k1}}=\sum_{i=1}^{n}\frac{1}{2}m_iv_{i2}^2-\sum_{i=1}^{n}\frac{1}{2}m_iv_{i1}^2$$

其中，W^{ex}为外力功，W^{in}为内力功.

注意：内力的功对系统中质点的动能和系统总的动能都有影响.

3. 质点系功能原理

$$W^{ex}+W_{nc}^{in}=(E_{k2}+E_{p2})-(E_{k1}+E_{p1})=\left(\sum_{i=1}^{n}E_{ki2}+\sum_{i=1}^{n}E_{pi2}\right)-\left(\sum_{i=1}^{n}E_{ki1}+\sum_{i=1}^{n}E_{pi1}\right)$$

其中，W_{nc}^{in}为非保守内力功.

4. 机械能守恒

(1) 守恒条件：系统从初状态到末状态的整个过程，外力和非保守内力不做功即 $W^{ex}=W_{nc}^{in}=0$.

(2) 两种数学表达：$E=E_0$：初状态机械能等于末状态机械能.

$\Delta E_k=-\Delta E_p$：动能增量等于势能增量的负值.

注意：动能定理、功能原理以及机械能守恒定律适用于惯性系.

三、碰撞(撞击)问题

1. 完全弹性碰撞：两物体碰撞(撞击)前后动能之和不变.
2. 非弹性碰撞：两物体碰撞(撞击)前后动能之和改变(减小).
3. 完全非弹性碰撞：两物体碰撞(撞击)后合为一体以同一速度运动.

注意：并不是所有碰撞过程系统总动量都一定守恒(参见习题选讲 3-29).

3.3 典型例题

例 1 一链条总长为 l，质量为 m，放在桌面上，并使其部分下垂，下垂一段的长度为 a. 设链条与桌面之间的滑动摩擦系数为 μ. 令链条由静止开始运动，则：(1) 当链条全部离开桌面的过程中，摩擦力对链条作了多少功？(2) 链条正好离开桌面时的速率是多少？

解 本题属于变力做功问题.如图 3-1 所示，随着链条下滑链条对桌面的正压力逐渐减小，从而摩擦力也不断减小.在通过正压力得到摩擦力与尚在桌面上的链条长度的关系后，可计算得到摩擦力的功，再由动能定理得出链条正好离开桌面时的速率.

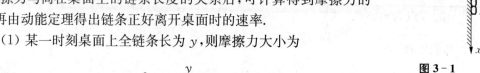

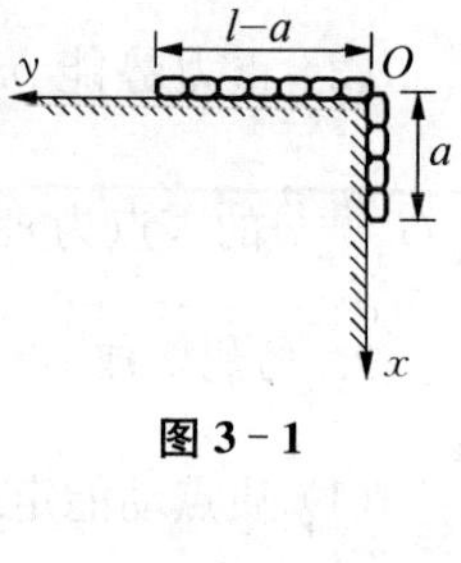

图 3-1

(1) 某一时刻桌面上全链条长为 y，则摩擦力大小为

$$f=\mu m\frac{y}{l}g$$

摩擦力的功

$$W_f=\int_{l-a}^{0}f\,\mathrm{d}y=\int_{l-a}^{0}\mu\frac{m}{l}gy\,\mathrm{d}y=\frac{\mu mg}{2l}y^2\Big|_{l-a}^{0}=-\frac{\mu mg}{2l}(l-a)^2$$

(2) 先计算重力的功

$$W_P=\int_a^l P\,\mathrm{d}x=\int_a^l \frac{mg}{l}x\,\mathrm{d}x=\frac{mg(l^2-a^2)}{2l}$$

以链条为对象,应用质点的动能定理 $\sum W=W_P+W_f=\frac{1}{2}mv^2$

$$\frac{mg(l^2-a^2)}{2l}-\frac{\mu mg}{2l}(l-a)^2=\frac{1}{2}mv^2$$

得

$$v=\sqrt{g\frac{(l^2-a^2)-\mu(l-a)^2}{l}}$$

例 2　甲、乙两船在平静的湖面上以相同的速度匀速航行,且甲船在前乙船在后.从甲船上以相对于甲船的速度 v,水平向后方的乙船上抛一沙袋,其质量为 m.设甲船和沙袋总质量为 M,乙船的质量也为 M.问抛掷沙袋后,甲、乙两船的速度变化多少?

解　沙袋从甲船抛出落到乙船上,先后出现了两个相互作用的过程:沙袋跟甲船;沙袋跟乙船.两过程中沙袋和船组成的系统沿水平方向合外力为零,因此,系统动量守恒.值得注意的是,题目中给定的速度选择了不同的参照系.船速是相对于地面参照系,而抛出的沙袋速度 v 是相对于抛出时的甲船参照系.

取甲船初速度 v_0 的方向为正方向,则沙袋的速度应取负值.统一选取地面参照系,则沙袋抛出前,沙袋与甲船的总动量为 Mv_0.沙袋抛出后,甲船的动量为$(M-m)v'_{甲}$,沙袋的动量为 $m(v'_{甲}-v)$.

根据动量守恒定律有

$$Mv_0=(M-m)v'_{甲}+m(v'_{甲}-v)$$

取沙袋和乙船为研究对象,在其相互作用过程中有

$$Mv_0+m(v'_{甲}-v)=(M+m)v'_{乙}$$

联立两式解得

$$v'_{甲}=v_0+\frac{m}{M}v,\ v'_{乙}=v_0-\frac{m(M-m)}{M(m+M)}v$$

则甲、乙两船的速度变化分别为

$$\Delta v_{甲}=\frac{m}{M}v,\ \Delta v_{乙}=-\frac{m(M-m)}{M(M+m)}v$$

例 3　如图 3-2 所示,两滑块 A、B 的质量分别为 m_1 和 m_2,置于光滑的水平面上,A、B 间用一劲度系数为 k 的弹簧相连.开始时两滑块静止,弹簧为原长.一质量为 m 的子弹以速度 v_0 沿弹簧长度方向射入滑块 A 并留在其中.试求:(1) 弹簧的最大压缩长度;(2) 滑块 B 相对于地面的最大速度和最小速度.

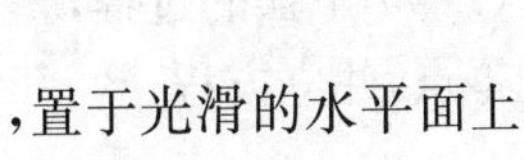

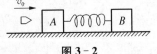

图 3-2

解 (1) 由于子弹射入滑块 A 的过程极短，可以认为弹簧的长度尚未发生变化，滑块 A 不受弹力作用.取子弹和滑块 A 为系统，因子弹射入的过程为完全非弹性碰撞，子弹射入 A 前后物体系统动量守恒，设子弹射入后 A 的速度为 v_1，有：

$$mv_0=(m+m_1)v_1 \tag{①}$$

取子弹、两滑块 A、B 和弹簧为物体系统，在子弹进入 A 后的运动过程中，系统动量守恒，注意这里有弹力做功，系统的部分动能将转化为弹性势能，设弹簧的最大压缩长度为 x，此时两滑块具有的相同速度为 v

$$(m+m_1)v_1=(m+m_1+m_2)v \tag{②}$$

$$\frac{1}{2}(m+m_1)v_1^2=\frac{1}{2}(m+m_1+m_2)v^2+\frac{1}{2}kx^2 \tag{③}$$

由①、②、③式解得：

$$x=mv_0\sqrt{\frac{m_2}{(m+m_1)(m+m_1+m_2)k}}$$

(2) 子弹射入滑块 A 后，整个系统向右作整体运动，另外须注意到 A、B 之间还有相对振动，B 相对于地面的速度应是这两种运动速度的叠加，当弹性势能为零时，滑块 B 相对地面有极值速度.若 B 向左振动，与向右的整体速度叠加后有最小速度；若 B 向右振动，与向右的整体速度叠加后有最大速度.设极值速度为 v_3，对应的 A 的速度为 v_2：

$$mv_0=(m+m_1)v_2+m_2v_3 \tag{④}$$

$$\frac{1}{2}(m+m_1)v_1^2=\frac{1}{2}(m+m_1)v_2^2+\frac{1}{2}m_2v_3^2 \tag{⑤}$$

由①、④、⑤式得：

$$[v_3(m+m_1+m_2)-2mv_0]v_3=0$$

解得：$v_3=0$(最小速度)，$v_3=\dfrac{2mv_0}{m+m_1+m_2}$(最大速度)

例 4 如图 3-3 所示，质量为 m 的钢球系在长为 l 的绳子的一端，另一端固定在 O 点.现把绳子拉到水平位置后将球由静止释放，球在最低点和一原来静止的、质量为 m' 的钢块发生完全弹性碰撞，求碰后钢球回弹的高度.

解 该题可分为过程：m 下摆过程；完全弹性碰撞过程；m 回弹过程.以下就按此三过程依次求解.

(1) m 下摆的过程，m'地球系统机械能守恒.以最低点为重力势能零点，建立方程

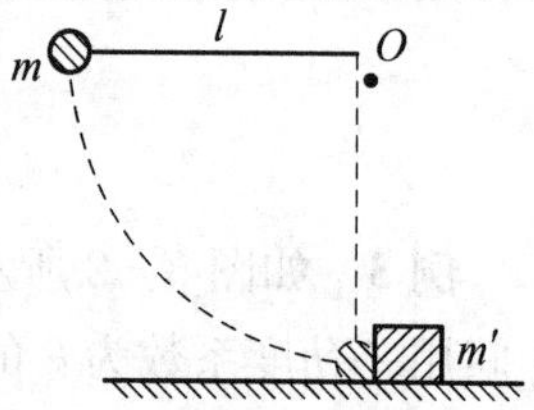

图 3-3

$$mgl=\frac{1}{2}mv_0^2$$

得
$$v_0=\sqrt{2gl}$$

(2) $m-m'$完全弹性碰撞的过程：$m-m'$系统水平方向动量守恒、机械能守恒.设钢球和钢块碰后速度大小分别为 v 和 v'，并设小球碰后反弹

动量守恒
$$mv_0=-mv+m'v'$$

动能守恒
$$\frac{1}{2}mv_0^2=\frac{1}{2}mv^2+\frac{1}{2}m'v'^2$$

得钢球碰后的速度为

$$v=\frac{m'-m}{m'+m}v_0$$

(3) m 回弹的过程：m—地球系统机械能守恒.设碰后钢球回弹的高度为 h

$$\frac{1}{2}mv^2=mgh$$

得
$$h=\left(\frac{m'-m}{m'+m}\right)^2 l$$

3.4　习题选讲

3-8　$F_x=30+4t$（式中 F_x 的单位为 N，t 的单位为 s）的合外力作用在质量 $m=10$ kg 的物体上，试求：(1) 在开始 2 s 内此力的冲量；(2) 若冲量 $I=300$ N·s，此力作用的时间；(3) 若物体的初速度 $v_1=10\ \mathrm{m\cdot s^{-1}}$，方向与 F_x 相同，在 $t=6.86$ s 时此物体的速度 v_2.

解　(1) 本题是求与时间有关的变力的冲量.无论是恒力还是变力，求其冲量一般有两种方法：① 由 $I=\int_{t_1}^{t_2}F\mathrm{d}t$ 直接计算；② 通过动量增量间接计算.

$$I=\int_0^2(30+4t)\mathrm{d}t=30t+2t^2\Big|_0^2=68\ \mathrm{N\cdot s}$$

(2) 由 $I=300=30t+2t^2$，解此方程可得 $t=6.86$ s（另一解不合题意已舍去）

(3) 根据动量定理求物体的速度 v_2.

$$I=\int_{t_1}^{t_2}F(t)\mathrm{d}t=mv_2-mv_1$$

由(2)可知 $t=6.86$ s 时 $I=300$ N·s，将 I、m 及 v_1 代入可得

$$v_2=\frac{I+mv_1}{m}=40\ \mathrm{m\cdot s^{-1}}$$

3-17　一人从 10.0 m 深的井中提水，起始桶中装有 10.0 kg 的水，由于水桶漏水，每升高 1.0 m 要漏去 0.2 kg 的水.水桶被匀速地从井中提到井口，求人所做的功.

解　本题属于典型的做功过程重力变化的例子.水桶在匀速上提过程中重力因漏水随

提升高度而变.因为上提过程匀速,因此拉力始终与水桶重力相平衡,计算拉力做功就转变为计算重力的功.

如图 3-4 所示,水桶在匀速上提过程中,拉力与水桶重力平衡

$$F(y)=P(y)$$

在图示所取坐标下,水桶重力随位置的变化关系为

$$F(y)=P(y)=mg-\alpha gy$$

其中 $\alpha=0.2\ \text{kg/m}$,人对水桶的拉力的功为

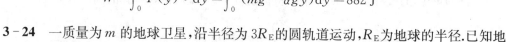

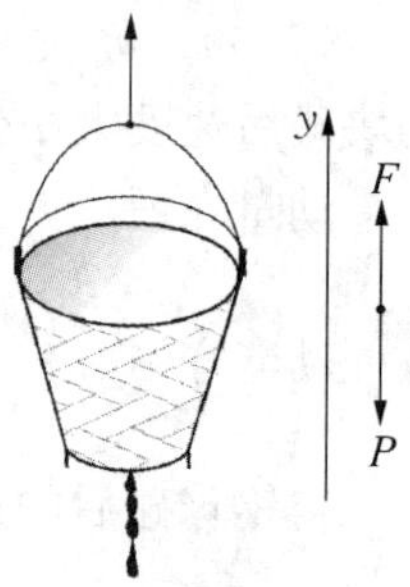

图 3-4

$$W=\int_0^{10}F(y)\cdot \mathrm{d}y=\int_0^{10}(mg-\alpha gy)\mathrm{d}y=882\ \text{J}$$

3-24 一质量为 m 的地球卫星,沿半径为 $3R_{\text{E}}$的圆轨道运动,R_{E}为地球的半径.已知地球的质量为 m_{E}.求:(1) 卫星的动能;(2) 卫星的引力势能;(3) 卫星的机械能.

解 根据势能和动能的定义,知道卫星位置和绕地球运动的速率其势能和动能即可算出.由于卫星在地球引力作用下作圆周运动,由此可算得卫星绕地球运动的速率和动能.取卫星与地球相距无限远时的势能为零后势能也就能确定了.

(1) 卫星与地球之间的万有引力提供卫星作圆周运动的向心力,由牛顿定律可得

$$G\frac{m_{\text{E}}m}{(3R_{\text{E}})^2}=m\frac{v^2}{3R_{\text{E}}}$$

则
$$E_{\text{k}}=\frac{1}{2}mv^2=G\frac{m_{\text{E}}m}{6R_{\text{E}}}$$

(2) 取卫星与地球相距无限远($r\to\infty$)时的势能为零,则处在轨道上的卫星所具有的势能为

$$E_{\text{P}}=-G\frac{m_{\text{E}}m}{3R_{\text{E}}}$$

(3) 卫星的机械能为

$$E=E_{\text{k}}+E_{\text{P}}=G\frac{m_{\text{E}}m}{6R_{\text{E}}}-G\frac{m_{\text{E}}m}{3R_{\text{E}}}=-G\frac{m_{\text{E}}m}{6R_{\text{E}}}$$

3-31 如图 3-5 所示,一质量为 m'的物块放置在斜面的最底端 A 处,斜面的倾角为 α,高度为 h,物块与斜面的动摩擦因数为 μ,今有一质量为 m 的子弹以速度 v_0 沿水平方向射入物块并留在其中,且使物块沿斜面向上滑动.求物块滑出顶端时的速度大小.

解 本题可采用动量守恒及功能定理(或动能原理)求解.整个过程可分为两个阶段:(1) 子弹和物块的撞击过程;(2) 物块(包含子弹)沿斜面向上滑动过程.第一阶段撞击过程中,物块和子弹组成的系统在撞击后的总动量至少由于方向不同因而总动量不守恒.但在斜面方向,因撞击力(属于内力)远大于子弹的重力 P_1 和物块重力 P_2 在斜面方向上的分力以及物块所受的摩擦力 F_f,在该方向上系统

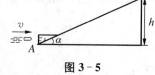

图 3-5

动量保持不变，由此可得到物块被撞击后的速度.第二阶段在物块沿斜面上滑的过程中，子弹、物块和地球组成的系统不受外力作用，非保守内力中仅摩擦力做功，根据功能原理可解得最终的结果.

子弹与物块的撞击过程中，在斜面方向根据动量守恒有

$$mv_0\cos\alpha=(m+m')v_1 \tag{1}$$

在物块上滑的过程中，令物块刚滑出斜面顶端时的速度为 v_2，并取 A 点的重力势能为零.由系统的功能原理可得

$$-\mu(m+m')g\cos\alpha\ \frac{h}{\sin\alpha}=\frac{1}{2}(m+m')v_2^2+(m+m')gh-\frac{1}{2}(m+m')v_1^2 \tag{2}$$

由式(1)、(2)可得

$$v_2=\sqrt{\left(\frac{m}{m+m'}v_0\cos\alpha\right)^2-2gh(\mu\cot\alpha+1)}$$

3.5　综合训练

一、选择题

1. 一质点在如图 3-6 所示的坐标平面内作圆周运动，有一力 $\boldsymbol{F}=F_0(x\boldsymbol{i}+y\boldsymbol{j})$ 作用在质点上.在该质点从坐标原点运动到(0,2R)位置过程中，力 $\boldsymbol{F}$ 对它所做的功为(　　)

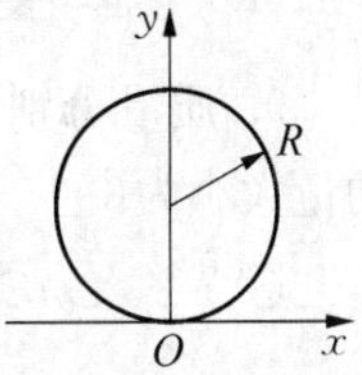

图 3-6

(A) F_0R^2　　(B) $2F_0R^2$

(C) $3F_0R^2$　　(D) $4F_0R^2$

2. 有一劲度系数为 k 的轻弹簧，原长为 l_0，将它吊在天花板上.当它下端挂一托盘平衡时，其长度变为 l_1.然后在托盘中放一重物，弹簧长度变为 l_2，则由 l_1 伸长至 l_2 的过程中，弹性力所做的功为(　　)

(A) $-\int_{l_1}^{l_2}kx\,\mathrm{d}x$　　(B) $\int_{l_1}^{l_2}kx\,\mathrm{d}x$　　(C) $-\int_{l_1-l_0}^{l_2-l_0}kx\,\mathrm{d}x$　　(D) $\int_{l_1-l_0}^{l_2-l_0}kx\,\mathrm{d}x$

3. A、B 两木块质量分别为 m_A 和 m_B，且 $m_B=2m_A$，其速度分别 $-2v$ 和 v，则两木块运动动能之比 E_{kA}/E_{kB} 为(　　)

(A) 1∶1　　(B) 2∶1　　(C) 1∶2　　(D) 4∶1

4. 质点的动能定理:外力对质点所做的功，等于质点动能的增量，其中所描述的外力为(　　)

(A) 质点所受的任意一个外力　　(B) 质点所受的保守力

(C) 质点所受的非保守力　　(D) 质点所受的合外力

5. 下述实例中哪一个物体和地球构成的系统的机械能不守恒的是(　　)

(A) 物体在拉力作用下沿光滑斜面匀速上升

(B) 物体作圆锥摆运动

(C) 抛出的铁饼作斜抛运动(不计空气阻力)

(D) 物体在光滑斜面上自由滑下

6. 当重物减速下降时,合外力对它做的功(　　)

(A) 为正值　　(B) 为负值

(C) 为零　　(D) 先为正值,后为负值

7. 如图 3-7 所示,一物体挂在一弹簧下面,平衡位置在 O 点,现用手向下拉物体,第一次把物体由 O 点拉到 M 点,第二次由 O 点拉到 N 点,再由 N 点送回 M 点.则在这两个过程中(　　)

(A) 弹性力做的功相等,重力做的功不相等

(B) 弹性力做的功相等,重力做的功也相等

(C) 弹性力做的功不相等,重力做的功相等

(D) 弹性力做的功不相等,重力做的功也不相等

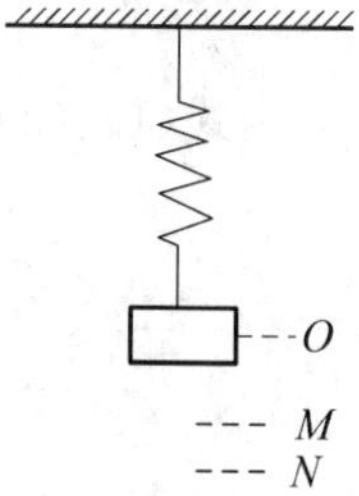

图 3-7

8. 在物体质量不变的情况下,下列叙述中正确的是(　　)

(A) 物体的动量不变,动能也不变

(B) 物体的动能不变,动量也不变

(C) 物体的动量大小变化,动能一定变化

(D) 物体的动能变化,动量不一定变化

9. 质量分别为 m 和 $4m$ 的两个质点分别以动能 E 和 $4E$ 沿一直线相向运动,它们的总动量大小为(　　)

(A) $2\sqrt{2mE}$　　(B) $3\sqrt{2mE}$　　(C) $5\sqrt{2mE}$　　(D) $(2\sqrt{2}-1)\sqrt{2mE}$

10. 在经典力学中,关于动能、功、势能与参考系的关系,下列说法正确的是(　　)

(A) 动能和势能与参考系的选取有关　　(B) 动能和功与参考系的选取有关

(C) 势能和功与参考系的选取有关　　(D) 动能、势能和功均与参考系选取无关

11. 如图 3-8 所示,木块 m 沿固定的光滑斜面从静止开始下滑,当下降 h 高度时,重力做功的瞬时功率是(　　)

(A) $mg\,(2gh)^{1/2}$

(B) $mg\cos\theta\,(2gh)^{1/2}$

(C) $mg\sin\theta\left(\frac{1}{2}gh\right)^{1/2}$

(D) $mg\sin\theta\,(2gh)^{1/2}$

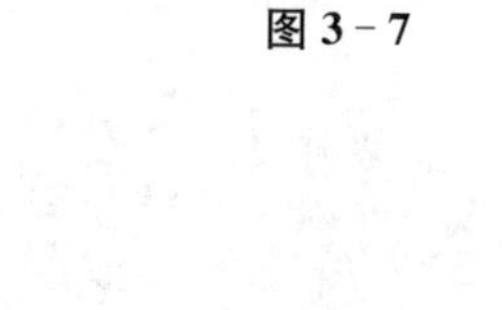

图 3-8

12. 一水平放置的轻弹簧,劲度系数为 k,其一端固定,另一端系一质量为 m 的滑块 A,A 旁又有一质量相同的滑块 B,如图 3-9 所示.设

图 3-9

两滑块与桌面间无摩擦.若用外力将 A、B 一起推压使弹簧压缩量为 d 而静止，然后撤销外力，则 B 离开时的速度大小为(　　)

(A) 0　　(B) $d\sqrt{\dfrac{k}{2m}}$　　(C) $d\sqrt{\dfrac{k}{m}}$　　(D) $d\sqrt{\dfrac{2k}{m}}$

13. 一质量为 m_0 的斜面原来静止于水平光滑平面上，将一质量为 m 的木块轻轻放于斜面上，如果此后木块能静止于斜面上，则斜面将(　　)

(A) 保持静止　　(B) 向右加速运动

(C) 向右匀速运动　　(D) 向左加速运动

14. 地球绕太阳公转，从近日点向远日点运动的过程中，下面叙述中正确的是(　　)

(A) 太阳的引力做正功　　(B) 地球的动能在增加

(C) 系统的引力势能在增加　　(D) 系统的机械能在减少

15. 下面几种说法中正确的是(　　)

(A) 静摩擦力一定不做功　　(B) 静摩擦力一定做负功

(C) 滑动摩擦力一定做负功　　(D) 滑动摩擦力可做正功

16. 质量为 m 的一架航天飞机关闭发动机返回地球时，可认为它只在地球引力场中运动.已知地球质量为 M，万有引力常数为 G，则当它从距地心 R_1 处的高空下降到 R_2 处时，增加的动能应为(　　)

(A) $\dfrac{GMm}{R_2}$　　(B) $\dfrac{GMm}{R_2^2}$

(C) $\dfrac{GMm(R_1-R_2)}{R_1R_2}$　　(D) $\dfrac{GMm(R_1-R_2)}{R_1^2}$

17. 已知两个物体 A 和 B 的质量以及它们的速率都不相同，若物体 A 的动量在数值上比物体 B 的大，则 A 的动能 E_{kA} 与 B 的动能 E_{kB} 之间(　　)

(A) E_{kB} 一定大于 E_{kA}　　(B) E_{kB} 一定小于 E_{kA}

(C) $E_{kB}=E_{kA}$　　(D) 不能判定谁大谁小

18. 速度为 v 的子弹，打穿一块不动的木板后速度变为零，设木板对子弹的阻力是恒定的.那么，当子弹射入木板的深度等于其厚度的一半时，子弹的速度大小是(　　)

(A) $\dfrac{1}{4}v$　　(B) $\dfrac{1}{3}v$　　(C) $\dfrac{1}{2}v$　　(D) $\dfrac{1}{\sqrt{2}}v$

19. 一质点从 A 状态变化到 B 状态过程中，一个作直线运动的物体，(　　)

(A) 质点受到的冲量与其动量改变量相等

(B) 质点受到的冲量与其动能改变量相等

(C) 质点受到的冲量与其动量增量相等

(D) 质点受到的冲量与其动能增量相等

20. 将一重物匀速地推上一个斜坡，因其动能不变，所以(　　)

(A) 推力不做功　　(B) 推力功与摩擦力的功等值反号

(C) 推力功与重力功等值反号　　　　　　(D) 此重物所受的外力做功之和为零

21. 一质点在 x 轴上运动，它在运动过程中受指向原点的力作用，此力大小正比于它与原点的距离，比例系数为 k.那么当质点离开原点为 x 时，它相对原点的势能值是(　　)

(A) $-\frac{1}{2}kx^2$　　(B) $\frac{1}{2}kx^2$　　(C) $-kx^2$　　(D) kx^2

22. 当物体有加速度时，则(　　)

(A) 对该物体必须有功　　　　　　(B) 它的动能必然增大

(C) 它的势能必然增大　　　　　　(D) 对该物体必须施力，且合力不会等于零

二、填空题

23. 一物体放在水平传送带上，物体与传送带间无相对滑动，当传送带作加速运动时，静摩擦力对物体做功为________.(仅填“正”,“负”或“零”)

24. 一颗速率为 700 m/s 的子弹，打穿一块木板后，速率降到 500 m/s.如果让它继续穿过厚度和阻力均与第一块完全相同的第二块木板，则子弹的速率将降到________.(空气阻力忽略不计)

25. 一质量为 m 的质点在指向圆心的力 $F=k/r^2$ 的作用下，作半径为 r 的圆周运动，此质点的动能为________.

26. 一物体质量 $M=2$ kg，在合外力 $\boldsymbol{F}=(3+2t)\boldsymbol{i}$(SI)的作用下，从静止开始运动，式中 $\boldsymbol{i}$ 为方向一定的单位矢量，则当 $t=1$ s 时物体的速度 $\boldsymbol{v}=$________.

27. 如图 3-10 所示，质量为 m 的小球，自距离斜面高度为 h 处自由下落到倾角为 30°的光滑固定斜面上.设碰撞是完全弹性的，则小球对斜面的冲量的大小为________，方向为________.

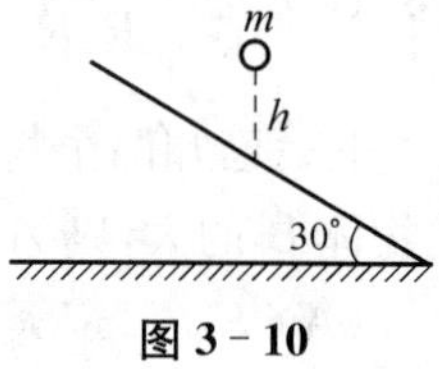

图 3-10

28. 质量为 m 的物体，从高为 h 处由静止自由下落到地面上，在下落过程中忽略阻力的影响，则物体到达地面时的动能为________.(重力加速度为 g)

29. 一个质点同时在几个力作用下的位移为 $\Delta\boldsymbol{r}=4\boldsymbol{i}-5\boldsymbol{j}+6\boldsymbol{k}$(SI)，其中一个力为恒力 $\boldsymbol{F}=-3\boldsymbol{i}-5\boldsymbol{j}+9\boldsymbol{k}$(SI)，则此力在该位移过程中所做的功为________.

30. 一质量为 m 的物体静止在倾斜角为 α 的斜面下端，后沿斜面向上缓慢地被拉动了 l 的距离，则合外力所做功为________.

31. 质量为 100 kg 的货物，平放在卡车底板上.卡车以 4 m/s^2 的加速度启动.货物与卡车底板无相对滑动.则在开始的 4 s 内摩擦力对该货物做的功 $W=$________.

32. 一长为 l，质量为 m 的匀质链条，放在光滑的桌面上，若其长度的 1/5 悬挂于桌边下，将其慢慢拉回桌面，需做功________.

33. 已知地球质量为 M，半径为 R.一质量为 m 的火箭从地面上升到距地面高度为 $2R$ 处.在此过程中，地球引力对火箭做的功为________.

三、计算题

34. 已知质点质量 $m=10$ kg，受 x 轴方向的力 $F=3t^2$（式中 F 的单位为 N，t 的单位为 s），试求：(1) 2 s 至 4 s 内此力的冲量大小；(2) 2 s 至 4 s 内平均冲力大小；(3) $t=4$ s 时此物体的速度大小，设质点 $t=2$ s 时静止.

35. 已知质点沿 x 轴方向运动，质量 $m=1$ kg，加速度 $a=3v$. 当质点由 $x=1$ m 运动至 $x=3$ m 时，(1) 根据冲量定义计算该过程质点所受冲量大小；(2) 根据动量增量计算该过程质点所受冲量大小.

36. 已知质点在 xy 平面上运动，质量 $m=2$ kg，加速度 $\boldsymbol{a}=3x\boldsymbol{i}+4y\boldsymbol{j}$. 在质点由坐标 (0,0) 处运动至 (4,3) 过程中，求其所受之力对其所做的功.

37. 质量为 1 kg 的物体，由水平面上点 O 以初速度 $v_0=10$ m/s 竖直上抛，若不计空气的阻力，求：(1) 物体从上抛到上升到最高点过程中，重力所做的功；(2) 物体从上抛到上升到最高点，又自由降落到 O 点过程中，重力所做的功；(3) 讨论在物体上抛运动中动能和势能的关系；(4) 物体的最大势能（要求用动能定理求解）.

38. 一质量为 m 的质点在 Oxy 平面上运动，其位置矢量为：$\boldsymbol{r}=a\cos\omega t\boldsymbol{i}+b\sin\omega t\boldsymbol{j}$ (SI)，式中 a、b、ω 是正值常量，且 $a>b$. (1) 求质点在 A 点 $(a,0)$ 时和 B 点 $(0,b)$ 时的动能；(2) 求质点所受的合外力 $\boldsymbol{F}$ 以及当质点从 A 点运动到 B 点的过程中 $\boldsymbol{F}$ 的分力 $\boldsymbol{F}_x$ 和 $\boldsymbol{F}_y$ 分别做的功.

39. 质量为 10 kg 的物体，受 x 轴方向力作用沿 x 轴无摩擦地滑动，$t=0$ 时静止于原点，求：(1) 物体在力 $F=3+4x$ N 的作用下运动了 3 m，求物体的动能；(2) 物体在力 $F=3+4t$ N 的作用下运动了 3 s，求物体的动能.

40. 质量为 m 的小球，连接在劲度系数为 k 的弹簧的一端，弹簧的另一端固定在水平面上一点，初始给弹簧一定的压力后，小球的直线运动的规律为 $x=A\cos(\omega t)$. 求：(1) 小球在 $t=0$ 到 $t=\pi/(2\omega)$ 时间内小球的动能增量；(2) 小球的最大弹性势能；(3) 小球的最大动能；(4) 质量 m 和 ω 关系.（忽略摩擦力）

41. 设一颗质量为 5.00×10^3 kg 的地球卫星，以半径 8.00×10^3 km 沿圆形轨道运动. 由于微小阻力，使其轨道半径收缩到 6.50×10^3 km. 试计算：(1) 速率的变化；(2) 动能和势能的变化；(3) 机械能的变化.（地球的质量 $M_E=5.98\times10^{24}$ kg，万有引力系数 $G=6.67\times10^{-11}$ $\mathrm{N\cdot m^2\cdot kg^{-2}}$）

42. 一轻质弹簧，两端连接两滑块 A 和 B，已知 $m_A=0.99$ kg，$m_B=3$ kg，放在光滑水平桌面上，开始时弹簧处于原长. 现滑块 A 被水平飞来的质量为 $m_c=10$ g，速度为 400 m/s 的子弹击中，且没有穿出，如图 3－11 所示，试求：

(1) 子弹击中 A 的瞬间 A 和 B 的速度；

(2) 以后运动过程中弹簧的最大弹性势能；

(3) B 可获得的最大动能.

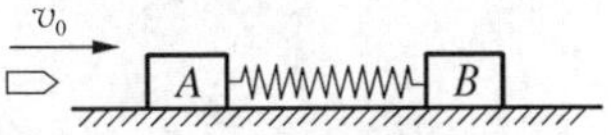

图 3－11

43. 如图 3-12 所示,有两个长方形的物体 A 和 B 紧靠着静止放在光滑的水平桌面上,已知 $m_A=2\ \mathrm{kg}$,$m_B=3\ \mathrm{kg}$.现有一质量 $m=100\ \mathrm{g}$ 的子弹以速率 $v_0=800\ \mathrm{m/s}$ 水平射入长方体 A,经 $t=0.01\ \mathrm{s}$,又射入长方体 B,最后停留在长方体 B 内未射出.设子弹射入 A 时所受的摩擦力为 $F=3\times10^3\ \mathrm{N}$,求:

(1) 子弹在射入 A 的过程中,B 受到 A 的作用力的大小.

(2) 当子弹留在 B 中时,A 和 B 的速度大小.

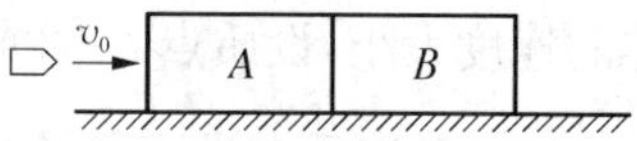

图 3-12

44. 如图 3-13 所示,一质量为 M 的平板车 B 放在光滑水平面上,在其右端放一质量为 m 的小木块 A,$m<M$,A、B 间动摩擦因数为 μ,现给 A 和 B 以大小相等、方向相反的初速度 v_0,使 A 开始向左运动,B 开始向右运动,最后 A 不会滑离 B,求:

(1) A、B 最后的速度大小和方向;

(2) 从地面上看,小木块向左运动到离出发点最远处时,平板车向右运动的位移大小.

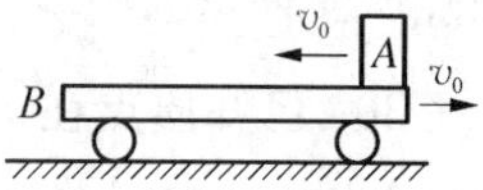

图 3-13

第 4 章　刚体转动

4.1　本章基本要求

一、理解描述刚体定轴转动的角速度和角加速度等概念，并掌握角量与线量的关系.

二、理解转动惯量概念，掌握刚体绕定轴转动的转动定理.

三、理解角动量的概念，掌握角动量定理及其守恒定律.

四、理解刚体定轴转动的动能定理，能在有刚体绕定轴转动的简单问题中应用机械能守恒定律.

4.2　内容提要

一、刚体运动的基本形式

1. 平动

刚体中所有点的运动轨迹均相同.刚体作平动时，刚体上各点的位移、速度及加速度都一样，而其上任意两点的运动轨迹经平移后可完全重叠.因此，刚体上任意点的运动就代表刚体的运动.此时刚体的运动可看作质点的运动.

2. 转动

刚体上所有点都绕同一直线（转轴）作圆周运动.圆心在转轴上，圆周运动所在平面与转轴垂直.转轴固定的称为定轴转动.

大学物理主要涉及的是刚体的定轴转动.

二、描述刚体定轴转动的物理量

1. 角量

描述刚体整体状态并与角度有关的物理量.

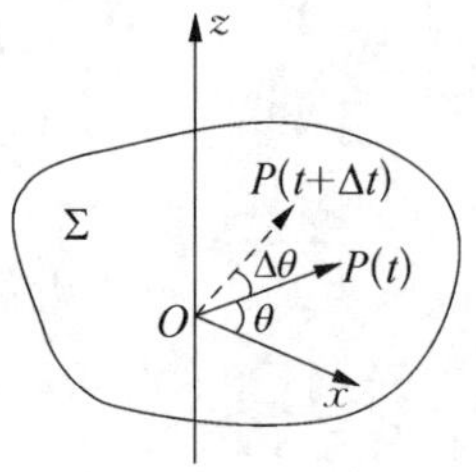

图 4-1　角坐标与角位移

如图 4-1 所示，z 轴为转轴，Σ 为参考平面，位于 Σ 内的 Ox 轴为基准参考线.

(1) 角坐标和角位移

角坐标 θ：参考面 Σ 上任一点 P 的位矢 $\boldsymbol{r}$ 相对基准线 Ox 旋转所形成的角度，描写刚体的转动位置.

角位移 $\Delta\theta$：$\Delta\theta=\theta(t+\Delta t)-\theta(t)$，描述刚体的角位置变化.

(2) 角速度和角加速度

角速度 $\omega=\dfrac{\mathrm{d}\theta}{\mathrm{d}t}$，描述刚体的转动快慢和方向.单位：弧度/秒(rad/s).

角加速度 $\alpha=\dfrac{\mathrm{d}\omega}{\mathrm{d}t}=\dfrac{\mathrm{d}^2\theta}{\mathrm{d}t^2}$，描述角速度的变化快慢和方向.单位：弧度/秒^2(rad/s^2).

注意：(1) θ、$\Delta\theta$、ω 以及 α 都是可正可负的代数量，其正负可以表示转动方向.面对 z 轴，规定 θ、$\Delta\theta$、ω 沿逆时针方向进行为正，反之为负；对 α，α 与 ω 正负相同时刚体加速转动，相反时刚体减速转动；

(2) 角速度和角加速度都是矢量，但对于定轴转动，角速度和角加速度的方向都只有两个(z 正向或负向)，因此用其正负就可表示，不必再用矢量.

(3) 角速度常用两种单位：弧度/秒(rad/s)，转/分(rev/min 或 r/min)，转换关系为 $1\ \mathrm{r/min}=\dfrac{2\pi}{60}\mathrm{rad/s}$.

2. 线量

描述转动刚体上某一点运动状态的物理量.

刚体定轴转动时 P 点作半径 $\boldsymbol{r}=R$ 的圆周运动，描述 P 点运动状态的物理线量有弧长 s、在切向 $\boldsymbol{\tau}$(约定与 z 轴成右手螺旋)方向上的线速度 v 和切向加速度 a_t，以及沿法向 $\boldsymbol{n}$ 的加速度 a_n.如图 4-2 所示.

$$v=\frac{\mathrm{d}s}{\mathrm{d}t};\quad a_t=\frac{\mathrm{d}v}{\mathrm{d}t}=\frac{\mathrm{d}^2s}{\mathrm{d}t^2};\quad a_n=\frac{v^2}{\rho}$$

注意：(1) a_n 始终为正，方向为 $\boldsymbol{n}$；

(2) s、v 以及 a_t 可正可负，指向 $\boldsymbol{\tau}$ 方向时为正，反之为负；特别地，a_t 与 v 正负相同时刚体作加速转动，相反时刚体作减速转动.

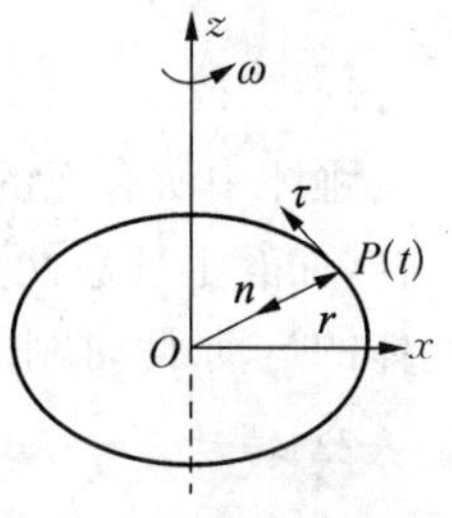

图 4-2　线速度与加速度

3. 角量和线量关系

$$s=r\theta;\quad v=r\omega;\quad a_t=r\alpha;\quad a_n=r\omega^2$$

三、刚体定轴转动运动学方程

1. 刚体定轴转动运动学方程：$\theta=\theta(t)$

2. 匀变速(α 为恒量)定轴转动运动学方程:$\begin{cases}\omega=\omega_0+\alpha t\\ \omega^2=\omega_0^2+2\alpha(\theta-\theta_0)\\ \theta=\theta_0+\omega_0 t+\dfrac{1}{2}\alpha t^2\end{cases}$

四、刚体定轴转动定律

1. 力矩 $\boldsymbol{M}$:描述力对刚体转动作用的物理量,是刚体转动状态改变的原因.设外力 $\boldsymbol{F}$ 位于 Σ 平面内(参见图 4-1),则 $\boldsymbol{F}$ 对 z 轴的力矩为

$$\boldsymbol{M}=\boldsymbol{r}\times\boldsymbol{F}$$

注意:(1) $\boldsymbol{M}$ 的方向与 z 轴同向时取正,反之为负;

(2) 刚体内各质元间的作用力对转轴的合内力矩为零;

(3) 圆盘或杆转动时的摩擦力矩等变力矩的计算问题处理方法见典型例题 1.

2. 转动惯量 J:描述刚体转动时的惯性大小的物理量.

它与三个因素有关:① 刚体质量;② 质量分布;③ 转轴位置

(1) 质量连续分布刚体: $J=\int r^2\mathrm{d}m$

(2) 组合体的转动惯量:设组合体由 n 个刚体(或质点)组成,第 i 个刚体(或质点)对某轴的转动惯量为 J_i,则组合体对同一轴的转动惯量 J 为

$$J=\sum_{i=1}^{n}J_i$$

(3) 质点对轴的转动惯量 J_m:$J_m=mr^2$(r 为质点与轴 z 的垂直距离)

3. 转动定律: $\sum M=J\alpha$

五、刚体定轴转动的角动量定理及守恒

1. 质点角动量及刚体定轴转动角动量

(1) 质点角动量:位于 p 点、动量为 $m\boldsymbol{v}$ 的质点对任意参考点 O 的角动量

$$\boldsymbol{L}_O=\boldsymbol{r}\times m\boldsymbol{v}$$

特别地,若质点在垂直于定轴 z 的平面 Σ(参见图 4-1)内运动,角动量方向类似于定轴转动时的角速度描述,用正负来表示:与 z 轴正向相同取正,反之取负.

(2) 刚体对定轴 z 的角动量: $L=J\omega$

2. 刚体定轴转动的角动量定理

(1) 微分形式: $M=\dfrac{\mathrm{d}(J\omega)}{\mathrm{d}t}$

(2) 积分形式:① 定轴转动的刚体:$\int_{t_1}^{t_2}M\mathrm{d}t=J\omega_2-J\omega_1$

② 定轴转动的非刚体：$\int_{t_1}^{t_2} M\mathrm{d}t = J_2\omega_2 - J_1\omega_1$

式中 ω_1、ω_2、J_1 及 J_2 表示 t_1 和 t_2 时刻的角速度和转动惯量.

3. 刚体定轴转动的角动量守恒

(1) 守恒条件：不受到外力矩或合外力矩 $M=0$　$J\omega=$恒量.

(2) 守恒的两种情况：

① 刚体定轴转动：转动惯量不变，角速度不变.刚体保持原来状态不变(原来静止仍然静止，原来匀速转动的永远匀速转动).

② 非刚体定轴转动：转动惯量变，角速度也变，但两者乘积不变，$J(t)\omega(t)=$恒量.

注意：在求解质点与刚体碰撞问题时，常把质点和刚体看成一个系统，碰撞过程中质点和刚体之间相互作用产生的内力矩不影响系统角动量，所以只要系统所受合外力对某轴的力矩为零，系统总角动量对该轴守恒.

六、刚体定轴转动的动能定理

1. 力矩的功及功率

力矩的功：$W=\int_{\theta_1}^{\theta_2} M\mathrm{d}\theta$；力矩的功率：$P=M\omega$

2. 转动动能

$$E_\mathrm{k}=\frac{1}{2}J\omega^2$$

3. 刚体定轴转动的动能定理及机械能守恒

动能定理：$W=\frac{1}{2}J\omega_2^2-\frac{1}{2}J\omega_1^2$

机械能守恒：只有保守力做功时，$\frac{1}{2}J\omega^2+E_P=$常数

其中，$E_P=mgh_c$ 为刚体重力势能，h_c 为刚体质心相对于重力势能零点的高度.

4.3　典型例题

例 1　匀质圆盘质量为 m、半径 R，放在粗糙的水平桌面上，绕通过盘心的竖直轴转动，初始角速度为 ω_0，已知圆盘与桌面的摩擦系数为 μ，问经过多长时间后圆盘静止？

解　本题属于典型的摩擦力矩计算问题.把圆盘看成由许许多多的微小圆环组成，其中半径为 r、宽度 $\mathrm{d}r$ 的微小圆环质量为

$$\mathrm{d}m=\sigma\mathrm{d}S=2\pi\sigma r\,\mathrm{d}r$$

其中 $\sigma=\frac{m}{\pi R^2}$.该微小圆环受到的摩擦力对竖直轴的摩擦力矩为

$$dM=-r\cdot\mu g\,dm=-2\pi\mu\sigma g r^2\,dr$$

整体圆盘受到的摩擦力矩为

$$M=\int_0^R-2\pi\mu\sigma g r^2\,dr=-\frac{2}{3}\pi\mu\sigma g R^3=-\frac{2}{3}\mu mgR$$

由转动定律 $M=J\alpha$ 及圆盘转动惯量 $J=\frac{1}{2}mR^2$ 得

$$\alpha=\frac{M}{J}=-\frac{4\mu g}{3R}$$

角加速度 α 为常量,直接应用定轴转动运动学方程 $\omega=\omega_0+\alpha t$ 求解

$$t=\frac{0-\omega_0}{\alpha}=\frac{3\omega_0 R}{4\mu g}$$

例 2　两均匀滑轮 A、B,质量和半径分别为 m_1、r_1 和 m_2、r_2,可分别绕通过其中心并与本身垂直的轴 O_1 和 O_2 转动.开始时它们分别以角速度 ω_{10} 和 ω_{20} 匀速转动,(1) 若 O_1 和 O_2 为同一轴,并将两滑轮齿和为一体,系统对该轴的角动量是否守恒? 若守恒,求其齿和后的角速度 ω;(2) 若 O_1 和 O_2 二轴平行,平移两轴使 A、B 的边缘保持相互接触,系统对 O_1 或 O_2 的角动量是否守恒? 若 A、B 起始时转动方向相反且 $r_1>r_2$,$\omega_{10}>\omega_{20}$,两滑轮接触点无相对滑动,试求两滑轮角速度 ω_1 和 ω_2?

解　(1) 因为齿和过程相互作用力为内力,对系统角动量无影响,而轴 O_1 对滑轮 A、轴 O_2 对滑轮 B 的作用力又因通过各自转轴而力矩为零,因此系统角动量守恒.因齿和后系统对轴的转动惯量为 J_1+J_2,所以

$$J_1\omega_{10}+J_2\omega_{20}=(J_1+J_2)\omega$$

求得

$$\omega=\frac{J_1\omega_{10}+J_2\omega_{20}}{J_1+J_2}$$

(2) 以两滑轮为系统,虽然两滑轮边缘相互作用力 $f_1=f_2=f$ 为内力,对轴 O_1 或 O_2 的力矩为零,但轴 O_1 对滑轮 A 的力对轴 O_2 的力矩不为零,轴 O_2 对滑轮 B 的力对轴 O_1 的力矩也不为零,所以系统角动量无论对轴 O_1 或 O_2 都不守恒.

两滑轮接触点无相对滑动,所以边缘线速度相等

$$\omega_1 r_1=\omega_2 r_2$$

两滑轮边缘相互作用力 f,如取轴 O_1 的转动方向为正,则 B 对 A 的力产生的对轴 O_1 的力矩为 $-fr_1$,A 对 B 的力产生的对轴 O_2 的力矩为 fr_2,对滑轮 A、B 分别应用角动量定理

$$\int_0^t-fr_1\,dt=\frac{1}{2}m_1 r_1^2(\omega_1-\omega_{10})$$

$$\int_0^t fr_2\,dt=\frac{1}{2}m_2 r_2^2(\omega_2-\omega_{20})$$

求解三个方程得

$$\omega_1=\frac{m_1r_1\omega_{10}+m_2r_2\omega_{20}}{(m_1+m_2)r_1},\omega_2=\frac{m_1r_1\omega_{10}+m_2r_2\omega_{20}}{(m_1+m_2)r_2}$$

例 3　如图 4-3 所示，劲度系数 $k=20\ \mathrm{N/m}$ 的弹簧 C 一端固结于地面，一端与一不可伸长轻绳相连，绳绕过半径为 $R=0.5\ \mathrm{m}$、转动惯量 $J=7.5\ \mathrm{kg\cdot m^2}$ 的滑轮 B 后与质量为 $m=2\ \mathrm{kg}$ 的物体 A 相连.已知斜面倾角 $\alpha=37°$，不计摩擦，弹簧无形变时将 A 由静止释放，求：(1) A 下滑的加速度；(2) A 下滑的最大速率；(3) A 下滑的最大距离.

解　这是一道非常典型的质点和视作刚体的定滑轮组合问题，可用两种方法进行求解.

法一：设 t 时刻，A 下滑距离 x（也即弹簧被拉伸 x），A、B 间张力为 T_1，C、B 间张力为 T_2，沿斜面向下为正，由对 A 的牛顿第二定律、对弹簧的牛顿第三定律以及对 B 的转动定律，再记及线量角量间关系，联立方程得

$$\begin{cases}mg\sin\alpha-T_1=ma\\(T_1-T_2)R=J\alpha\\a=\alpha R\\T_2=kx\end{cases}$$

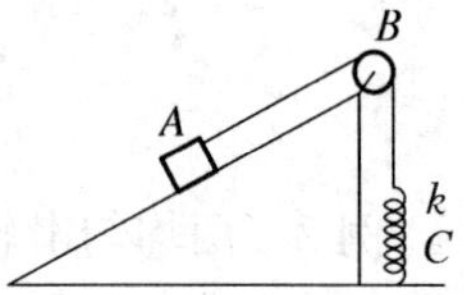

图 4-3

(1) 求解后代入数据得加速度

$$a=\frac{mg\sin\alpha-kx}{m+\dfrac{J}{R^2}}=2.4-4x$$

(2) $a=0$ 时下滑速率最大，此时 $x=\dfrac{2.4}{4}=0.6\ \mathrm{m}$.为此需要找出速率 v 和 x 之间关系，这可利用加速度和 x 之间关系得到

$$a=\frac{\mathrm{d}v}{\mathrm{d}t}=\frac{\mathrm{d}v}{\mathrm{d}x}\frac{\mathrm{d}x}{\mathrm{d}t}=v\frac{\mathrm{d}v}{\mathrm{d}x}=2.4-4x$$

两边积分　$$\int_0^v v\mathrm{d}v=\int_0^x(2.4-4x)\mathrm{d}x$$

得　$$\frac{1}{2}v^2=2.4x-2x^2$$

代入 $x=0.6\ \mathrm{m}$ 得下滑的最大速率：$v_{\max}=14.4\ \mathrm{m/s}$

(3) $v=0$ 时下滑最大距离.所以

$$2.4x-2x^2=0$$

最大距离：$x_{\max}=1.2\ \mathrm{m}$

也可这样计算下滑最大距离.当弹性势能与重力势能相等时下滑最大距离

$$\frac{1}{2}kx_{\max}^2-mgx_{\max}\sin\alpha=0$$

同样得到　$$x_{\max}=\frac{2\ \mathrm{mg}\sin\alpha}{k}=1.2\ \mathrm{m}$$

法二： 以 A、B、C 和地球为系统，因不计摩擦，系统内只有重力、弹簧弹性力做功，系统机械能守恒. t 时刻，设下滑距离 x（也即弹簧被拉伸 x），系统机械能中动能部分包括 A 的平动动能 $\frac{1}{2}mv^2$ 和 B 的转动动能 $\frac{1}{2}J\omega^2=\frac{1}{2}J\left(\frac{v}{R}\right)^2$；势能部分包括 A 的重力势能 $-mgx\sin\alpha$（以 A 初始位置为重力势能零点）和 C 的弹性势能 $\frac{1}{2}kx^2$（弹簧无形变时为弹性势能为零点），因初始时刻系统机械能为零，所以

$$\frac{1}{2}mv^2+\frac{1}{2}kx^2+\frac{1}{2}J\left(\frac{v}{R}\right)^2-mgx\sin\alpha=0$$

求导并整理得

$$\left(m+\frac{J}{R^2}\right)a+kx-mg\sin\alpha=0$$

由此可求得加速度 $a=2.4-4x$，后面求解同法一.

4.4　习题选讲

4-6　一汽车发动机曲轴的转速在 12 s 内由 $1.2\times10^3\ \mathrm{r\cdot min^{-1}}$ 均匀增加到 $2.7\times10^3\ \mathrm{r\cdot min^{-1}}$，求：(1) 曲轴转动角加速度；(2) 在此时间内，曲轴转了多少转？

解　本题是一道刚体定轴转动运动学问题. 因为转速均匀增加，所以是匀变速定轴转动，可直接应用相关定轴转动运动学方程求解. 同时应注意题中转速单位 $\mathrm{r\cdot min^{-1}}$ 要化为 $\mathrm{rad\cdot s^{-1}}$.

(1) $\omega_1=\frac{2\pi}{60}\times1.2\times10^3=40\pi\ \mathrm{rad/s}$，同样 $\omega_2=90\pi\ \mathrm{rad/s}$.

$$\alpha=\frac{\omega_2-\omega_1}{t}=\frac{90\pi-40\pi}{12}=\frac{25\pi}{6}\mathrm{rad/s^2}\approx13.1\ \mathrm{rad/s^2}$$

(2) $\theta=\frac{\omega_2^2-\omega_1^2}{2\beta}=780\pi\ \mathrm{rad}$　即 $n=\frac{\theta}{2\pi}=390$（圈）

4-18　如图 4-4 所示，在光滑的水平面上有一木杆，其质量 $m_1=1.0\ \mathrm{kg}$，长 $l=40\ \mathrm{cm}$，可绕通过其中点并与之垂直的轴转动. 一质量为 $m_2=10\ \mathrm{g}$ 的子弹，以 $v=2.0\times10^2\ \mathrm{m/s}$ 的速度射入杆端，其方向与杆及轴正交. 若子弹陷入杆中，试求所得到的角速度.

解　这是一道典型的质点与刚体碰撞例题. 将子弹（质点）和杆（刚体）视为系统. 子弹射入杆前一刻对 O 轴的转动惯量 $J_2=m_2(l/2)^2$、角速度 $\omega=2v/l$；子弹陷入杆后，将和杆一起以角速度 ω' 转动. 因系统不受外力矩作用，故系统的角动量守恒. 由角动量守恒定律可得

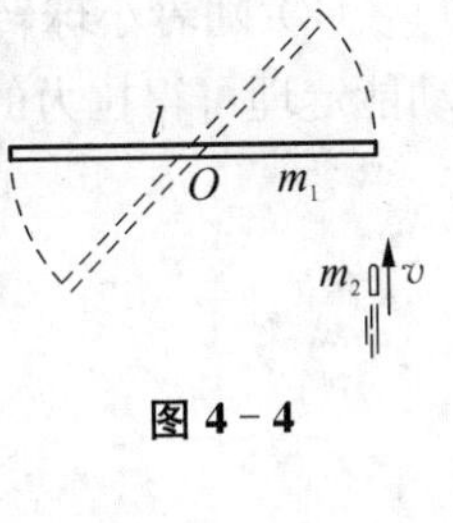

图 4-4

$$J_2\omega=(J_1+J_2)\omega'$$

式中 $J_1=m_1l^2/12$ 为杆绕轴 O 的转动惯量. 可得杆的角速度为

$$\omega'=\frac{J_2\omega}{J_1+J_2}=\frac{6m_2v}{(m_1+3m_2)}=29.1\ \mathrm{s^{-1}}$$

4-24 一位溜冰者伸开双臂来以 $1.0\ \mathrm{r\cdot s^{-1}}$ 绕身体中心轴转动，此时的转动惯量为 $1.33\ \mathrm{kg\cdot m^2}$，她收起双臂来增加转速，如收起双臂后的转动惯量变为 $0.48\ \mathrm{kg\cdot m^2}$.求(1) 她收起双臂后的转速；(2) 她收起双臂前后绕身体中心轴的转动动能各为多少？

解 本题属于典型的非刚体定轴转动角动量守恒.当溜冰者绕身体中心轴转动时，人体重力和地面支持力均与该轴重合，故无外力矩作用，满足角动量守恒.此时改变身体形状(即改变对轴的转动惯量)就可改变转速，这是在体育运动中经常要利用的物理规律.

(1) 由分析知，有

$$J_0\omega_0=J\omega$$

则

$$\omega=\frac{J_0}{J}\omega_0=2.77\ \mathrm{r\cdot s^{-1}}$$

(2) 收起双臂前

$$E_{k1}=\frac{1}{2}J_0\omega_0^2=26.2\ \mathrm{J}$$

收起双臂后

$$E_{k2}=\frac{1}{2}J\omega^2=72.6\ \mathrm{J}$$

4-29 如图 4-5 所示，一质量为 m 的小球由一绳索系着，以角速度 ω_0 在无摩擦的水平面上，作半径为 r_0 的圆周运动.如果在绳的另一端作用一竖直向下的拉力，使小球作半径为 $0.5r_0$ 的圆周运动.试求：(1) 小球新的角速度；(2) 拉力所做的功.

解 沿轴向的拉力对小球不产生力矩，因此，小球在水平面上转动的过程中不受外力矩作用，其角动量应保持不变.但是，外力改变了小球圆周运动的半径，也改变了小球的转动惯量，从而改变了小球的角速度.至于拉力所做的功，可根据动能定理由小球动能的变化得到.

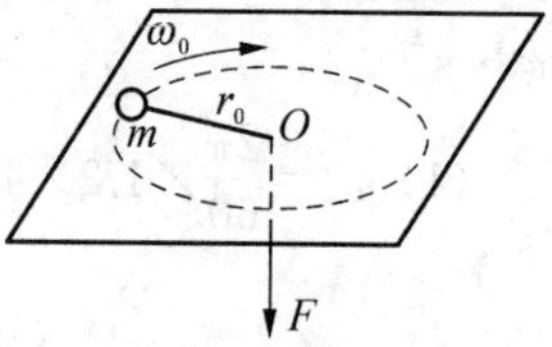

图 4-5

(1) 根据分析，小球在转动的过程中，角动量保持守恒，故有

$$J_0\omega_0=J_1\omega_1$$

式中 $J_0=mr_0^2$ 和 $J_1=mr_0^2/4$ 分别是小球在半径为 r_0 和 $0.5r_0$ 时对轴的转动惯量，则

$$\omega=\frac{J_1}{J_0}\omega_0=4\omega_0$$

(2) 随着小球转动角速度的增加，其转动动能也增加，这正是拉力做功的结果.由转动的动能定理可得拉力的功为

$$W=\frac{1}{2}J_1\omega_1^2-\frac{1}{2}J_0\omega_0^2=\frac{3}{2}mr_0^2\omega_0^2$$

4.5 综合练习

一、选择题

1. 几个力同时作用在具有光滑固定转轴的刚体上，如果这几个力的矢量和为零，则刚体(　　)

(A) 必然不会转动　　(B) 转速必然不变

(C) 转速必然改变　　(D) 转速可能不变，也可能改变

2. 有两个半径相同、质量相等的细圆环 A、B.A 环质量分布均匀，B 环质量分布不均匀，它们对通过圆心并与环面垂直的轴的转动惯量分别为 J_A 和 J_B，则(　　)

(A) $J_A>J_B$　　(B) $J_A<J_B$

(C) $J_A=J_B$　　(D) 不能确定 J_A，J_B 的大小

3. 两个匀质圆盘 A、B 的密度分别为 ρ_A 和 ρ_B.若 $\rho_A>\rho_B$，但两圆盘质量与厚度相同，如两圆盘对通过圆心并与环面垂直的轴的转动惯量分别为 J_A 和 J_B，则(　　)

(A) $J_A>J_B$　　(B) $J_A<J_B$

(C) $J_A=J_B$　　(D) 不能确定 J_A，J_B 的大小

4. 若有转动惯量不同的两个刚体，它们沿同一方向转动并具有相同的角动量.假设同时作用于每个刚体的制动力矩相等，比较两刚体制动后转动的时间，则有(　　)

(A) 转动惯量大的刚体转动的时间长

(B) 转动惯量大的刚体转动的时间长

(C) 两刚体转动的时间一样长

(D) 不能确定

5. 一物体正绕固定光滑轴自由转动，则它受热膨胀时(　　)

(A) 角速度不变　　(B) 角速度变小

(C) 角速度变大　　(D) 无法判断角速度

6. 一圆盘绕过圆心且于盘面垂直的光滑固定轴 O 以角速度 ω_1 按图 4-6 所示方向转动，将两个大小相等，方向相反的力 F 沿盘面同时作用到圆盘上，则圆盘的角速度变为 ω_2，那么(　　)

(A) $\omega_1>\omega_2$

(B) $\omega_1=\omega_2$

(C) $\omega_1<\omega_2$

(D) 不能确定如何变化

图 4-6

7. 一水平圆盘可绕通过其中心的固定竖直轴转动，盘上站着一个人.把人和圆盘取作系统，当此人在盘上随意走动时，若忽略轴的摩擦，此系统(　　)

(A) 动量守恒　　(B) 机械能守恒

(C) 动量、机械能和角动量都守恒　　(D) 对转轴的角动量守恒

8. 均匀细棒 OA 的质量为 m，长为 L，可以绕通过其一端 O 而与棒垂直的水平固定光滑轴转动，如图 4-7 所示，今使棒从水平位置由静止开始自由下落，在棒摆到竖直位置的过程中，下述说法(各量均指大小)哪一种是正确的(　　)

(A) 合外力矩从大到小，角速度从小到大，角加速度从大到小

(B) 合外力矩从大到小，角速度从小到大，角加速度从小到大

(C) 合外力矩从大到小，角速度从大到小，角加速度从大到小

(D) 合外力矩从大到小，角速度从大到小，角加速度从小到大

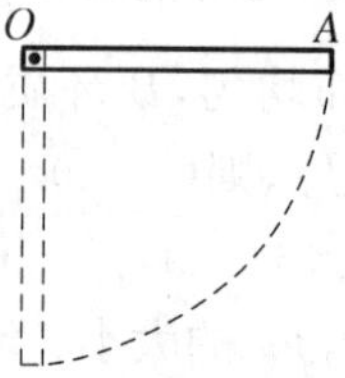

图 4-7

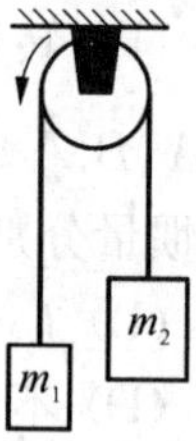

图 4-8

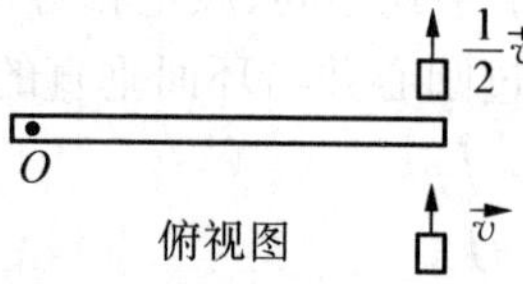

图 4-9

9. 一轻绳跨过一具有水平光滑轴、转动惯量 J 的定滑轮，绳的两端分别悬有质量为 m_1 和 m_2 的物体($m_1<m_2$)，如图 4-8 所示，绳与轮之间无相对滑动，若某时刻滑轮沿逆时针方向转动，则绳中的张力大小(　　)

(A) 处处相等　　(B) 左边大于右边

(C) 右边大于左边　　(D) 无法判断哪边大

10. 如图 4-9 所示，静止的均匀细棒长为 L、质量 M，可绕通过棒的端点且垂直于棒长的光滑固定轴 O 在水平面内转动，转动惯量 $ML^2/3$.质量为 m、速率为 v 的子弹在水平面内沿与棒垂直的方向射出并穿出棒的自由端，设穿过棒后子弹速率为 $v/2$，则此时棒的角速度应为(　　)

(A) $\dfrac{mv}{ML}$　　(B) $\dfrac{3\,mv}{2ML}$　　(C) $\dfrac{5\,mv}{3ML}$　　(D) $\dfrac{7\,mv}{4ML}$

11. 一飞轮以角速度 ω_0 绕光滑固定轴转动，飞轮对轴的转动惯量 J_1；另一静止飞轮突然和上述转动的飞轮啮合，绕同一转轴转动，该飞轮对轴的转动惯量为前者的两倍，啮合后整个系统的角速度 ω_0 为(　　)

(A) $3\omega_0$　　(B) $\omega_0/3$　　(C) ω_0　　(D) 无法判断

12. 质量为 m 的小孩站在半径为 R 的水平平台边缘上.平台可以绕通过其中心的竖直光滑固定轴自由转动，转动惯量为 J.平台和小孩开始时均静止.当小孩突然以相对于地面为 v 的速率在台边缘沿逆时针转向走动时，则此平台相对地面旋转的角速度和旋转方向分别为(　　)

(A) $\omega=\dfrac{mR^2}{J}\left(\dfrac{v}{R}\right)$，顺时针　　(B) $\omega=\dfrac{mR^2}{J}\left(\dfrac{v}{R}\right)$，逆时针

(C) $\omega=\dfrac{mR^2}{J+mR^2}\left(\dfrac{v}{R}\right)$，顺时针　　　　(D) $\omega=\dfrac{mR^2}{J+mR^2}\left(\dfrac{v}{R}\right)$，逆时针

二、填空

13. 质量为 m 的质点对定点 O 的位矢为 $\boldsymbol{r}=2t\boldsymbol{i}+(3t-1)\boldsymbol{j}$，该质点对 O 的角动量为________；由静止开始绕固定轴 z 作角加速度为 α 的匀加速转动的刚体，已知其对 z 的转动惯量为 J，则 t 时刻刚体对 z 轴的转动角动量大小为________.

14. 绕定轴转动的飞轮均匀地减速，$t=0$ 时角速度为 $\omega_0=5\ \text{rad/s}$，$t=20\ \text{s}$ 时角速度为 $\omega=0.8\omega_0$，飞轮的角加速度________，$t=0$ 到 $t=100\ \text{s}$ 时间内飞轮所转过的角度________.

15. 转动惯量的物理意义是__________，转动惯量的大小与__________、__________、__________、三个因素有关.

16. 如图 4-10 所示，Q、R 和 S 是附于刚性轻质杆上的质量分别为 $3m$、$2m$ 和 m 的 3 个质点，$QR=RS=l$，则系统对 OO' 轴的转动惯量为________.

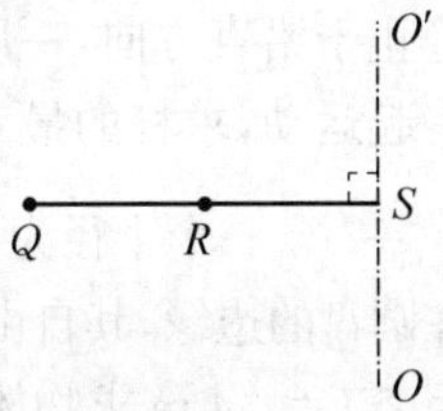

图 4-10

17. 花样滑冰运动员绕通过自身的竖直轴转动，开始时两臂伸开，转动惯量为 J_0，角速度为 ω_0，然后她将两臂收回，使转动惯量减少为 $J_0/2$，这时她转动的角速度变为________.

18. 两匀质圆盘 A 和 B 相对于过盘心且垂直于盘面的轴的转动惯量分别为 J_A 和 J_B，若 $J_B>J_A$，但两圆盘质量和厚度相同，两盘的密度各为 ρ_A 和 ρ_B，则 ρ_A________ρ_B（填大于、小于或等于）.

19. 以初速度 $\boldsymbol{v}_0$ 从 O 点抛射一质量为 m 的小球，与水平方向之间的夹角为 α，如图 4-11所示.在不考虑空气阻力的情况下，t 时刻小球对 O 点的角动量 $\boldsymbol{L}_0=$________，角动量对时间的导数 $\mathrm{d}\boldsymbol{L}_0/\mathrm{d}t=$________，小球所受的合力对 O 点的力矩 $\boldsymbol{M}=$________.

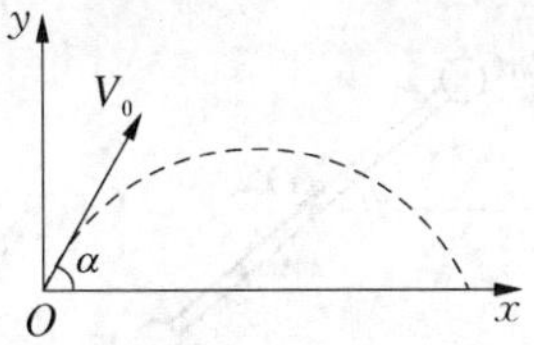

图 4-11

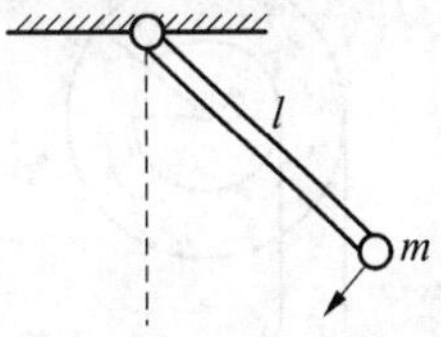

图 4-12

20. 一长为 l，质量可以忽略的直杆，可绕通过其一端的水平光滑轴在竖直平面内作定轴转动，在杆的另一端固定着一质量为 m 的小球，如图 4-12 所示.现将杆由水平位置无初转速地释放.则杆刚被释放时的角加速度________，杆与水平方向夹角为 60°时的角加速度________.

21. 一根质量为 m、长为 l 的均匀细杆，可在水平桌面上绕通过其一端的竖直固定轴转动.已知细杆与桌面的滑动摩擦系数为 μ，则杆转动时受的摩擦力矩的大小为________.

三、计算题

22. 飞轮在时间 t 内转过角度为 $\theta=at+bt^2-ct^4$，式中 a、b、c 都是常量，求它的角速度和角加速度.

23. 一质量为 0.5g 的质点位于平面上 $P(3,4)$ 点处，其速度为 $\boldsymbol{v}=3\boldsymbol{i}+4\boldsymbol{j}$，并受到一力 $\boldsymbol{F}=1.5\boldsymbol{j}$ 的作用，求其对坐标原点的角动量和作用在其上的力矩.

24. 一质量为 1.0 kg 的质点，受到一力 $\boldsymbol{F}=(2t-1)\boldsymbol{i}+(3t-4)\boldsymbol{j}$ (SI)的作用.开始时质点静止于坐标原点，求 $t=1.0$ s 时质点对原点的角动量.

25. 有一边长分别为 a 和 b 的长方形薄板，质量为 m，薄板上中央位置有一转轴平行于长度为 a 的边，求薄板相对于该定轴的转动惯量.

26. 一质量为 2.97 kg、长为 1.0 m 的均质等细杆，一端固定在水平光滑轴线上.最初杆静止于铅直方向，一质量为 10 g 的子弹，以水平速度 200 m/s 射出并嵌入杆的最下端，和杆一起运动，求杆的最大摆角.

27. 一个半径为 $R=1.0$ m 的圆盘，可以绕过其盘心且垂直于盘面的转轴转动.一根轻绳绕在圆盘的边缘，其自由端悬挂一物体.若该物体从静止开始匀加速下降，在 $\Delta t=2.0$ s 内下降的距离 $h=0.4$ m.求物体开始下降后第 3 s 末，盘边缘上任一点的切向加速度与法向加速度.

28. 转动惯量为 J 的圆盘绕一固定轴转动，起初角速度为 ω_0，设它所受阻力矩与转动角速度成正比，即 $M=-k\omega$(k 为正的常数)，求圆盘的角速度从 ω_0 变为 $\omega_0/2$ 时所需时间.

29. 如图 4-13 所示，转轮 A、B 可分别独立地绕光滑的固定轴 O 转动，它们的质量分别为 $m_A=10$ kg 和 $m_B=20$ kg，半径分别为 r_A 和 r_B.现用力 f_A 和 f_B 分别向下拉绕在轮上的细绳且使绳与轮之间无滑动.为使 A、B 轮边缘处的切向加速度相同，相应的拉力 f_A 和 f_B 之比应为多少？(A、B 轮绕 O 轴转动时的转动惯量分别为 $J_A=0.5\ m_Ar_A^2$ 和 $J_B=0.5\ m_Br_B^2$)

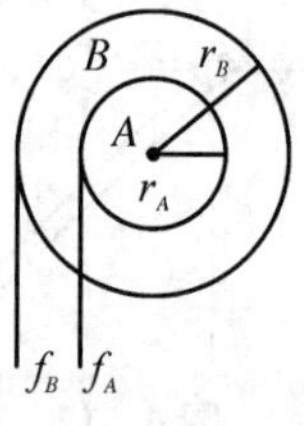

图 4-13

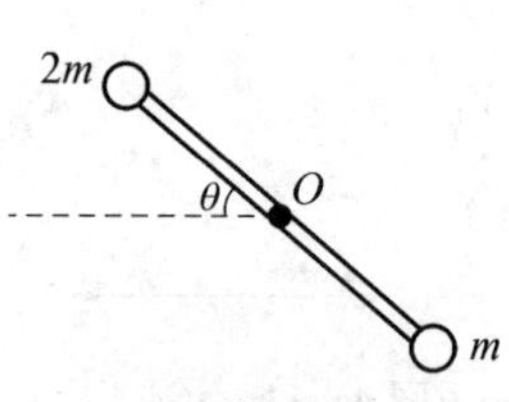

图 4-14

30. 一长度为 l 的质量可忽略的轻质细杆，如图 4-14 所示，杆两端分别固定有质量为 $2m$ 和 m 的小钢球，杆中心 O 处有与杆垂直的水平光滑固定轴，该杆可绕此轴在垂直平面内转动.起初杆固定并与水平方向夹角为 θ.固定装置撤去后，杆开始绕轴转动，求杆转到水平位置时系统所受到的合外力矩大小和角加速度的大小.

31. 质量为 M、半径为 R 的水平转台，可绕过中心的竖直轴无摩擦地转动，初角速度为 ω_0.当质量为 m 的人以相对转台的恒定速率 v 沿半径从转台中心向边缘走去，求转台转过的角度随时间 t 的变化函数.

32. 如图 4 - 15 所示，半径为 r，转动惯量为 J 的定滑轮 A 可绕水平光滑轴 O 转动，轮上缠绕有不能伸长的轻绳，绳一端系有质量为 m 的物体 B，B 可在倾角为 θ 的光滑斜面上滑动，求 B 的加速度和绳中张力.

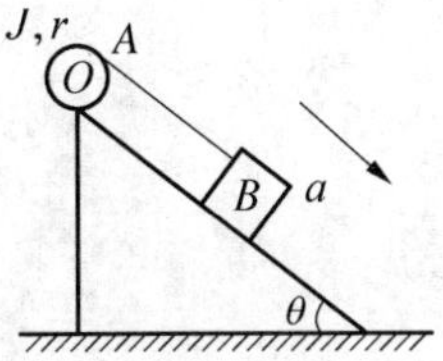

图 4 - 15

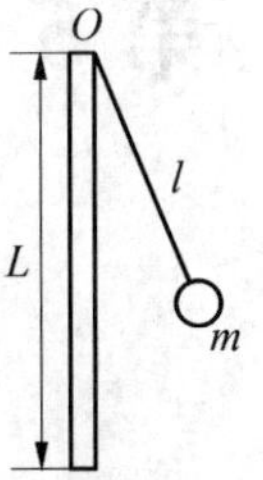

图 4 - 16

33. 如图 4 - 16 一长为 L，质量为 m 的均匀细棒，一端悬挂在 O 点上，可绕水平轴在竖直面内无摩擦地转动，在同一悬挂点，有长为 l 的轻绳悬挂一小球，质量也为 m，当小球悬线偏离铅垂方向某一角度由静止释放，小球在悬点正下方与静止细棒发生弹性碰撞.若碰撞后小球刚好静止，试求绳长 l 应为多少?

第 5 章　机械振动

5.1　基本要求

一、理解并掌握描述简谐运动的各个物理量(特别是相位)的物理意义和决定因素.

二、理解并掌握描述简谐运动的旋转矢量法,并能熟练应用于分析求解有关问题.

三、掌握简谐运动的基本特征,能建立一维简谐运动的微分方程,能根据给定的初始条件写出一维简谐运动的运动方程,并理解其物理意义.

四、掌握同方向、同频率简谐运动的合成规律以及合成振幅的极值条件.

5.2　内容提要

一、简谐运动的判据

物体的受力或运动,满足下列条件之一者,其运动即为简谐运动

(1) 回复力满足　　$F=-kx$

(2) 加速度满足　　$a=-\omega^2 x$

(3) 运动方程　　$x=A\cos(\omega t+\varphi_0)$

注意:式中 ω 为系统固有圆频率,由系统本身决定;$k>0$ 为常数.

二、描述简谐运动的特征量

(1) 振幅 A:由初始条件(初始位移 x_0、初始速度 v_0)和系统固有圆频率 ω 决定

$$A=\sqrt{x_0^2+\frac{v_0^2}{\omega^2}}$$

(2) 周期 T(频率 $\nu=1/T$):由系统本身决定.

(3) 相位 $\omega t+\varphi_0$:相位决定简谐振动物体的运动状态;初相 φ_0 由初始条件决定

$$\varphi_0=\arctan\left(-\frac{v_0}{\omega x_0}\right)$$

注意:满足上式的 φ_0 值一般会有两个,需根据具体问题通过旋转矢量法或位移速度等条件确定正确的 φ_0.

三、简谐运动图像

1. 简谐运动图像

简谐运动的图像主要是相对平衡位置的位移 x 与时间 t、速度 v 与时间 t 的关系曲线.它们都是余弦或正弦曲线,分别表示振动物体位移或速度随时间变化的规律.

2. 观察图像时注意

(1) 质点的位移;

(2) 振幅 A;

(3) 周期 T;

(4) 速度方向:由图线随时间的延伸就可以直接看出;

(5) 加速度:加速度与位移的大小成正比,而方向总与位移方向相反.从振动图像中认清位移(大小和方向)随时间变化的规律,加速度随时间变化的情况就迎刃而解.

四、简谐运动的旋转矢量表示

旋转矢量 $\overrightarrow{OA}$ 如图 5-1 所示.矢量端点 A 在 x 轴上的投影点的坐标表达式就是物体简谐运动方程.

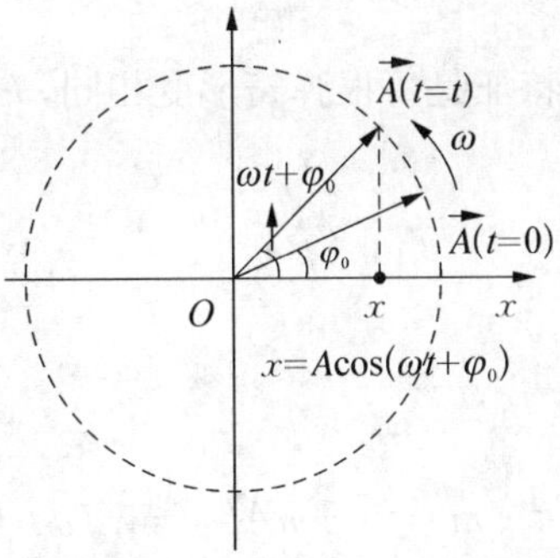

图 5-1

$$x=A\cos(\omega t+\varphi_0)$$

端点 A 作圆周运动的线速度 $A\omega$ 在 x 轴上的投影就是物体简谐运动的速度

$$v=-A\omega\sin(\omega t+\varphi_0)$$

端点 A 作圆周运动的向心加速度 $A\omega^2$ 在 x 轴上的投影就是简谐运动的加速度

$$a=-A\omega^2\cos(\omega t+\varphi_0)$$

旋转矢量法用于求解有关相位、相位差、初相位以及振动合成等问题时很方便.图 5-2 是用旋转矢量表示的位移 x、速度 v 以及加速度 a 之间的位相关系($\omega<1$).

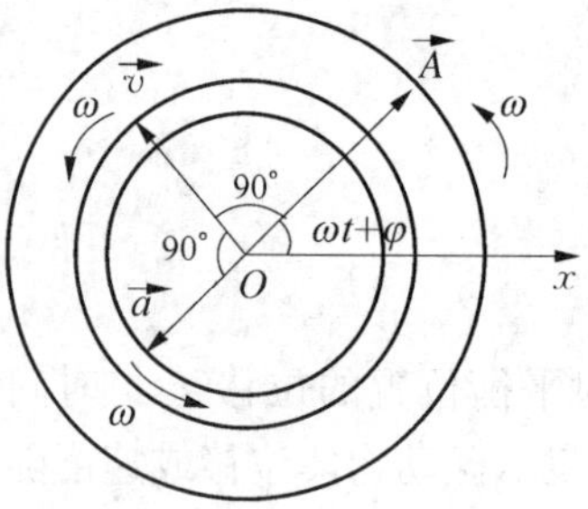

图 5-2

五、弹簧振子

弹簧振子的简谐运动是最常见的简谐运动,以下几点应加以注意:

1. 振动周期 $T=2\pi\sqrt{\dfrac{m}{k}}$,圆(角)频率 $\omega=2\pi v=\dfrac{2\pi}{T}$.

2. 振子离开平衡位置的位移,并不一定就是弹簧伸长的长度.如:竖直悬挂振动的弹簧振子.

3. 振动方向上的恒力不会改变振动的周期.如:一个在光滑水平面上振动和另一个竖直悬挂振动的弹簧振子,如果 m 和 k 都相同,则它们的振动周期 T 是相同的.

4. 弹簧的组合

(1) 弹簧串联:串联的本质特征是每根弹簧受力相同,$1/k=\sum\limits_{i=1}^{n}1/k_i$;

(2) 弹簧并联:并联的本质特征是每根弹簧形变相同,$k=\sum\limits_{i=1}^{n}k_i$.

六、简谐运动能量

弹簧振子的瞬时动能为:

$$E_k=\frac{1}{2}mv^2=\frac{1}{2}mA^2\omega^2\sin^2(\omega t+\varphi)$$

弹簧振子的瞬时弹性势能为:

$$E_p=\frac{1}{2}kx^2=\frac{1}{2}m\omega^2A^2\cos^2(\omega t+\varphi)$$

系统总能量为:

$$E=E_k+E_p=\frac{1}{2}m\omega^2A^2=\frac{1}{2}kA^2$$

注意:(1) 简谐运动系统的机械能守恒.

(2) 利用简谐运动的能量可求得振子频率,且不涉及振子所受的力,在力不易求得时较为方便.由 $k=2E_p/x^2$ 得 $\omega=\sqrt{k/m}=\sqrt{2E_p/mx^2}$.

七、一维同方向简谐运动的合成

1. 两个同方向同频率简谐运动的合成

分振动:$x_1=A_1\cos(\omega t+\varphi_1)$,$x_2=A_2\cos(\omega t+\varphi_2)$

合振动的位移为:$x=x_1+x_2=A\cos(\omega t+\varphi_0)$

式中:$A=\sqrt{A_1^2+A_2^2+2A_1A_2\cos(\varphi_2-\varphi_1)}$,$\tan\varphi_0=\dfrac{A_1\sin\varphi_1+A_2\sin\varphi_2}{A_1\cos\varphi_1+A_2\cos\varphi_2}$

(1) 若两分振动同相,$\varphi_2-\varphi_1=2k\pi(k=0,\pm1,\pm2,\cdots)$

$$A=\sqrt{A_1^2+2A_1A_2+A_2^2}=A_1+A_2$$

合振动的振幅达到最大值.

(2) 若两分振动反相,$\varphi_2-\varphi_1=(2k+1)\pi(k=0,\pm1,\pm2,\cdots)$

$$A=\sqrt{A_1^2-2A_1A_2+A_2^2}=|A_1-A_2|$$

合振动的振幅达到最小值.$A_1<A_2$ 时,合振动初位相等于 φ_1;$A_2>A_1$ 时,合振动初位相等于 φ_2.

(3) 一般情况下,$\varphi_2-\varphi_1$ 可以任意值,合振动振幅 A 的取值范围为

$$|A_1-A_2|\leqslant A\leqslant A_1+A_2$$

图 5-3、5-4 是用旋转矢量法表示的振动合成.

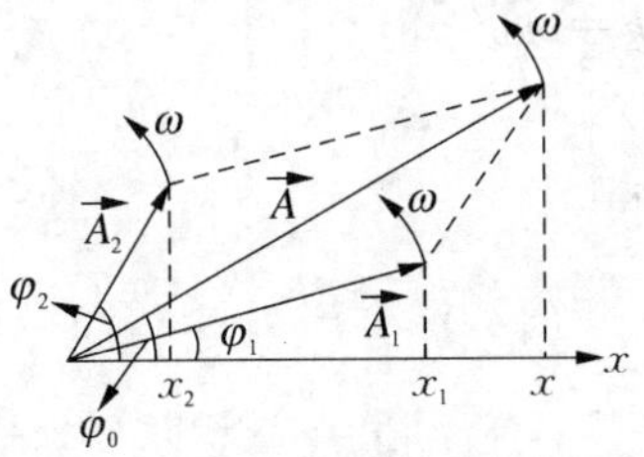

图 5-3

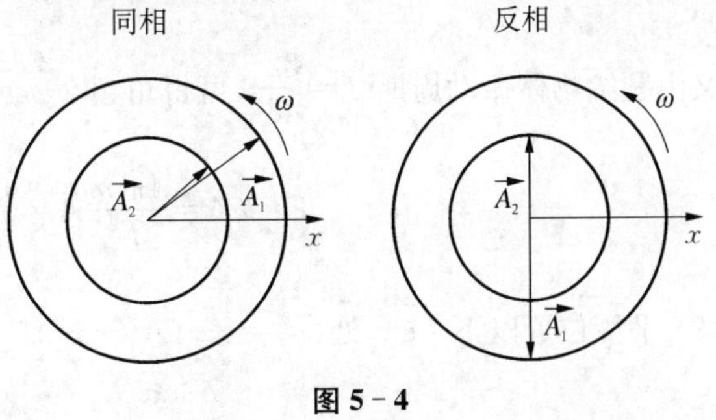

图 5-4

△2. 两个同方向不同频率简谐运动的合成

两个同方向不同频率简谐运动合成时,由于分振动频率不同,合成时相位差随时间改变,合振动一般不再是简谐运动.

当 $|\nu_2-\nu_1|<<|\nu_2+\nu_1|$(即频率较大而频率之差很小)时,合振动的振幅时而加强时而减弱的现象称为拍.

△八、阻尼振动　受迫振动　共振

1. 阻尼振动:振幅随时间减小的振动.分为三种:欠阻尼(准周期振动,振幅越来越小);过阻尼(非周期振动,振子偏离平衡位置后缓慢地回到平衡位置,其后就静止不动);临界阻尼(振子回到平衡位置(所用时间比过阻尼短)后就静止不动).

2. 受迫振动:周期性外力作用下所进行的振动.

3. 共振:在周期性外力作用下,受迫振动的振幅达到最大值的现象.达到共振时的频率称为共振频率.

5.3　典型例题

例 1　在竖直悬挂的轻弹簧下端系一质量为 100 g 的物体,当物体处于平衡状态时,再对物体加一拉力使弹簧伸长,然后从静止状态将物体释放.已知物体在 32 s 内完成 48 次振动,振幅为 5 cm.(1) 上述的外加拉力是多大?(2) 当物体在平衡位置以下 1 cm 处时,此振动系统的动能和势能各是多少?

解　(1) 取平衡位置为原点,向下为 x 正方向.设物体在平衡位置时弹簧的伸长量为 Δl,则有 $mg=k\Delta l$,加拉力 F 后弹簧又伸长 x_0,则

$$F+mg-k(\Delta l+x_0)=0$$

解得:$F=kx_0$

由题意,$t=0$ 时 $v_0=0$,$x=x_0$,则

$$A=\sqrt{x_0^2+(v_0/\omega)^2}=x_0$$

又由题给物体振动周期 $T=\frac{32}{48}\mathrm{s}$,可得角频率 $\omega=\frac{2\pi}{T}$,$k=m\omega^2$

$$F=kA=\frac{4\pi^2 m}{T^2}A=0.444\ \mathrm{N}$$

(2) 平衡位置以下 1 cm 处:$v^2=\frac{4\pi^2}{T^2}(A^2-x^2)$

$$E_k=\frac{1}{2}mv^2=1.07\times10^{-2}\ \mathrm{J}$$

$$E_p=\frac{1}{2}kx^2=\frac{1}{2}\frac{4\pi^2\,\mathrm{m}}{T^2}x^2=4.44\times10^{-4}\ \mathrm{J}$$

例 2　一物体沿 x 轴作简谐振动,振幅 $A=0.12$ m,周期 $T=2$ s.当 $t=0$ 时,物体的位移 $x=0.06$ m,且向 x 轴正向运动.求:(1) 简谐振动表达式;(2) $t=T/4$ 时物体的位置、速度和

加速度；(3) 物体从 $x=-0.06$ m 向 x 轴负方向运动，第一次回到平衡位置所需时间.

解一（解析法）

(1) 取平衡位置为坐标原点，谐振动方程写为 $x=A\cos(\omega t+\varphi_0)$

由条件 $T=2$ s 可得 $\omega=\frac{2\pi}{T}=\frac{2\pi}{2}=\pi\ \mathrm{s^{-1}}$

由初始条件 $t=0, x=0.06$ m 可得 $0.12\cos\varphi_0=0.06$，因此

$$\varphi_0=\frac{\pi}{3}\quad 或\quad \varphi_0=-\frac{\pi}{3}$$

由 $t=0$ 时质点向 x 轴正向运动知 $v_0=-\omega A\sin\varphi_0>0$，因而 $\varphi_0=-\frac{\pi}{3}$，简谐振动表达式

$$x=0.12\cos\left(\pi t-\frac{\pi}{3}\right)$$

(2) 由简谐振动的运动方程可得：

$$v=\frac{\mathrm{d}x}{\mathrm{d}t}=-0.12\pi\sin\left(\pi t-\frac{\pi}{3}\right)$$

$$a=\frac{\mathrm{d}v}{\mathrm{d}t}=-0.12\pi^2\cos\left(\pi t-\frac{\pi}{3}\right)$$

在 $t=T/4=0.5$ s 时，可得

$$x=0.12\cos\left(\pi\times0.5-\frac{\pi}{3}\right)=0.104\ \mathrm{m}$$

$$v=-0.12\pi\sin\left(\pi\times0.5-\frac{\pi}{3}\right)=-0.18\ \mathrm{m/s}$$

$$a=-0.12\pi^2\cos\left(\pi\times0.5-\frac{\pi}{3}\right)=-1.03\ \mathrm{m/s^2}$$

(3) 当 $x=-0.06$ m 时，该时刻设为 t_1，得 $\cos\left(\pi t_1-\frac{\pi}{3}\right)=-\frac{1}{2}$

$$\pi t_1-\frac{\pi}{3}=\frac{2\pi}{3}\quad 或\quad \frac{4\pi}{3}$$

$\because\ v_0=-\omega A\sin\left(\pi t_1-\frac{\pi}{3}\right)<0\quad \therefore\ \pi t_1-\frac{\pi}{3}=\frac{2\pi}{3}$ 即 $t_1=1$ s

设物体在 t_2 时刻第一次回到平衡位置，相位是 $\frac{3}{2}\pi$

$$\pi t_2-\frac{\pi}{3}=\frac{3\pi}{2}\quad 即\quad t_2=1.83\ \mathrm{s}$$

因此从 $x=-0.06$ m 处第一次回到平衡位置的时间：$\Delta t=t_2-t_1=0.83$ s

解二(旋转矢量法)

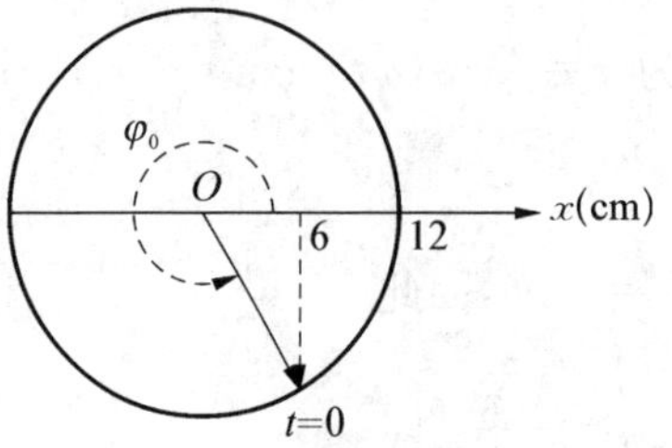

图 5-5(a)

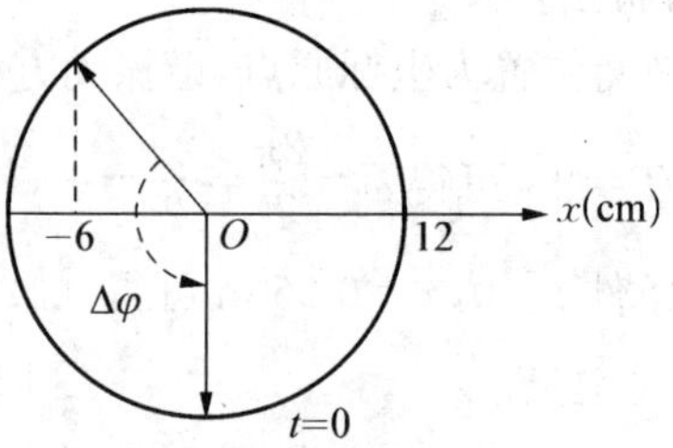

图 5-5(b)

(1) 按题中条件,准确画出旋转矢量图,如图 5-5(a)所示,容易得到

$$\varphi_0=\frac{5\pi}{3}\quad 或\quad \varphi_0=-\frac{\pi}{3}$$

所以

$$x=0.12\cos\left(\pi t-\frac{\pi}{3}\right)\text{m}$$

(2) 与解析法同.

(3) 如图 5-5(b)所示,$\Delta\varphi=\frac{\pi}{3}+\frac{\pi}{2}=\frac{5\pi}{6}$,所以

$$t=\frac{\Delta\varphi}{\omega}=\frac{\frac{5\pi}{6}}{\pi}=\frac{5}{6}=0.83\text{ s}$$

例 3 如图 5-6(a)所示,一质量为 m 的滑块与劲度系数为 k 的弹簧相连,另一质量为 $M=3m$ 的滑块用一根轻绳绕过一个质量可忽略不计的定滑轮与滑块 m 连接.$t=0$ 时弹簧处于原长状态,滑块 M 被托住从而处于静止状态,不计摩擦,求放开后滑块 M 的运动方程.

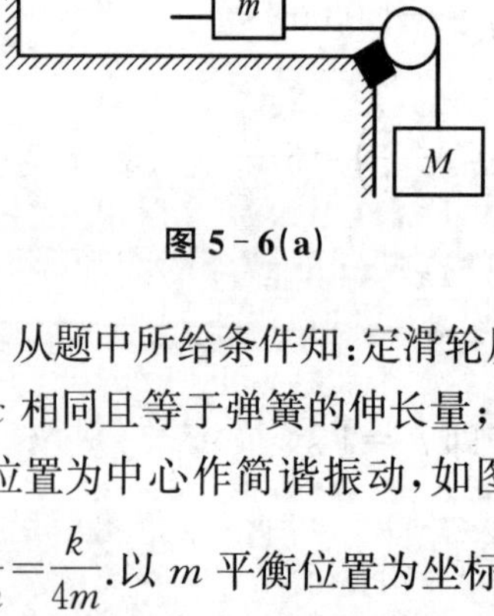

图 5-6(a)

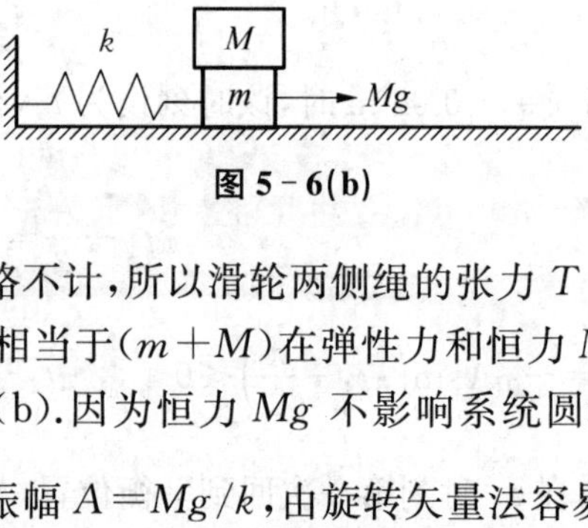

图 5-6(b)

解一 从题中所给条件知:定滑轮质量忽略不计,所以滑轮两侧绳的张力 T 相同;两滑块的位移 x 相同且等于弹簧的伸长量;原问题相当于$(m+M)$在弹性力和恒力 Mg 作用下以 m 平衡位置为中心作简谐振动,如图 5-6(b).因为恒力 Mg 不影响系统圆频率,所以 $\omega^2=\frac{k}{M+m}=\frac{k}{4m}$.以 m 平衡位置为坐标原点,振幅 $A=Mg/k$,由旋转矢量法容易求得初相为 π,所以系统振动方程为

$$x(t)=\frac{Mg}{k}\cos\left(\frac{1}{2}\sqrt{\frac{k}{m}}t+\pi\right)$$

解二　因不计摩擦，所以系统机械能守恒.以 $t=0$ 时滑块 M 位置为重力势能零点、m 位置为弹性势能零点，以 m 平衡位置为坐标原点，则有

$$\frac{1}{2}(M+m)\dot{x}^2+\frac{1}{2}k\left(x+\frac{Mg}{k}\right)^2-Mgx=\frac{1}{2}k\left(\frac{Mg}{k}\right)^2$$

两边求导得：

$$(M+m)\ddot{x}+kx=0$$

再令 $\omega^2=\dfrac{k}{M+m}=\dfrac{k}{4m}$，方程解为

$$x(t)=A\cos(\omega t+\varphi)$$

代入初始条件：$t=0$ 时 $x(0)=-\dfrac{Mg}{k}$，$x(0)=A\cos\varphi=-\dfrac{Mg}{k}<0$.

$t=0$ 时 $\dot{x}(0)=0$，$\dot{x}(0)=-A\omega\sin\varphi=0$

最终有

$$x(t)=\frac{Mg}{k}\cos\left(\frac{1}{2}\sqrt{\frac{k}{m}}t+\pi\right)$$

解三　如图 5-6(b)，以 m 平衡位置为坐标原点，由牛顿第二定律得

$$(M+m)\ddot{x}=-kx$$

以下求解过程同上.

5.4　习题选讲

5-8　如图 5-7(a)所示，两个轻弹簧的劲度系数分别为 k_1、k_2.当物体在光滑斜面上振动时.(1) 证明其运动仍是简谐运动；(2) 求系统的振动频率.

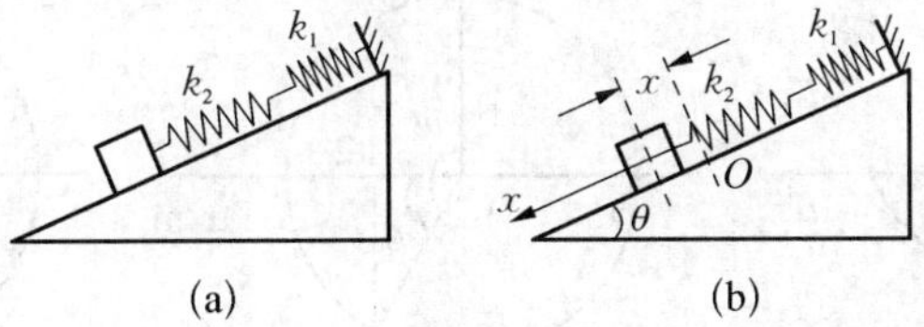

图 5-7

解　要证明一个系统作简谐运动，要看其是否满足简谐运动的判据之一.为此，建立如图(b)所示的坐标.设系统平衡时物体所在位置为坐标原点 O，Ox 轴正向沿斜面向下，沿 Ox 轴物体受弹性力及重力分力的作用.利用串联时各弹簧受力相等，分析物体在任一位置时受力与位移的关系，即可证得物体作简谐运动，并可求出频率 ν.

(1) 设物体平衡时两弹簧伸长分别为 x_1、x_2，则由物体受力平衡，有

$$mg\sin\theta=k_1x_1=k_2x_2 \quad ①$$

按图(b)所取坐标,物体沿 x 轴移动位移 x 时,两弹簧又分别被拉伸 x_1' 和 x_2',即 $x=x_1'+x_2'$.则物体受力为

$$F=mg\sin\theta-k_2(x_2+x_2')=mg\sin\theta-k_1(x_1+x_1') \tag{②}$$

将式①代入式②得

$$F=-k_2x_2'=-k_1x_1' \tag{③}$$

由式③得 $x_1'=-F/k_1$、$x_2'=-F/k_2$,而 $x=x_1'+x_2'$,则得到

$$F=-[k_1k_2/(k_1+k_2)]x=-kx$$

式中 $k=k_1k_2/(k_1+k_2)$为常数,则物体作简谐运动.

(2) 振动频率

$$\nu=\omega/2\pi=\frac{1}{2\pi}\sqrt{k/m}=\frac{1}{2\pi}\sqrt{k_1k_2/(k_1+k_2)m}$$

5-12 某振动质点的 $x-t$ 曲线如图 5-8(a)所示,试求:(1) 运动方程;(2) 点 P 对应的相位;(3) 到达点 P 相应位置所需的时间.

解 由已知运动方程画振动曲线和由振动曲线求运动方程是振动中常见的两类问题.本题就是要通过 $x-t$ 图线确定振动的三个特征量 A、ω 和 φ_0,从而写出运动方程.曲线最大幅值即为振幅 A;而 ω、φ_0 通常可通过旋转矢量法或解析法解出,一般采用旋转矢量法比较方便.

(1) 质点振动振幅 $A=0.10$ m.而由振动曲线可画出 $t_0=0$ 和 $t_1=4$ s 时旋转矢量,如图(b)所示.由图可见初相 $\varphi_0=-\pi/3$(或 $\varphi_0=5\pi/3$),而由 $\omega(t_1-t_0)=\pi/2+\pi/3$ 得 $\omega=5\pi/24\ \mathrm{s^{-1}}$,则运动方程为

$$x=0.10\cos\left(\frac{5\pi}{24}t-\pi/3\right)$$

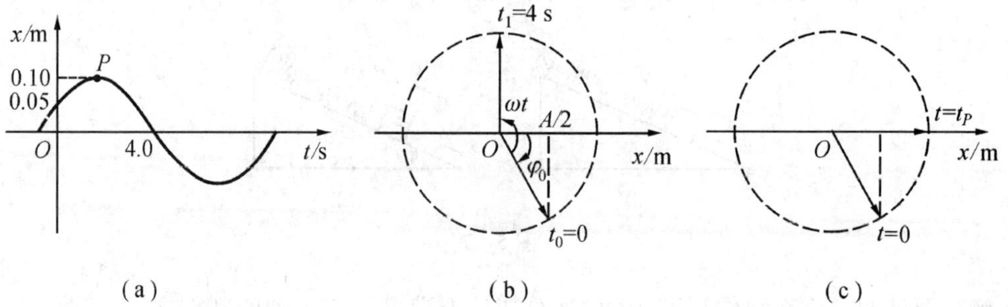

图 5-8

(2) 图(a)中点 P 的位置是质点从 $A/2$ 处运动到正向的端点处.对应的旋转矢量图如图(c)所示.当初相取 $\varphi_0=-\pi/3$ 时,点 P 的相位为 $\varphi_p=\varphi_0+\omega(t_p-0)=0$(如果初相取成 $\varphi_0=5\pi/3$,则点 P 相应的相位应表示为 $\varphi_p=\varphi_0+\omega(t_p-0)=2\pi$.

(3) 由旋转矢量图可得 $\omega(t_p-0)=\pi/3$,则 $t_p=1.6$ s.

5-21 已知两同方向同频率的简谐运动的运动方程分别为 $x_1=0.05\cos(10t+0.75\pi)$;$x_2=0.06\cos(10t+0.25\pi)$.求:(1) 合振动的振幅及初相;(2) 若有另一同方向、同频率的简谐运动 $x_3=0.07\cos(10t+\varphi_3)$,则 φ_3 为多少时,x_1+x_3 的振幅最大? 又 φ_3 为多少时,x_2+x_3 的振幅最小?

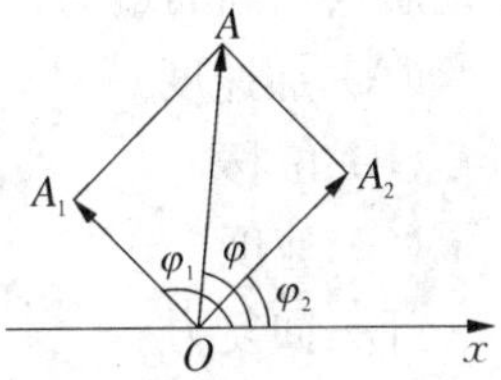

图5-9

解 可采用解析法或旋转矢量法求解.如图5-9所示,由旋转矢量合成可知,两个同方向、同频率简谐运动的合成仍为一简谐运动,其角频率不变;合振动的振幅 $A=\sqrt{A_1^2+A_2^2+2A_1A_2\cos(\varphi_2-\varphi_1)}$,其大小与两个分振动的初相差 $\varphi_2-\varphi_1$ 相关.而合振动的初相位

$$\varphi=\arctan[(A_1\sin\varphi_1+A_2\sin\varphi_2)/(A_1\cos\varphi_1+A_2\cos\varphi_2)]$$

(1) 作两个简谐运动合成的旋转矢量图(如图).因为 $\Delta\varphi=\varphi_2-\varphi_1=-\pi/2$,故合振动振幅为

$$A=\sqrt{A_1^2+A_2^2+2A_1A_2\cos(\varphi_2-\varphi_1)}=7.8\times10^{-2}\ \text{m}$$

合振动初相位

$$\begin{aligned}\varphi&=\arctan[(A_1\sin\varphi_1+A_2\sin\varphi_2)/(A_1\cos\varphi_1+A_2\cos\varphi_2)]\\&=\arctan 11=1.48\ \text{rad}\end{aligned}$$

(2) 要使 x_1+x_3 振幅最大,即两振动同相,则由 $\Delta\varphi=2k\pi$ 得

$$\varphi_3=\varphi_1+2k\pi=2k\pi+0.75\pi,k=0,\pm1,\pm2,\cdots$$

要使 x_1+x_3 的振幅最小,即两振动反相,则由 $\Delta\varphi=(2k+1)\pi$ 得

$$\varphi_3=\varphi_2+(2k+1)\pi=2k\pi+1.25\pi,k=0,\pm1,\pm2,\cdots$$

5.5 综合练习

一、选择题

1. 两相同的轻弹簧各系一物体(质量分别为 m_1、m_2)作简谐振动(振幅分别为 A_1、A_2),问下列哪一种情况两振动周期不同(　　)

(A) $m_1=m_2$、$A_1=A_2$,一个在光滑平面上振动,另一个在竖直方向上振动

(B) $m_1=2m_2$、$A_1=2A_2$,两个都在光滑平面上作水平振动

(C) $m_1=m_2$、$A_1=2A_2$,两个都在光滑平面上作水平振动

(D) $m_1=m_2$、$A_1=A_2$,一个在地球上作竖直振动,另一个在月球上作竖直振动振动

2. 如图 5-10 所示的简谐运动图象中，在 t_1 和 t_2 时刻，运动质点相同的量为(　　)

(A) 加速度

(B) 位移

(C) 速度

(D) 回复力

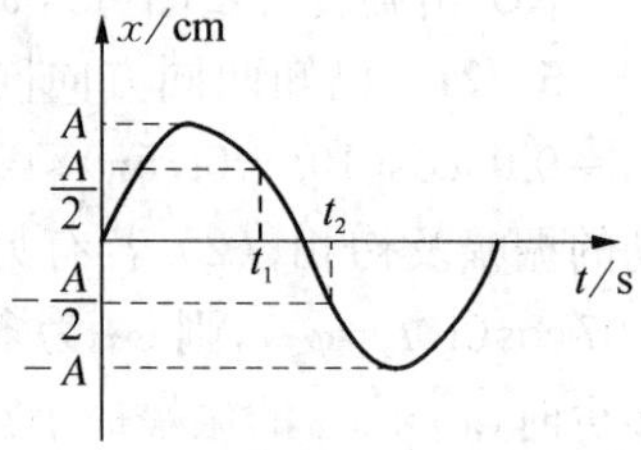

图 5-10

3. 两个完全相同的弹簧振子，如将一个拉长 10 cm，另一个压缩 5 cm，然后放手，试问两物体在何处相遇.(　　)

(A) 平衡位置 $x=0$　　(B) $x=-5$ cm

(C) $x=10$ cm　　(D) 无法确定

4. 一质点作简谐振动. 其运动速度与时间的曲线如图 5-11 所示. 若质点的振动规律用余弦函数描述，则其初相应为(　　)

(A) $\frac{1}{6}\pi$　　(B) $\frac{5}{6}\pi$

(C) $-\frac{5}{6}\pi$　　(D) $-\frac{1}{6}\pi$

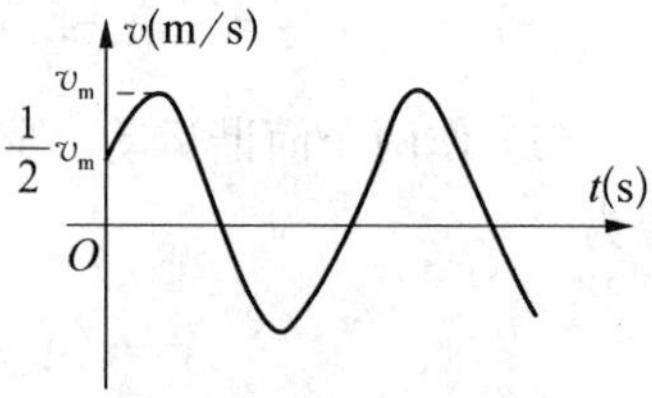

图 5-11

5. 一弹簧振子，当把它水平放置时，它可以作简谐振动. 若把它竖直放置或放在固定的光滑斜面上，试判断下面哪种情况是正确的(　　)

(A) 竖直放置可作简谐振动，放在光滑斜面上不能作简谐振动

(B) 竖直放置不能作简谐振动，放在光滑斜面上可作简谐振动

(C) 两种情况都可作简谐振动

(D) 两种情况都不能作简谐振动

6. 图 5-12 中所画是两个简谐振动的振动曲线，这两个简谐振动叠加后合成的余弦形式振动的初相为(　　)

(A) $\frac{3}{2}\pi$　　(B) π　　(C) $\frac{1}{2}\pi$　　(D) 0

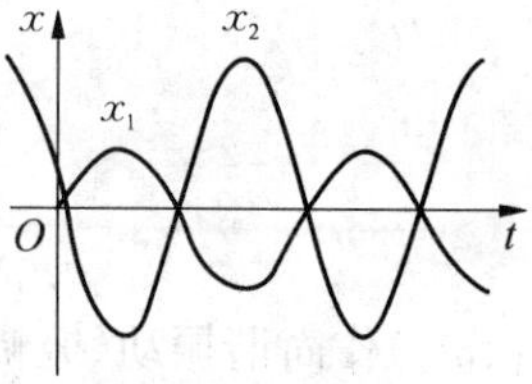

图 5-12

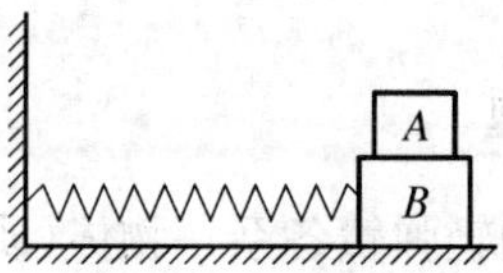

图 5-13

7. 如图 5-13 所示，质量为 m 的物体 A 放在质量为 M 的物体 B 上，B 与弹簧相连，它们一起在光滑水平面上做简谐运动，设弹簧的劲度系数为 k，当物体离开平衡位置的位移为 x 时，A，B 间摩擦力的大小等于(　　)

(A) kx　　(B) $\frac{mkx}{M}$　　(C) $\frac{mkx}{M+m}$　　(D) 0

8. 一质点在 x 轴上作简谐振动，振幅 $A=4\ \text{cm}$，周期 $T=2\ \text{s}$，其平衡位置取作坐标原点.若 $t=0$ 时刻质点第一次通过 $x=-2\ \text{cm}$ 处，且向 x 轴负方向运动，则质点第二次通过 $x=-2\ \text{cm}$ 处的时刻为(　　)

(A) 1 s　　(B) (2/3)s　　(C) (4/3)s　　(D) 2 s

9. 一弹簧振子作简谐振动，当位移为振幅的一半时，其动能为总能量的(　　)

(A) 1/4　　(B) 1/2　　(C) $1/\sqrt{2}$　　(D) 3/4

10. 一质量为 m 的物体挂在劲度系数为 k 的轻弹簧下面，其振动周期为 T.若将此轻弹簧分割成三等份，将一质量为 $2m$ 的物体挂在分割后的一根弹簧上，则此弹簧振子的周期应为(　　)

(A) $\dfrac{3}{\sqrt{6}}T$　　(B) $\dfrac{\sqrt{6}}{3}T$　　(C) $\sqrt{2}\,T$　　(D) $\sqrt{6}\,T$

11. 一个质点做简谐振动，已知质点由平衡位置运动到二分之一最大位移处所需要的最短时间为 t_0，则该质点的振动周期 T 应为(　　)

(A) $4t_0$　　(B) $12t_0$　　(C) $6t_0$　　(D) $8t_0$

12. 已知两同方向同频率的简谐振动的振动方程分别为 $x_1=A_1\cos\left(\omega t+\dfrac{\pi}{3}\right)$(SI)，$x_2=A_2\cos\left(\omega t-\dfrac{\pi}{6}\right)$(SI)，则它们的合振幅应为(　　)

(A) $|A_1-A_2|$　　(B) A_1+A_2　　(C) $\sqrt{A_1^2+A_2^2}$　　(D) $\sqrt{|A_1^2-A_2^2|}$

二、填空题

13. 若简谐振动 $x=A\cos(\omega t+\varphi_0)$ 的周期为 T，则简谐振动 $x'=B\cos(n\omega t+\varphi_0+\pi)$ 的周期为________.

14. 一质点作简谐振动，速度最大值 $v_m=5\ \text{cm/s}$，振幅 $A=2\ \text{cm}$.若令速度具有正最大值的那一时刻为 $t=0$，则余弦形式表示的振动表达式为________________.

15. 一水平弹簧振子的小球的质量 $m=5\ \text{kg}$，弹簧的劲度系数 50 N/m，振子的振动图线如图 5-14 所示.在 $t=1.25\ \text{s}$ 时小球的加速度的大小为________，方向________；在 $t=2.75\ \text{s}$ 时小球的加速度大小为________，速度的方向为________.

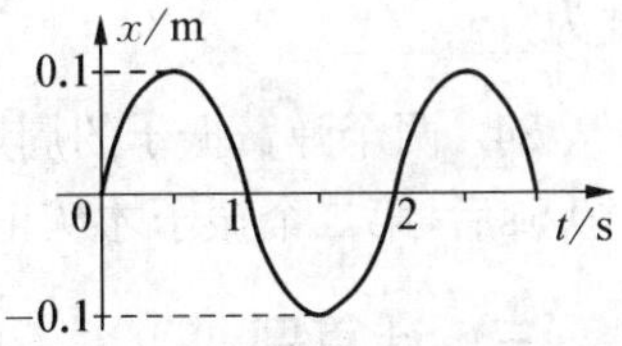

图 5-14

16. 电梯中竖直悬挂一个弹簧振子，弹簧原长 l_0，振子质量 $m=1.0\ \text{kg}$，电梯静止时弹簧伸长 $\Delta l=0.10\ \text{m}$，当电梯以 $g/2$ 的加速度加速下降时，弹簧振子振动周期________.($g=10\ \text{m/s}^2$)

17. 一质点同时参与了三个简谐振动，它们的振动方程分别为

$$x_1=A\cos\left(\omega t+\frac{1}{3}\pi\right),\ x_2=A\cos\left(\omega t+\frac{5}{3}\pi\right),\ x_3=A\cos(\omega t+\pi)$$

其余弦形式表示的合成运动的运动方程为 $x=$________.

18. 两个同方向的简谐振动曲线如图 5-15 所示.合振动方程为________.

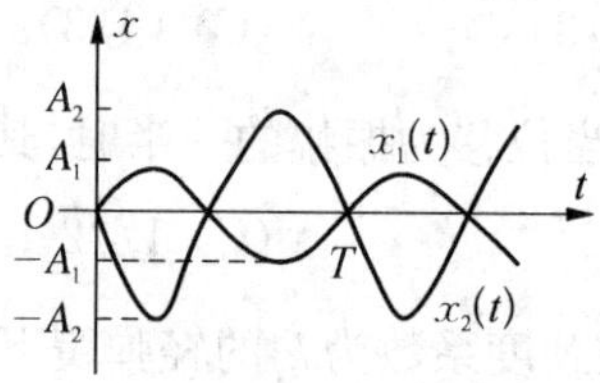

图 5-15

19. 一质点沿 x 轴作简谐振动，振动范围的中心点为 x 轴的原点.已知周期为 T，振幅为 A.(1) 若 $t=0$ 时质点过 $x=0$ 处且朝 x 轴正方向运动，则振动方程为 $x=$________.(2) 若 $t=0$ 时质点处于 $x=0.5A$ 处且向 x 轴负方向运动，则振动方程为________.

20. 质量为 m 的物体与劲度系数为 k 的弹簧组成弹簧振子的振动动能的变化频率为________，其势能的变化频率为________.

21. 有两个简谐运动，其振动曲线如图 5-16 所示，从图中可知 A 的相位比振动 B 的相位________，$\varphi_A-\varphi_B=$________.

22. 一弹簧振子作简谐振动，其振动曲线如图 5-17 所示.则它的周期 $T=$________，其余弦函数描述时初相位 $\varphi=$________.

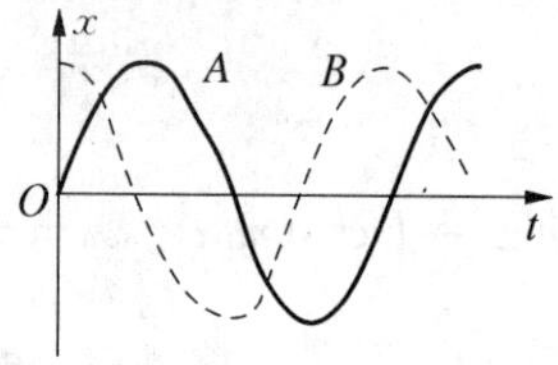

图 5-16

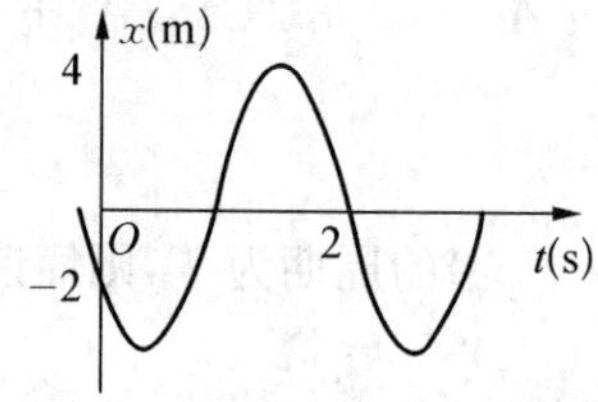

图 5-17

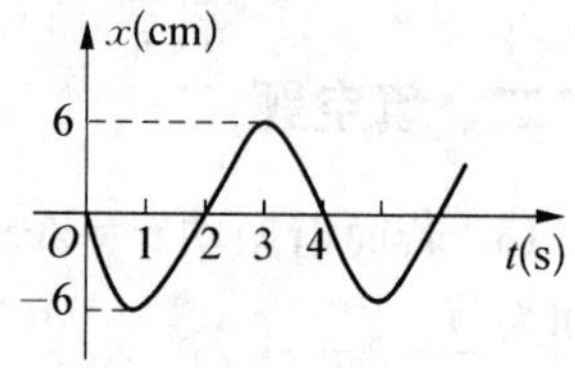

图 5-18

23. 一简谐振动曲线如图 5-18 所示，则由图可确定在 $t=2$ s 时刻质点的速度为________.

24. 两个弹簧振子的周期都是 0.4 s，设开始时第一个振子从平衡位置向负方向运动，经过0.5 s后，第二个振子才从正方向的端点开始运动，则这两振动的相位差为________.

三、计算题

25. 一物体质量 $m=2$ kg，在 x 轴上运动.初始时刻该物体静止且位于坐标 0.10 m 处，后受作用力为 $F=-8x$(SI)而运动，求：(1) 物体作何运动？为什么？(2) 物体动能的最大值为多少？

26. 一个质点的运动方程为 $x=\sin\dfrac{\pi}{6}t$，求质点最大速度和最大加速度达到的时间.

27. 作简谐运动的小球，速度最大值为 $v_m=3$ cm/s，振幅 $A=2$ cm，若从速度为正的最大值的某时刻开始计算时间.(1) 求振动的周期;(2) 求加速度的最大值;(3) 写出余弦形式表示的振动表达式.

28. 一简谐振动的旋转矢量图如图 5-19 所示,振幅矢量长 2 cm,求:(1) 该简谐运动的初相;(2) 以余弦形式表示的简谐运动方程.

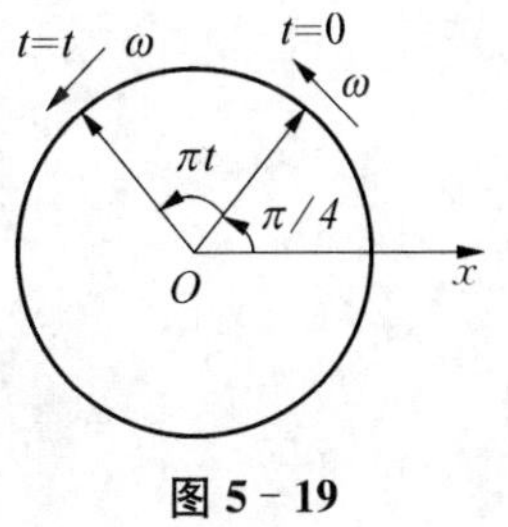

图 5-19

29. 一质点沿 x 轴作简谐振动,其角频率 $w=10$ rad/s.试分别写出以下两种初始状态下余弦形式表示的振动方程:(1) 其初始位移 $x_0=7.5$ cm,初始速度 $v_0=75.0$ cm/s;(2) 其初始位移 $x_0=7.5$ cm,初始速度 $v_0=-75.0$ cm/s.

30. 一个质点作简谐振动,振动振幅为 A,圆频率为 $\omega=\frac{\pi}{4}$.设 $t=0$ 时质点在 $\frac{A}{2}$ 处向正方向运动,经过 Δt 时间(在一个周期内)该质点运动到 $-\frac{A}{\sqrt{2}}$ 处且其速度为正,用旋转矢量法(要求画出旋转矢量图)求 Δt.

31. 一个质点作简谐振动,其运动速度与时间的曲线如图 5-20所示,求该质点余弦形式表示的振动方程.

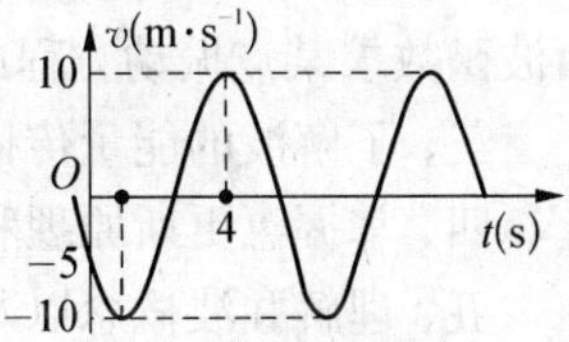

图 5-20

32. 一物体在光滑水平面上作简谐振动,振幅为12 cm,在距平衡位置 6 cm 处,速度为 24 cm/s.求:(1) 振动周期 T;(2) 当速度为 12 cm/s 时的最小位移.

33. 一物体在沿 x 轴作简谐运动,振幅为 0.06 m,周期为 2.0 s,$t=0$ 时位移为 0.03 m,且向 x 轴正方向运动,求:(1) $t=0.5$ s 时,物体位移、速度和加速度;(2) 物体从 $x=-0.03$ m 处向 x 轴负方向运动开始,到达平衡位置,至少需要多长时间?

34. 两质点作同方向、同频率的简谐振动,振幅相等.当质点 1 在 $x_1=A/2$ 处且向左运动时,另一个质点 2 在 $x_2=-A/2$ 处,且向右运动.求这两个质点的位相差.

35. 已知两个同方向简谐振动:

$$x_1=0.05\cos\left(10t+\frac{3}{4}\pi\right),x_2=0.06\cos\left(10t+\frac{1}{4}\pi\right)$$

式中 x 以米计,t 以秒计,求余弦形式表示的合振动运动方程.

第 6 章　机械波

6.1　基本要求

一、理解描述简谐波的物理量—频率、波长、波速等的意义、决定因素及其关系式.

二、理解机械波产生的条件.掌握同一时刻波线上两点间相位差与波程差的关系,掌握由已知质点的简谐运动方程得出平面简谐波的波函数的方法.理解波函数的物理意义,掌握由波函数求某点振动方程或某时刻波形曲线的方法.

三、了解波的能量传播特征及能流、能流密度概念.

四、掌握惠更斯原理和波的叠加原理.理解并掌握波的相干条件和干涉加强减弱条件.

五、理解驻波概念以及驻波与行波的区别,会确定波节和波腹的位置.

6.2　内容提要

一、机械波的一般概念

1. 横波:质点振动方向与波的传播方向垂直;横波在介质中传播时,因在介质中产生切变,只能在固体中传播.

2. 纵波:质点振动方向与波的传播方向平行;纵波在介质中传播时,介质中产生容变,能在固体、液体、气体中传播.

3. 传播机理:向外传播的是波源(及各质点)的振动状态和能量,介质本身并不迁移.

二、机械波的几何描述

1. 波场:波传播到的空间.

2. 波面:波场中同一时刻振动位相相同的点的面.某时刻离波源最远的波面特称为波前.

3. 波线(波射线):代表波的传播方向的射线.各向同性均匀介质中,波线恒与波面垂直;沿波线方向各振动质点的相位依次落后.

三、机械波的特征量

1. 波速 u：振动状态（即位相）在单位时间内传播的距离称为波速，也称相速。波速不同于振动质点的运动速度，波速与传播介质的密度及弹性性质有关。

2. 周期 T 和频率 ν

周期 T：一个完整波形通过介质中某固定点所需的时间。

频率 ν：单位时间内通过介质中某固定点完整波的数目。由于波上任一个质点都在做受迫振动，因此它们的振动频率都与振源的振动频率相等，也就是波的频率。

3. 波长 λ：同一波线上相邻的位相差为 2π 的两质点的距离。

波长 λ、频率 ν 与传播速度 u 之间满足：$u=\lambda\nu=\dfrac{\lambda}{T}$

四、平面简谐波的波函数

1. 已知坐标原点 O 的振动方程：$y_o=A\cos(\omega t+\varphi_0)$

(1) 波沿 x 轴正方向传播时波函数为

$$y=A\cos\left[\omega\left(t-\frac{x}{u}\right)+\varphi_0\right]$$

(2) 波沿 x 轴负方向传播时波函数为

$$y=A\cos\left[\omega\left(t+\frac{x}{u}\right)+\varphi_0\right]$$

2. 已知坐标为 x_0 的点 Q 的振动方程：$y_Q=A\cos(\omega t+\varphi_0)$

(1) 波沿 x 轴正方向传播时波函数为

$$y=A\cos\left[\omega\left(t-\frac{x-x_0}{u}\right)+\varphi_0\right]$$

(2) 波沿 x 轴负方向传播时波函数为

$$y=A\cos\left[\omega\left(t+\frac{x-x_0}{u}\right)+\varphi_0\right]$$

利用 $\omega=2\pi/T=2\pi\nu$，$u=\lambda\nu=\lambda/T$，$k=2\pi/\lambda$（k 称为角波数），波动方程也可写成其他形式，如

$$\begin{aligned}y&=A\cos\left[\omega\left(t-\frac{x}{u}\right)+\varphi_0\right]=A\cos\left[2\pi\left(\frac{t}{T}-\frac{x}{\lambda}\right)+\varphi_0\right]\\&=A\cos[(\omega t-kx)+\varphi_0]=A\cos\left[2\pi\left(\nu t-\frac{x}{\lambda}\right)+\varphi_0\right]\end{aligned}$$

由波动方程，可以

(1) 求波线上某定点 x_1 的运动规律:$y_{x_1}=A\cos\left[\omega t+\varphi_0-\omega\dfrac{x_1}{u}\right]$

(2) 求波线上某时刻两点 x_1 与 x_2 的相位差:$\Delta\varphi=\varphi_1-\varphi_2=2\pi\dfrac{x_2-x_1}{\lambda}$

若 $x_2-x_1=\dfrac{\lambda}{2}\cdot 2k$($k$ 为整数),两点同相,位移和速度都相同.

若 $x_2-x_1=\dfrac{\lambda}{2}\cdot(2k+1)$($k$ 为整数),两点反相,位移和速度大小相同方向相反.

注意:写出波动方程的关键是要已知坐标原点 O 的振动方程.因此,无论题中给的是 $x=x_0$ 点的振动曲线(方程)或是 $t=t'$ 时的波形曲线,要得到波动方程,都应设法先求出原点 O 的振动方程.

五、波的能量

1. 波动能量的传播特点:(1) 动能和势能同时达到最大值,又同时达到最小值;(2) 沿波动传播方向,质元不断从后面介质获得能量,又传递给前面介质,因此质元机械能不守恒.

2. 能流 P 及能流密度 I:单位时间内垂直通过某一面积的能量称为能流.垂直通过单位面积的平均能流称为能流密度.两者关系及计算公式为

$$I=\frac{P}{S}=\frac{1}{2}\rho A^2\omega^2 u$$

六、惠更斯原理与波的干涉

1. 惠更斯原理:介质中波动传播到的各点都可以看作是发射子波的波源,而在其后的任意时刻,这些子波的包络就是新的波前.

2. 叠加原理:几列波相遇之后,仍然保持它们各自原有的特征不变,并按照原来的方向继续前进,好像没有遇到其他波一样;而在相遇区域内的任一点的振动,为各列波单独存在时在该点所引起的振动位移的矢量和.

3. 波的干涉:两列波相遇时,在交叠区域形成强度不均匀的稳定分布现象.

(1) 相干条件:频率相同,振动方向平行,相位相同或相位差恒定.

(2) 干涉加强和减弱条件:两列波在 P 点产生的振动的相位差为

$$\Delta\varphi=\varphi_2-\varphi_1-2\pi\frac{r_2-r_1}{\lambda}$$

当 $\Delta\varphi=\pm 2k\pi$ 时,P 点合振动加强;当 $\Delta\varphi=(2k+1)\pi$ 时,P 点合振动减弱.

特别地,若两波初相相同,则有

$\Delta r=r_2-r_1=\dfrac{\lambda}{2}\cdot 2k$ 时 P 点合振动加强;$\Delta r=r_2-r_1=\dfrac{\lambda}{2}\cdot(2k+1)$时 P 点合振动减弱.

以上式中 $k=0.1,2,\cdots$.

△七、驻波

驻波是干涉的特例，是由振幅、频率和传播速度都相同的两列相干波，在同一条直线上沿相反方向传播时叠加而成的一种特殊形式的干涉现象.

1. 驻波方程

设同一条直线上沿相反方向传播的振幅相同、频率相同、初相皆为零的两列简谐波方程为

$$y_1=A\cos 2\pi\left(\nu t-\frac{x}{\lambda}\right), y_2=A\cos 2\pi\left(\nu t+\frac{x}{\lambda}\right)$$

叠加合成的驻波方程为：$y=2A\cos 2\pi\frac{x}{\lambda}\cos 2\pi\nu t$

表明：形成驻波时，波线上各点作振幅为 $\left|2A\cos 2\pi\frac{x}{\lambda}\right|$、频率为 ν 的简谐运动.

2. 波腹和波节

(1) 波腹和波节：波线上振幅最大的点称为波腹，振幅为零的点称为波节.

(2) 波腹和波节位置：波腹位置 $x=\pm k\frac{\lambda}{2}, k=0,1,2,\cdots$

$$\text{波节位置}: x=\pm(2k+1)\frac{\lambda}{4}, k=0,1,2,\cdots$$

(3) 相邻波腹(波节)间距离：$\Delta x=x_{k+1}-x_k=\frac{\lambda}{2}$

3. 相位特征

(1) 两波节之间各点相位相同(同相)，波节两边各点相位相反(反相).

(2) 波从波疏介质(波阻 ρu 较小)垂直入射到波密介质(波阻较大)时，在反射处形成波节(半波损失)；反之，则在反射处形成波腹.

△八、多普勒效应

波源和观察者中至少有一个相对于介质运动时，观察者所接收到的频率与波源发出的频率不同的现象称为多普勒效应.

设 u 为波速，ν 为波源频率，ν' 为观察者接收频率.

1. 波源不动，观察者相对介质以速度 v_0 运动

(1) 观察者向着波源运动：$\nu'>\nu$ 且 $\nu'=\frac{u+v_0}{u}\nu$

(2) 观察者远离波源运动：$\nu'<\nu$ 且 $\nu'=\frac{u-v_0}{u}\nu$

2. 观察者不动，波源相对介质以速度 v_s 运动

(1) 波源向着观察者运动：$\nu'>\nu$ 且 $\nu'=\dfrac{u}{u-v_s}\nu$

(2) 波源远离观察者运动：$\nu'<\nu$ 且 $\nu'=\dfrac{u}{u+v_s}\nu$

3. 波源与观察者同时相对介质

$$\nu'=\frac{u\pm v_0}{u\mp v_s}\nu$$

正负号确定原则：观察者向着波源运动时，v_0 前取正，远离时取负；波源向着观察者运动时，v_s 前取正，远离时取负.

综上，只要波源和观察者互相接近，观察者所接收到的频率就高于波源发出的频率；互相远离，观察者所接收到的频率就低于波源发出的频率.

6.3 典型例题

例 1 一横波沿绳子传播，其波的表达式为

$$y=0.05\cos(100\pi t-2\pi x)\text{(SI)}$$

(1) 求此波的振幅、波速、频率和波长；

(2) 求绳子上各质点的最大振动速度和最大振动加速度；

(3) 求 $x_1=0.2$ m 处和 $x_2=0.7$ m 处二质点振动的相位差.

解 已知波的表达式为：$y=0.05\cos(100\pi t-2\pi x)$

与标准形式 $y=A\cos\left(2\pi\nu t-\dfrac{2\pi x}{\lambda}\right)$ 比较得：

$$A=0.05\text{ m},\nu=50\text{ Hz},\lambda=1.0\text{ m},u=\lambda\nu=50\text{ m/s}$$

(2) $v_{\max}=\left(\dfrac{\partial y}{\partial t}\right)_{\max}=\omega A=2\pi\nu A=15.7\text{ m/s}$

$a_{\max}=\left(\dfrac{\partial^2 y}{\partial t^2}\right)_{\max}=\omega^2 A=(2\pi\nu)^2 A=4.93\times10^3\text{ m/s}^2$

(3) $\Delta\varphi=2\pi\dfrac{x_2-x_1}{\lambda}=\pi$，二振动反相

例 2 已知平面波沿 x 轴正向传播，距坐标原点 O 为 x_1 处 P 点振动式为 $y=A\cos(\omega t+\varphi)$，波速为 u，求：(1) 平面波的波动方程；(2) 若波沿 x 轴负向传播，波动方程又如何?

解 (1) 根据题意，距坐标原点 O 为 x_1 处 P 点是坐标原点的振动状态传过来的，其 O 点振动状态传到 P 点需用 $\Delta t=x_1/u$，也就是说 t 时刻 P 处质点的振动状态重复 $t-x_1/u$ 时

刻 O 处质点的振动状态.换而言之,O 处质点的振动状态相当于 $t+x_1/u$ 时刻 P 处质点的振动状态,则 O 点的振动方程为:

$$y=A\cos\left[\omega\left(t+\frac{x_1}{u}\right)+\varphi\right]$$

波动方程为:

$$y=A\cos\left[\omega\left(t+\frac{x_1}{u}-\frac{x}{u}\right)+\varphi\right]=A\cos\left[\omega\left(t-\frac{x-x_1}{u}\right)+\varphi\right]$$

(2) 若波沿 x 轴负向传播,O 处质点的振动状态相当于 $t-x_1/u$ 时刻 P 处质点的振动状态,则 O 点的振动方程为:

$$y=A\cos\left[\omega\left(t-\frac{x_1}{u}\right)+\varphi\right]$$

波动方程为:

$$y=A\cos\left[\omega\left(t-\frac{x_1}{u}+\frac{x}{u}\right)+\varphi\right]=A\cos\left[\omega\left(t+\frac{x-x_1}{u}\right)+\varphi\right]$$

例 3　已知一沿 x 正方向传播的平面余弦波,$t=\frac{1}{3}$ s 时的波形如图 6-1 所示,且周期 T 为 2 s.

(1) 写出 O 点的振动表达式;

(2) 写出该波的波动表达式;

(3) 写出 A 点的振动表达式;

(4) 写出 A 点离 O 点的距离.

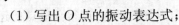

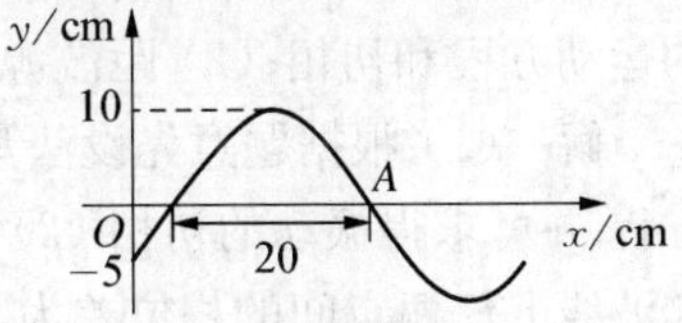

图 6-1

解　由图可知 $A=0.1$ m,$\lambda=0.4$ m,由题知 $T=2$ s,$\omega=2\pi/T=\pi$,而 $u=\lambda/T=0.2$ m/s.波动方程为:

$$y=0.1\cos\left[\pi\left(t-\frac{x}{0.2}\right)+\varphi_0\right]$$

可见关键在于确定 O 点的初始相位.

(1) 由上式可知:O 点的相位也可写成 $\varphi=\pi t+\varphi_0$

由图形可知:$t=\frac{1}{3}$ s 时 $y_0=-\frac{A}{2}$,$v_0<0$,所以 $\varphi=\frac{2\pi}{3}$,将此条件代入 $\frac{2\pi}{3}=\frac{\pi}{3}+\varphi_0$,所以 $\varphi_0=\frac{\pi}{3}$,这样 O 点的振动表达式:$y=0.1\cos\pi\left(t+\frac{1}{3}\right)$

(2) 由 O 点振动表达式就可写出波动方程

$$y=0.1\cos\left[\pi\left(t-\frac{x}{0.2}\right)+\frac{\pi}{3}\right]$$

(3) A 点的振动表达式确定方法与 O 点相似,由上式可知

A 点的相位也可写成:$\varphi=\pi t+\varphi_{A0}$

由图形：$t=\frac{1}{3}s$ 时 $y_0=0, v_0>0$，所以 $\varphi=-\frac{\pi}{2}$，

将此条件代入：$-\frac{\pi}{2}=\pi\frac{1}{3}+\varphi_{A0}$　所以 $\varphi_{A0}=-\frac{5\pi}{6}$

A 点的振动表达式：$y=0.1\cos\left(\pi t-\frac{5\pi}{6}\right)$

(4) 将 A 点的坐标代入波动方程，可得到 A 的振动方程，应与(3)结果相同，所以

$$y=0.1\cos\left[\pi\left(t-\frac{x}{0.2}\right)+\frac{\pi}{3}\right]=0.1\cos\left(\pi t-\frac{5\pi}{6}\right)$$

可得到：$x_A=\frac{7}{30}=0.233\ \mathrm{m}$

6.4　习题选讲

6-8　波源作简谐运动，周期为 0.02 s，若该振动以 $100\ \mathrm{m\cdot s^{-1}}$ 的速度沿直线传播，设 $t=0$ 时，波源处的质点经平衡位置向正方向运动，求：(1) 距波源 15.0 m 和 5.0 m 两处质点的运动方程和初相；(2) 距波源为 16.0 m 和 17.0 m 的两质点间的相位差.

解　(1) 根据题意先设法写出波动方程，然后代入确定点处的坐标，即得到质点的运动方程.并可求得振动的初相.(2) 波的传播也可以看成是相位的传播.由波长 λ 的物理含意，可知波线上任两点间的相位差为 $\Delta\varphi=2\pi\Delta x/\lambda$.

(1) 由题给条件 $T=0.02\ \mathrm{s}, u=100\ \mathrm{m\cdot s^{-1}}$，可得

$$\omega=2\pi/T=100\pi\ \mathrm{m\cdot s^{-1}};\lambda=uT=2\ \mathrm{m}$$

当 $t=0$ 时，波源质点经平衡位置向正方向运动，因而由旋转矢量法可得该质点的初相为 $\varphi_0=-\pi/2$(或 $3\pi/2$).若以波源为坐标原点，则波动方程为

$$y=A\cos[100\pi(t-x/100)-\pi/2]$$

距波源为 $x_1=15.0\ \mathrm{m}$ 和 $x_2=5.0\ \mathrm{m}$ 处质点的运动方程分别为

$$y_1=A\cos(100\pi t-15.5\pi)$$
$$y_2=A\cos(100\pi t-5.5\pi)$$

它们的初相分别为 $\varphi_{10}=-15.5\pi$ 和 $\varphi_{20}=-5.5\pi$(若波源初相取 $\varphi_0=3\pi/2$，则初相 $\varphi_{10}=-13.5\pi, \varphi_{20}=-3.5\pi$.)

(2) 距波源 16.0 m 和 17.0 m 两点间的相位差

$$\Delta\varphi=\varphi_2-\varphi_1=2\pi(x_2-x_1)/\lambda=\pi$$

6-13　一平面简谐波，波长为 12 m，沿 Ox 轴负向传播.图 6-2(a)所示为 $x=1.0\ \mathrm{m}$ 处质点的振动曲线，求此波的波动方程.

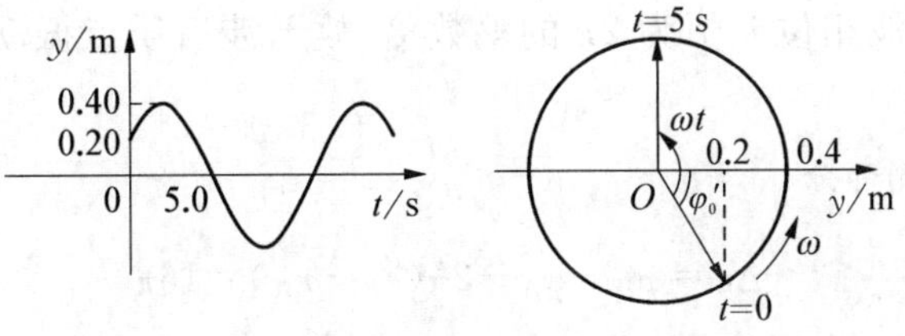

(a)　　　　(b)

图 6-2

解　该题可利用振动曲线来获取波动的特征量，从而建立波动方程.求解的关键是如何根据图(a)写出它所对应的运动方程.较简便的方法是旋转矢量法.

由图(a)可知质点振动的振幅 $A=0.40$ m，$t=0$ 时位于 $x=1.0$ m 处的质点在 $A/2$ 处并向 Oy 轴正向移动.据此作出相应的旋转矢量图(b)，从图中可知 $\varphi_0'=-\pi/3$.又由图(a)可知，$t=5$ s 时，质点第一次回到平衡位置，由图(b)可看出 $\omega t=5\pi/6$，因而得角频率 $\omega=(\pi/6)$ rad·s^{-1}.由上述特征量可写出 $x=1.0$ m 处质点的运动方程为

$$y=0.04\cos\left[\frac{\pi}{6}t-\frac{\pi}{3}\right]$$

将波速 $u=\lambda/T=\omega\lambda/2\pi=1.0$ m·s^{-1} 及 $x=1.0$ m 代入波动方程的一般形式 $y=A\cos[\omega(t+x/u)+\varphi_0]$中，并与上述 $x=1.0$ m 处的运动方程作比较，可得 $\varphi_0=-\pi/2$，则波动方程为

$$y=0.04\cos\left[\frac{\pi}{6}(t+x)-\frac{\pi}{2}\right]$$

6-16　两相干波波源位于同一介质中的 A、B 两点，如图 6-3(a)所示.其振幅相等、频率皆为 100 Hz，B 比 A 的相位超前 π.若 A、B 相距 30.0 m，波速为 $u=400$ m·s^{-1}，试求 AB 连线上因干涉而静止的各点的位置.

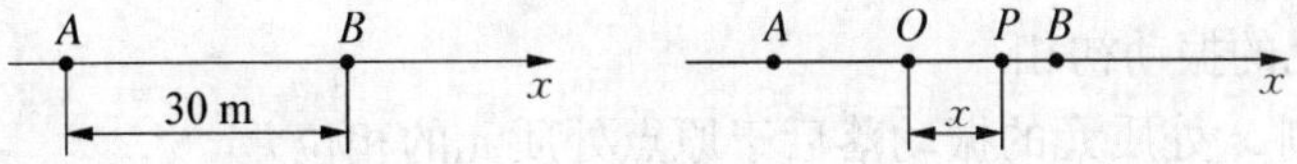

(a)　　　　(b)

图 6-3

解　两列相干波相遇时的相位差

$$\Delta\varphi=\varphi_2-\varphi_1-\frac{2\pi\Delta r}{\lambda}$$

因此，两列振幅相同的相干波因干涉而静止的点的位置，可根据相消条件 $\Delta\varphi=(2k+1)\pi$ 获得.

以 A、B 两点的中点 O 为原点，取坐标如图(b)所示.两波的波长均为 $\lambda=u/\upsilon=4.0$ m.在 A、B 连线上可分三个部分进行讨论.

1. 位于点 A 左侧部分

$$\Delta\varphi=\varphi_B-\varphi_A-2\pi(r_B-r_A)=-14\pi$$

因该范围内两列波相位差恒为 2π 的整数倍，故干涉后质点振动处处加强，没有静止的点.

2. 位于点 B 右侧部分

$$\Delta\varphi=\varphi_B-\varphi_A-2\pi(r_B-r_A)=16\pi$$

显然该范围内质点振动也都是加强，无干涉静止的点.

3. 在 A、B 两点的连线间，设任意一点 P 距原点为 x.因 $r_B=15-x$，$r_A=15+x$，则两列波在点 P 的相位差为

$$\Delta\varphi=\varphi_B-\varphi_A-2\pi(r_B-r_A)/\lambda=(x+1)\pi$$

根据分析中所述，干涉静止的点应满足方程

$$x(x+1)\pi=(2k+1)\pi$$

得

$$x=2k\ \mathrm{m}(k=0,\pm1,\pm2,\cdots)$$

因 $x\leqslant15$ m，故 $k\leqslant7$.即在 A、B 之间的连线上共有 15 个静止点.

6.5　综合练习

一、选择题

1. 波函数表达式 $y=A\cos\left(\omega t-2\pi\dfrac{x}{\lambda}+\varphi\right)$中，$-2\pi\dfrac{x}{\lambda}$的意义是(　　)

(A) 原点处质元的振动初相

(B) x 处质元的振动初相

(C) 任一时刻 x 处质元的振动落后于原点处质元的相位差

(D) 任一时刻 x 处质元的振动超前于原点处质元的相位

2. 波函数表达式 $y=A\cos\left[\omega\left(t+\dfrac{x}{u}\right)+\varphi\right]$中，$\dfrac{x}{u}$的意义是(　　)

(A) 原点处质元的振动初相

(B) x 处质元的振动初相

(C) x 处质元振动落后于原点处质元的时间

(D) x 处质元振动超前于原点处质元的时间

3. 一平面简谐波在弹性媒质中传播，在媒质质元从最大位移处回到平衡位置过程中(　　)

(A) 它的势能转换成动能

(B) 它的动能转换成势能

(C) 它从相邻的一段媒质质元获得能量，其能量逐渐增加

(D) 它把自己的能量传给相邻的一段媒质质元，其能量逐渐减小

4. 已知一平面简谐波的表达式为 $y=A\cos(at-bx)$（a、b 为正值常量），则（　　）

(A) 波的频率为 a　　(B) 波的传播速度为 b/a

(C) 波长为 π/b　　(D) 波的周期为 $2\pi/a$

5. 如图 6-4，一平面简谐波以波速 u 沿 x 轴正方向传播，O 为坐标原点.已知 P 点的振动方程为 $y=A\cos\omega t$，则（　　）

(A) O 点的振动方程为 $y=A\cos[\omega(t-l/u)]$

(B) 波的表达式为 $y=A\cos\{\omega[t-(l/u)-(x/u)]\}$

(C) 波的表达式为 $y=A\cos\{\omega[t+(l/u)-(x/u)]\}$

(D) C 点的振动方程为 $y=A\cos[\omega(t-3l/u)]$

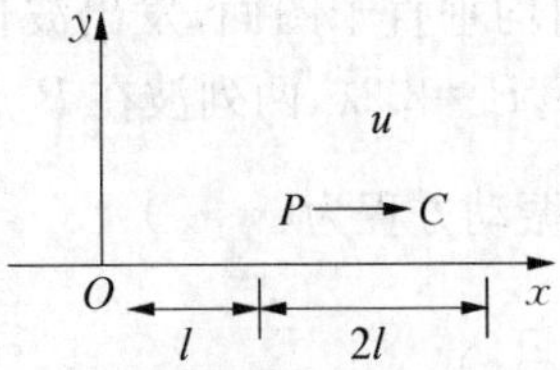

图 6-4

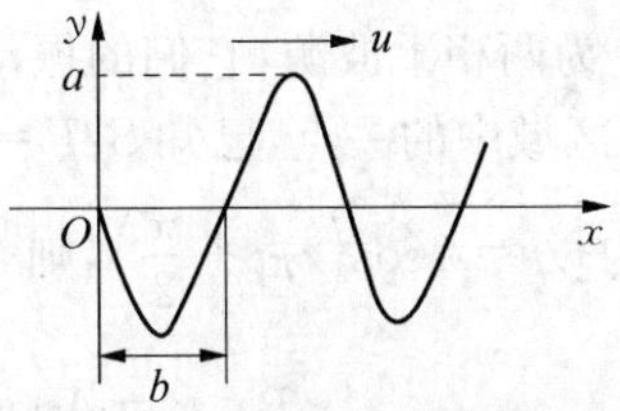

图 6-5

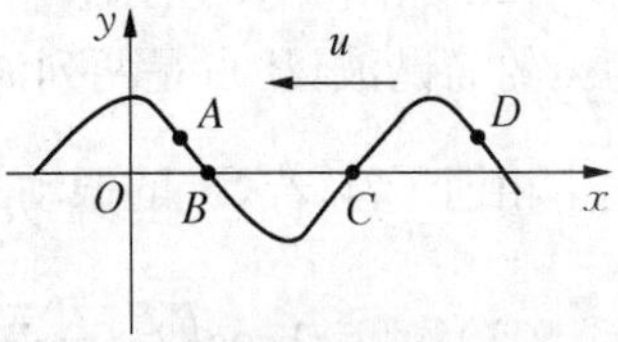

图 6-6

6. 一平面简谐波以速度 u 沿 x 轴正方向传播，在 $t=t'$ 时波形曲线如图 6-5 所示.则坐标原点 O 的振动方程为（　　）

(A) $y=a\cos\left[\frac{u}{b}(t-t')+\frac{\pi}{2}\right]$　　(B) $y=a\cos\left[2\pi\frac{u}{b}(t-t')-\frac{\pi}{2}\right]$

(C) $y=a\cos\left[\pi\frac{u}{b}(t+t')+\frac{\pi}{2}\right]$　　(D) $y=a\cos\left[\pi\frac{u}{b}(t-t')-\frac{\pi}{2}\right]$

7. 横波以波速 u 沿 x 轴负方向传播.t 时刻波形曲线如图 6-6.则该时刻（　　）

(A) A 点振动速度大于零　　(B) B 点静止不动

(C) C 点向下运动　　(D) D 点振动速度小于零

8. 下列函数 $f(x,t)$ 可表示弹性介质中的一维波动，式中 A、a 和 b 是正的常量.其中哪个函数表示沿 x 轴负向传播的行波？（　　）

(A) $f(x,t)=A\cos(ax+bt)$　　(B) $f(x,t)=A\cos(ax-bt)$

(C) $f(x,t)=A\cos ax\cdot\cos bt$　　(D) $f(x,t)=A\sin ax\cdot\sin bt$

9. 在简谐波传播过程中，沿传播方向相距为 0.5λ（λ 为波长）的两点的振动速度必定（　　）

(A) 大小相同，而方向相反　　(B) 大小和方向均相同

(C) 大小不同，方向相同　　(D) 大小不同，而方向相反

10. 频率为 100 Hz，传播速度为 300 m/s 的平面简谐波，波线上距离小于波长的两点振动的相位差为 $\frac{1}{3}\pi$，则此两点相距（　　）

(A) 2.86 m　　(B) 2.19 m　　(C) 0.5 m　　(D) 0.25 m

11. 图 6－7 为沿 x 轴负方向传播的平面简谐波在 $t=0$ 时刻的波形.若波的表达式以余弦函数表示,则 O 点处质点振动的初相为(　　)

(A) 0　　(B) $\frac{1}{2}\pi$　　(C) π　　(D) $\frac{3}{2}\pi$

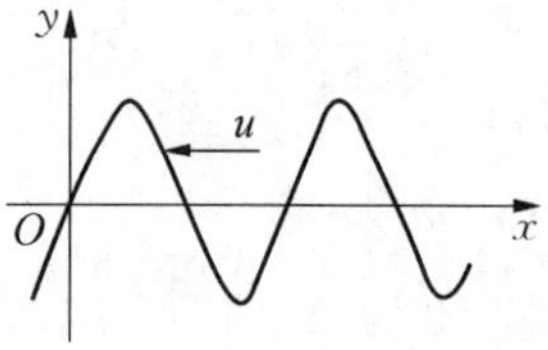

图 6－7

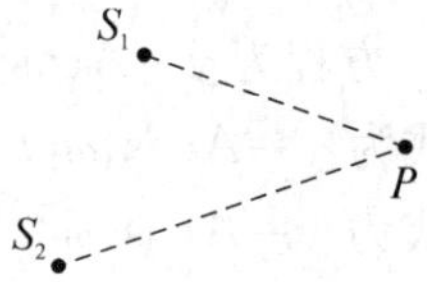

图 6－8

12. 如图 6－8 所示,S_1 和 S_2 为两相干波源,它们的振动方向均垂直于图面,发出波长为 λ 的简谐波,P 点是两列波相遇区域中的一点,已知 $S_1P=2\lambda$,$S_2P=2.2\lambda$,两列波在 P 点发生相消干涉.若 S_1 的振动方程为 $y_1=A\cos\left(2\pi t+\frac{\pi}{2}\right)$,则 S_2 的振动方程为(　　)

(A) $y_2=A\cos\left(2\pi t-\frac{\pi}{2}\right)$　　(B) $y_2=A\cos(2\pi t-\pi)$

(C) $y_2=A\cos\left(2\pi t+\frac{\pi}{2}\right)$　　(D) $y_2=2A\cos(2\pi t-0.1\pi)$

13. 沿一平面简谐波的波线上,有相距 2.0 m 的两质点 A 与 B,B 点振动相位比 A 点落后$\frac{\pi}{6}$,已知振动周期为2.0 s,其波长和波速为(　　)

(A) $\lambda=24$ m,$u=12$ m/s　　(B) $\lambda=12$ m,$u=24$ m/s

(C) $\lambda=48$ m,$u=24$ m/s　　(D) $\lambda=u=12$ m/s

二、填空题

14. 已知一简谐波的波动方程为 $y=5\cos(\pi t+4\pi x+\pi/2)$(SI),可知该简谐波的传播方向为________,其振幅为________,周期为________,波长为________,波速为________.

15. 已知一平面简谐波的表达式为 $y=0.25\cos(125t-0.37x)$(SI),则 $x_1=10$ m 点处质点的振动方程为________;$x_1=10$ m 和 $x_2=25$ m 两点间的振动相位差为________.

16. 在简谐波的一条射线上,相距 0.2 m 两点的振动相位差为$\frac{\pi}{6}$,又知振动周期为0.4 s,则波长为________m,波速为________m/s.

17. 一简谐波沿 OX 轴负方向传播,x 轴上 P_1 点处振动方程 $P_{P_1}=0.04\cos\left(\pi t-\frac{\pi}{2}\right)$(SI),$x$ 轴上 P_2 点坐标减去 P_1 点坐标等于$\frac{3\lambda}{4}$(λ 为波长),则 P_2 点余弦形式振动方程____________.

18. 如图 6－9 所示,一平面简谐波沿 Ox 轴正向传播,波速大小为 u,若 P 处质点的振

动方程为 $y_P = A\cos(\omega t + \varphi)$，则 O 处质点余弦形式的振动方程________；该波余弦形式的波动表达式________.

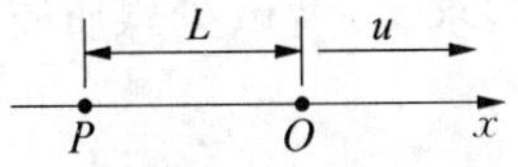

图 6 - 9

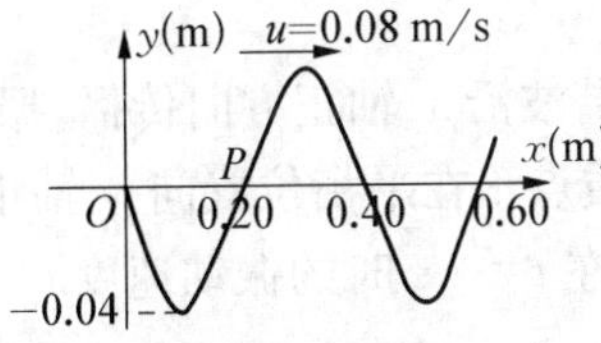

图 6 - 10

19. 图 6 - 10 为一平面简谐波在 $t=0$ 时刻的波形图，则该波余弦形式的波动表达式____________；P 处质点余弦形式的振动方程为____________.

20. 如图 6 - 11 所示，两列相干波在 P 点相遇.一列波在 B 点引起的振动是 $y_{10} = 3\times 10^{-3}\cos 2\pi t$；另一列波在 C 点引起的振动是 $y_{20} = 3\times 10^{-3}\cos\left(2\pi t + \frac{1}{2}\pi\right)$；令 $\overline{BP} = 0.45$ m，$\overline{CP} = 0.30$ m，两波的传播速度 $u = 0.20$ m/s.若不考虑传播途中振幅的减小，则 P 点余弦形式的合振动振动方程为______________.

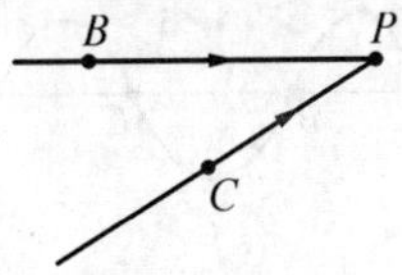

图 6 - 11

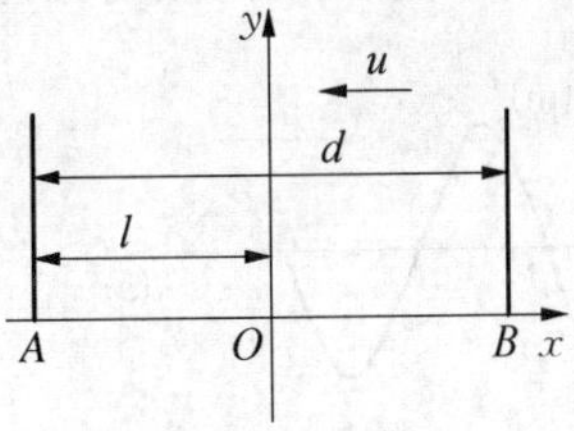

图 6 - 12

21. 一平面简谐波在空间传播，如图 6 - 12 所示，已知 A 点的振动规律为 $y = A\cos(2\pi\nu t + \varphi)$，$B$ 点的余弦形式振动表达式____________.

22. 一平面简谐波，频率 1.0×10^3 Hz，波速 1.0×10^3 m/s，振幅 1.0×10^4 m，在截面面积为 4.0×10^{-4} m^2 的管内介质中传播，若介质密度为 8.0×10^2 kg·m^{-3}，则该波的能流密度________；该波在 60 s 内垂直通过截面的总能量为________.

三、计算题

23. 已知某一简谐波的波函数为

$$y = 0.1\cos\left(25\pi t - 0.2\pi x + \frac{\pi}{3}\right)\text{(SI)}$$

求：(1) 波线上 $x = 10$ m 处的质元在 $t = 5$ s 时的位移、速度与加速度；(2) 该质元与 $x = 25$ m 处质元的振动相位差.

24. 已知一平面简谐波的波动方程为 $y = A\cos[\pi(4t + 2x)]$(SI).求：(1) 该波波长、频率和波速的值；(2) 写出 $t = 4.2$ s 时各波峰位置的坐标表达式，并求出此时离坐标原点最近的那个波峰的位置；(3) $t = 4.2$ s 时离坐标原点最近的那个波峰通过坐标原点的时刻 t.

25. 一平面简谐波沿 x 轴负向传播，波长 $\lambda=1.0$ m，原点处质点的振动频率为 $\nu=2.0$ Hz，振幅 $A=0.1$ m，且在 $t=0$ 时恰好通过平衡位置向 y 轴负向运动，求此平面波余弦形式的波动方程.

26. 平面简谐波沿 x 轴正方向传播，振幅为 2 cm，频率为 50 Hz，波速为 200 m/s.在 $t=0$ 时，$x=0$ 处的质点正在平衡位置向 y 轴正方向运动，求 $x=4$ m 处媒质质点振动的余弦形式表达式及该点在 $t=2$ s 时的振动速度.

27. 已知一沿 x 轴正向传播的平面简谐波的振幅 $A=0.1$、周期 $T=0.2\pi$、波速 $u=50$，单位均取 SI 制.$t=0$ 时 $x=0$ 处的质点位于 $-A/2$ 处且向位移的负方向运动，试求该波余弦形式的的波函数.

28. 一平面简谐波沿 x 轴正向传播，周期为 0.01 s，振幅 $A=0.01$ m，波速为 200 m/s.当 $t=1.0$ s 时，$x=2$ m 处的质点在平衡位置向 y 轴正方向运动.求：(1) 该平面波余弦形式的波函数表达式；(2) $t=4$ s 时的余弦形式波形方程.

29. 一平面简谐波沿 OX 轴的负方向传播，波长为 λ，$x=d$ 处 P 质点的振动规律如图6-13.

(1) 求 P 处质点余弦形式的的振动方程；(2) 求此波余弦形式的的波动方程.

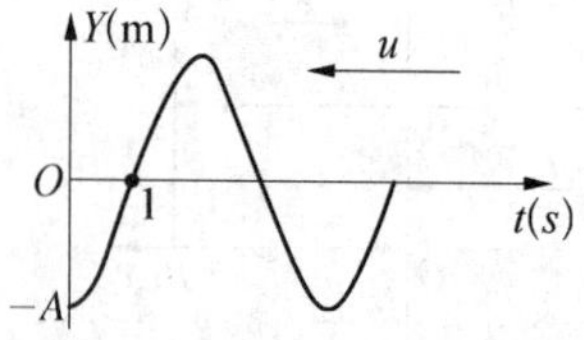

图 6-13

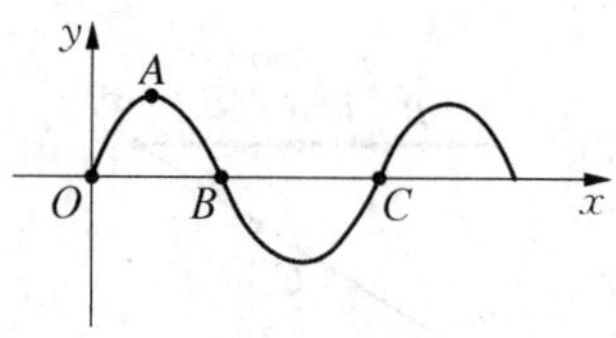

图 6-14

30. 如图 6-14 图，沿 x 轴传播的平面余弦波在 t 时刻的波形曲线.(1) 若波沿 x 轴正向传播，该时刻 O, A, B, C 各点的振动位相是多少？(2) 若波沿 x 轴负向传播，上述各点的振动位相又是多少？

31. 如图 6-15，两频率、波长和振动方向相同的平面简谐波波源分别位于 A、B 两点.设它们初相位之差 $\varphi_A-\varphi_B=-\dfrac{3\pi}{2}$.求以下两种情况下的最小波长.(1) 在 P 点处干涉加强；(2) 在 P 点处干涉减弱.

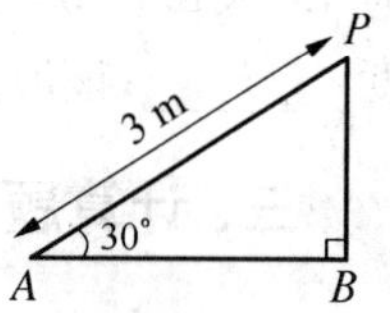

图 6-15

32. 一平面简谐波沿 Ox 轴正方向传播，波的表达式为 $y=A\cos 2\pi(\nu t-x/\lambda)$，而另一平面简谐波沿 Ox 轴负方向传播，波的表达式为 $y=2A\cos 2\pi(\nu t+x/\lambda)$，求：

(1) $x=l/4$ 处介质质点的余弦形式合振动方程；

(2) $x=l/4$ 处介质质点的余弦形式速度表达式.

33. 一弦上驻波函数为 $y=0.02\cos 5\pi x\cos 100\pi t$ (SI)，求：(1) 组成此驻波的两行波的振幅和波速为多少？(2) 节点间的距离为多大？

第7章 气体动理论

7.1 基本要求

一、了解气体分子热运动的图像.理解平衡态、平衡过程、理想气体等概念.理解理想气体微观模型.

二、理解理想气体的物态方程和压强公式并会做相应计算,能从宏观和微观两方面理解压强和温度的统计意义.

三、了解自由度概念,理解能量均分定理,掌握计算刚性气体分子的平均平动动能、平均转动动能及平均动能,掌握理想气体内能的概念、公式及有关计算.

四、理解麦克斯韦速率分布律、速率分布函数和速率分布曲线的物理意义.会计算气体分子热运动的三种统计速度.

7.2 内容提要

一、基本概念和物理量

1. 基本概念

(1) 宏观量和微观量

宏观量:描述大量作热运动的分子构成的气体整体状态的物理量,如体积、压强、温度;

微观量:描述气体中个别分子的物理量,如分子质量、分子速度、分子能量等.

(2) 摄氏温度 t 和热力学温度 T 之间的关系:$T(K)=t(℃)+273.15$.

(3) 平衡态:不受外界影响条件下,系统宏观性质不随时间改变的状态.

(4) 热力学第零定律:如果系统 A 和系统 B 分别都与系统 C 的同一状态处于热平衡,那么 A 和 B 接触时,它们也必定处于热平衡.

(5) 分子运动的基本特征

① 无序性——单个分子的运动杂乱无序,任意两个分子的运动也不相同;

② 统计性——大量分子整体运动存在一定的统计规律.

(6) 理想气体分子微观模型的三个假设

① 分子本身大小与分子间平均距离相比可忽略,分子被当作质点;

② 除碰撞瞬间外,不考虑分子间的相互作用;

③ 分子间以及分子与器壁间的碰撞为完全弹性碰撞.

2. 基本物理量

(1) 分子数密度 n:单位体积内的分子数 $n=\frac{N}{V}$

(2) 分子质量 m:组成分子的各原子的质量之和 $m=\frac{M}{N_A}$

(3) 质量密度 ρ:单位体积内的气体质量 $\rho=\frac{m'}{V}=\frac{mN}{V}=mn$

(4) 物质的量 ν:气体所含分子数与阿伏伽德罗常数之比 $\nu=\frac{N}{N_A}=\frac{m'}{M}$

式中 M 为气体摩尔质量,N_A 为阿伏伽德罗常数.

二、能量均分定理

气体处于平衡态时,分子任何一个自由度的平均能量都相等,均为$\frac{1}{2}kT$.

刚性分子能量自由度

自由度 分子	t 平动自由度	r 转动自由度	i 总自由度
单原子分子	3	0	3
双原子分子	3	2	5
多原子分子	3	3	6

三、理想气体基本公式

1. 物态方程(平衡态)

$pV=\nu RT, p=nkT$

2. 气体压强微观公式

$$p=\frac{1}{3}nm\overline{v^2}=\frac{2}{3}n\bar{\varepsilon}_k=\frac{1}{3}\rho\overline{v^2}$$

微观本质:大量分子对器壁的碰撞所产生,表示单位时间内气体分子作用于器壁单位面积上的平均冲量.

3. 分子的平均能量

(1) 单原子分子：分子平均能量$\bar{\varepsilon}$=分子平均平动动能$\bar{\varepsilon}_{kt}$

$$\bar{\varepsilon}=\bar{\varepsilon}_{kt}=\frac{1}{2}m\overline{v^2}=\frac{3}{2}kT$$

(2) 刚性双原子分子：分子平均能量$\bar{\varepsilon}$=分子平均平动动能$\bar{\varepsilon}_{kt}$+分子平均转动动能$\bar{\varepsilon}_{kr}$

$$\bar{\varepsilon}=\bar{\varepsilon}_{kt}+\bar{\varepsilon}_{kr}=\frac{3}{2}kT+\frac{2}{2}kT=\frac{5}{2}kT$$

4. 内能公式

$$E=N\cdot\frac{i}{2}kT=\frac{i}{2}NkT=\frac{i}{2}PV=\frac{i}{2}\nu RT$$

四、麦克斯韦速率分布律

1. 麦克斯韦速率分布函数

$$f(v)=\frac{1}{N}\frac{\mathrm{d}N}{\mathrm{d}v}=4\pi\left(\frac{m}{2\pi kT}\right)^{3/2}\mathrm{e}^{-\frac{mv^2}{2kT}}v^2$$

说明：(1) $f(v)$物理意义：速率在 v 附近单位速率区间内的分子数占总分子数的比率.

(2) $f(v)\mathrm{d}v=\frac{\mathrm{d}N}{N}$物理意义：速率在 $v\to v+\mathrm{d}v$ 区间内的分子数占总分子数的比率.

(3) 归一化条件：$\int_0^\infty f(v)\mathrm{d}v=1$

2. 三种统计速率

(1) 最概然速率 v_p：与 $f(v)$极大值对应的速率

$$v_p=\sqrt{\frac{2kT}{m}}=\sqrt{\frac{2RT}{M}}=1.41\sqrt{\frac{RT}{M}}$$

(2) 平均速率$\bar{v}$：大量气体分子速率的统计平均值

$$\bar{v}=\sqrt{\frac{8kT}{\pi m}}=\sqrt{\frac{8RT}{\pi M}}=1.59\sqrt{\frac{RT}{M}}$$

(3) 方均根速率$\sqrt{\overline{v^2}}$：大量气体分子速率平方平均值的平方根值

$$\sqrt{\overline{v^2}}=\sqrt{\frac{3kT}{m}}=\sqrt{\frac{3RT}{M}}=1.73\sqrt{\frac{RT}{M}}$$

注意，以上三式中$\sqrt{\frac{RT}{M}}$还可以化为$\sqrt{\frac{RT}{M}}=\sqrt{\frac{\nu RT}{\nu M}}=\sqrt{\frac{pV}{m'}}=\sqrt{\frac{p}{\rho}}$.

五、平均碰撞频率和平均自由程

$$\overline{Z}=\sqrt{2}\,n\pi d^2\,\overline{v},\overline{\lambda}=\frac{kT}{\sqrt{2}\,\pi d^2 p}$$

气体动理论从物质的微观结构出发，运用统计方法研究气体的热现象，通过寻求宏观量与微观量之间的关系，阐明气体的一些宏观性质和规律.主要研究对象是理想气体，求解这部分习题主要围绕以下三个方面：(1) 理想气体物态方程、压强公式和能量均分定理的应用；(2) 麦克斯韦速率分布率的应用；(3) 有关分子碰撞平均自由程和平均碰撞频率.

7.3　典型例题

例 1　计算氢气和氧气(视为刚性分子)在 $T=27$℃时的最概然速率，方均根速率，平均速率，分子的平均平动动能及分子的平均动能.

解　这是气体动理论中的典型题目类型.要做这道题目，必须明确和分清算术平均速率、方均根速率、最概然速率的物理意义，并且要利用三种速率相应的公式来求解.

对 H_2 而言：

最概然速率：$v_p=\sqrt{\dfrac{2kT}{m}}=\sqrt{\dfrac{2RT}{M}}=\sqrt{\dfrac{8.31\times2\times300}{2\times10^{-3}}}=1\,579$ m/s

方均根速率：$v_{rms}=\sqrt{\overline{v^2}}=\sqrt{\dfrac{3RT}{M}}=\sqrt{\dfrac{3\times8.31\times300}{2\times10^{-3}}}=1\,934$ m/s

平均速率：$\overline{v}=\sqrt{\dfrac{8RT}{\pi M}}=\sqrt{\dfrac{8\times8.31\times300}{3.14\times2\times10^{-3}}}=1\,782$ m/s

分子的平均平动动能：$\overline{\varepsilon}_k=\dfrac{3}{2}kT=1.38\times10^{-23}\times1.5\times300=6.21\times10^{-21}$ J

分子的平均动能：$\overline{\varepsilon}_k=\dfrac{5}{2}kT=1.38\times10^{-23}\times1.5\times300=1.04\times10^{-20}$ J

对 O_2 而言：

最概然速率：$v_p=\sqrt{\dfrac{2kT}{m}}=\sqrt{\dfrac{2RT}{M}}=\sqrt{\dfrac{8.31\times2\times300}{32\times10^{-3}}}=394.7$ m/s

方均根速率：$v_{rms}=\sqrt{\overline{v^2}}=\sqrt{\dfrac{3RT}{M}}=\sqrt{\dfrac{3\times8.31\times300}{32\times10^{-3}}}=837.4$ m/s

平均速率：$\overline{v}=\sqrt{\dfrac{8RT}{\pi M}}=\sqrt{\dfrac{8\times8.31\times300}{3.14\times32\times10^{-3}}}=445.4$ m/s

分子的平均平动动能：$\overline{\varepsilon}_k=\dfrac{3}{2}kT=1.38\times10^{-23}\times1.5\times300=6.21\times10^{-21}$ J

分子的平均动能：$\overline{\varepsilon}_k=\frac{5}{2}kT=1.38\times10^{-23}\times2.5\times300=1.04\times10^{-20}$ J

由此可知，任何理想气体，在同一温度下，三种速率随分子量增加而减小，而它们的分子平均平动动能都是相同的.

7.4　习题选解

7-6　在湖面下 50.0 m 深处(温度为 4.0℃)，有一个体积为 1.0×10^{5} m^3 的空气泡升到湖面上来.若湖面的温度为 17.0℃，求气泡到达湖面的体积.(取大气压强为 $p_0=1.013\times10^5$ Pa)

分析　将气泡看成是一定量的理想气体，它位于湖底和上升至湖面代表两个不同的平衡状态.利用理想气体物态方程即可求解本题.位于湖底时，气泡内的压强可用公式 $p=p_0+\rho gh$ 求出，其中 ρ 为水的密度(常取 $\rho=1.0\times10^3$ kg·m^{-3}).

解　设气泡在湖底和湖面的状态参量分别为(p_1,V_1,T_1)和(p_2,V_2,T_2).由分析知湖底处压强为 $p_1=p_2+\rho gh=p_0+\rho gh$，利用理想气体的物态方程

$$\frac{p_1V_1}{T_1}=\frac{p_2V_2}{T_2}$$

可得空气泡到达湖面的体积为

$$V_2=\frac{p_1T_2V_1}{p_2T_1}=\frac{(p_0+\rho gh)T_2V_1}{p_0T_1}=6.11\times10^{-5}\ \text{m}^3$$

7-7　一容器内储有氧气，其压强为 1.01×10^5 Pa，温度为 27℃，求：(1) 气体分子的数密度；(2) 氧气的密度；(3) 分子的平均平动动能；(4) 分子间的平均距离.(设分子间均匀等距排列)

解　在题中压强和温度的条件下，氧气可视为理想气体.因此，可由理想气体的物态方程、密度的定义以及分子的平均平动动能与温度的关系等求解.又因可将分子看成是均匀等距排列的，故每个分子占有的体积为 $V_0=\overline{d}^3$，由数密度的含意可知 $V_0=1/n$，$\overline{d}$即可求出.

(1) 单位体积分子数

$$n=\frac{p}{kT}=2.44\times10^{25}\ \text{m}^3$$

(2) 氧气的密度

$$\rho=m/V=\frac{pM}{RT}=1.30\ \text{kg}\cdot\text{m}^{-3}$$

(3) 氧气分子的平均平动动能

$$\overline{\varepsilon}_k=3kT/2=6.21\times10^{-21}\ \text{J}$$

(4) 氧气分子的平均距离

$$\overline{d}=\sqrt[3]{1/n}=3.45\times10^{-9}\ \mathrm{m}$$

通过对本题的求解，我们可以对通常状态下理想气体的分子数密度、平均平动动能、分子间平均距离等物理量的数量级有所了解.

7-11 在容积为 $2.0\times10^{-3}\ \mathrm{m^3}$ 的容器中，有内能为 6.75×10^{2} J 的刚性双原子分子某理想气体.(1) 求气体的压强；(2) 设分子总数为 5.4×10^{22}个，求分子的平均平动动能及气体的温度.

解 (1) 一定量理想气体的内能 $E=\frac{m'}{M}\frac{i}{2}RT$，对刚性双原子分子而言，$i=5$.由上述内能公式和理想气体物态方程 $pV=\nu RT$ 可解出气体的压强.(2) 求得压强后，再依据题给数据可求得分子数密度，则由公式 $p=nkT$ 可求气体温度.气体分子的平均平动动能可由$\overline{\varepsilon}_k=3kT/2$ 求出.

(1) 由 $E=\nu\frac{i}{2}RT$ 和 $pV=\nu RT$ 可得气体压强

$$p=\frac{2E}{iV}=1.35\times10^{5}\ \mathrm{Pa}$$

(2) 分子数密度 $n=N/V$，则该气体的温度

$$T=\frac{p}{nk}=\frac{pV}{Nk}=3.62\times10^{2}\ \mathrm{K}$$

气体分子的平均平动动能为

$$\overline{\varepsilon}_k=\frac{3}{2}kT=7.49\times10^{-21}\ \mathrm{J}$$

7-17 有 N 个质量均为 m 的同种气体分子，它们的速率分布如图 7-1 所示.(1) 说明曲线与横坐标所包围的面积的含义；(2) 由 N 和 v_0 求 a 值；(3) 求在速率 $v_0/2$ 到 $3v_0/2$ 间隔内的分子数；(4) 求分子的平均平动动能.

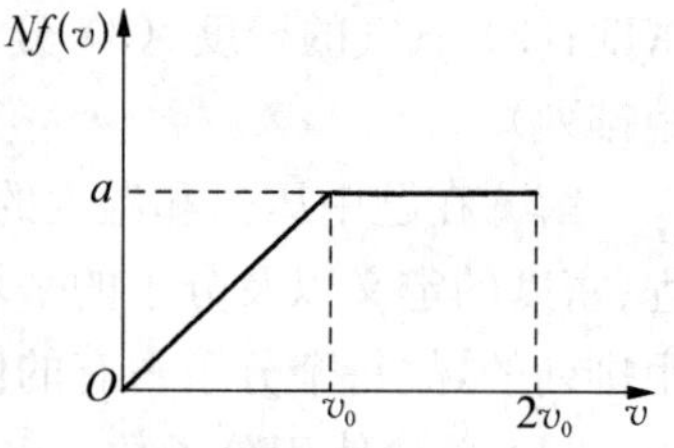

图 7-1

解 处理与气体分子速率分布曲线有关的问题时，关键要理解分布函数 $f(v)$的物理意义.$f(v)=\frac{\mathrm{d}N}{N\mathrm{d}v}$，题中纵坐标 $Nf(v)=\mathrm{d}N/\mathrm{d}v$，即处于速率 v 附近单位速率区间内的分子数.同时要掌握 $f(v)$的归一化条件，即$\int_0^{\infty}f(v)\mathrm{d}v=1$. 在此基础上，根据分布函数并运用数学方法(如函数求平均值或极值等)，即可求解本题.

(1) 由于分子所允许的速率在 0 到 $2v_0$ 的范围内，由归一化条件可知图中曲线下的面积

$$S=\int_0^{2v_0}Nf(v)\mathrm{d}v=N$$

即曲线下面积表示系统分子总数 N.

(2) 从图中可知，在 0 到 v_0 区间内，$Nf(v)=av/v_0$；而在 0 到 $2v_0$ 区间，$Nf(v)=a$.则

利用归一化条件有

$$N=\int_0^{v_0}\frac{av}{v_0}\mathrm{d}v+\int_{v_0}^{2v_0}a\,\mathrm{d}v$$

所以
$$a=\frac{2N}{3v_0}$$

(3) 速率在 $v_0/2$ 到 $3v_0/2$ 间隔内的分子数为

$$\Delta N=\int_0^{v_0}\frac{av}{v_0}\mathrm{d}v+\int_{v_0}^{3v_0/2}a\,\mathrm{d}v=\frac{7N}{12}$$

(4) 分子速率平方的平均值按定义为

$$\overline{v^2}=\int_0^{\infty}v^2\frac{\mathrm{d}N}{N}=\int_0^{\infty}v^2 f(v)\mathrm{d}v$$

故分子的平均平动动能为

$$\bar{\varepsilon}_k=\frac{1}{2}m\,\overline{v^2}=\frac{1}{2}m\left[\int_0^{v_0}\frac{a}{Nv_0}v^3\mathrm{d}v+\int_{v_0}^{2v_0}\frac{a}{N}v^2\mathrm{d}v\right]=\frac{31}{36}mv_0^2$$

7.5　综合训练

一、选择题

1. $f(v)$为麦克斯韦分子速率分布函数，那么$\int_{v_1}^{v_2}f(v)\mathrm{d}v$ 表示(　　)

(A) 速率在 v_1—v_2 之间的分子数

(B) 速率在 v_1—v_2 之间的分子数占总分子数的百分比

(C) 速率在 v_1—v_2 之间的平均速率

(D) 无明确物理意义

2. 氧分子(O_2)气体的绝对温度提高一倍，离解为氧原子(O)气体，那么后者平均速率是前者的多少倍(　　)

(A) 4 倍　　(B) $\sqrt{2}$ 倍　　(C) 2 倍　　(D) $1/\sqrt{2}$ 倍

3. 如图 7-2 所示，在两个大小不同的容器中，分别装有氧气和氢气，当温度相同时，水银滴静止不动，试问此时这两种气体的密度哪个大(　　)

(A) 氧气密度大　　(B) 氢气密度大

(C) 密度一样大　　(D) 无法判断

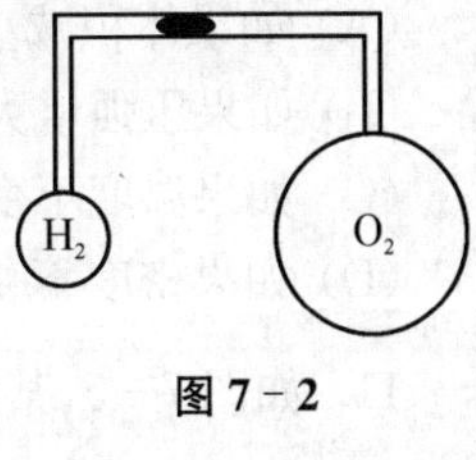

图 7-2

4. 若某种气体在平衡温度 T_2 时的最概然速率与它在平衡温度 T_1 时的方均根速率相等,那么这两个温度之比 $T_1:T_2$ 为(　　)

(A) 2∶3　　(B) $\sqrt{3}:\sqrt{2}$　　(C) 7∶8　　(D) $\sqrt{8}:\sqrt{7}$

5. 速率分布函数 $f(v)$的物理意义为(　　)

(A) 具有速率 v 的分子占总分子数的百分比

(B) 速率分布在 v 附近的单位速率间隔中的分子数占总分子数的百分比

(C) 具有速率 v 的分子数

(D) 速率分布在 v 附近的单位速率间隔中的分子数

6. 根据经典的能量按自由度均分原理,每个自由度的平均能量为(　　)

(A) $kT/4$　　(B) $kT/3$　　(C) $kT/2$　　(D) $3kT/2$　　(E) kT

7. 有两个容器,一个盛氢气,另一个盛氧气,如果这两种气体分子的均方根的速率相等,那么由此可以得出什么结论(　　)

(A) 氧气的温度比氢气的高　　(B) 氢气的温度比氧气的高

(C) 两种气体的温度相同　　(D) 氢气的压强比氧气的高

(E) 两种气体的压强相同

8. 图 7－3 表示了室温是一种气体分子在室温时的速率分布,v_p 为室温时气体分子的最可几速率,而 n_p 表示在速率 v_p 附近单位速率区间内的气体分子数,若该气体的温度降低,则 n_p 和 v_p 将如何变化(　　)

(A) v_p 不变而 n_p 变大

(B) v_p 变小而 n_p 变大

(C) v_p 不变而 n_p 变小

(D) v_p 变大而 n_p 保持不变

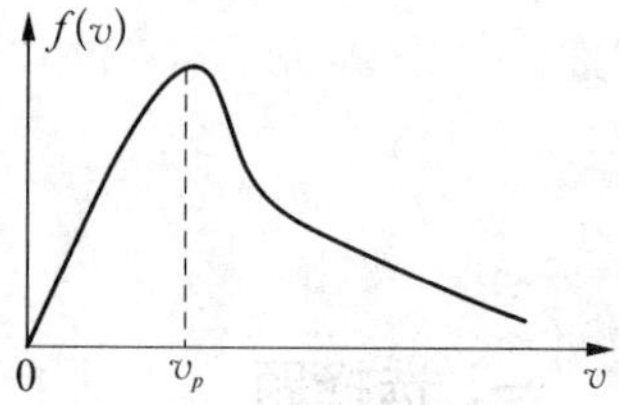

图 7－3

9. 处于 0℃和一个大气压下的 1 mol 单原子理想气体,放在图 7－4 所示的容器的 A 室中,另一室 B 完全真空,两室体积均为 V.现将 A 与 B 之间的隔板抽掉,则 A 室中气体将向 B 室膨胀,气体内能改变多少(　　)

(A) 38 J

(B) －25.2 J

(C) －133 J

(D) 0 J

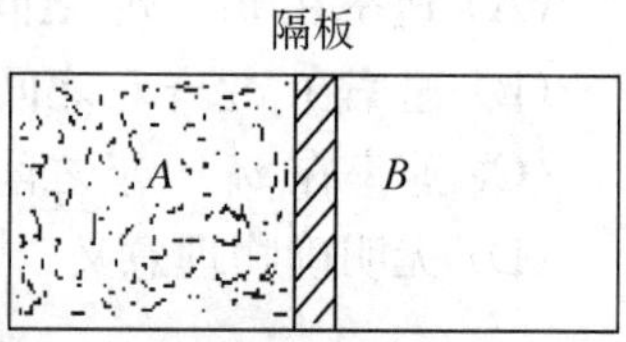

图 7－4

10. 对于一定质量的理想气体,以下哪个说法是正确的(　　)

(A) 如果体积减小,气体分子在单位时间内作用于器壁单位面积的总冲量一定增大

(B) 如果压强增大,气体分子在单位时间内作用于器壁单位面积的总冲量一定增大

(C) 如果温度不变,气体分子在单位时间内作用于器壁单位面积的总冲量一定不变

(D) 如果密度不变,气体分子在单位时间内作用于器壁单位面积的总冲量一定不变

11. 如图 7－5,某容器内分子数密度为 $10^{26}/\text{m}^3$,每个分子的质量为 3×10^{-27} kg,若其

中的 1/6 以速度 $v=2\,000$ m/s 垂直的向容器的一壁运动，而其余 5/6 的分子或离开该壁或离开壁且垂直向上运动.并假设分子与器壁间是完全弹性碰撞的，碰撞的分子作用于器壁的压强为多少 N/m^2(　　)

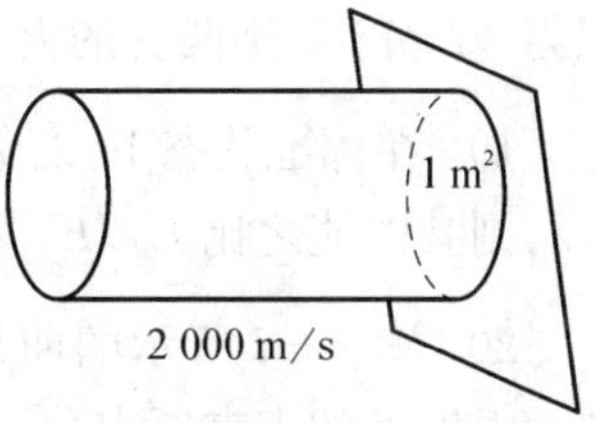

图 7－5

(A) 1.2×10^5

(B) 2.0×10^5

(C) 4.0×10^5

(D) 2.0×10^6

*12. 某人造卫星测定太阳系内星际空间中物质的密度时，测得氢分子的数密度为 $15/cm^3$，若氢分子的有效直径为 3.57×10^{-9} cm，试问在这条件下，氢分子的平均自由程为多少 m(　　)

(A) 1　　(B) 1.5×10^3　　(C) 1.5×10^8

(D) 1.18×10^{13}

*13. 气体的导热系数 K 和粘滞系数 η 与压强 p 的关系(　　)

① 在任何情况下，K 和 η 与 p 成正比　② 在常压情况下，K 和 η 与 p 成正比

③ 在低压情况下，K 和 η 与 p 成正比　④ 在低压情况下，K 和 η 与 p 无关

⑤ 在常压情况下，K 和 η 与 p 无关

(A) ②④　　(B) ③⑤　　(C) ②⑤　　(D) ①③

△14. 把内能为 U_1 的 1 mol 氢气和内能为 U_2 的 1 mol 的氦气相混合，在混合过程中与外界不发生任何能量的交换.若这两种气体视为理想气体，那么达到平衡后混合气体的温度为(　　)

(A) $\dfrac{U_1+U_2}{3R}$　　(B) $\dfrac{U_1+U_2}{4R}$

(C) $\dfrac{U_1+U_2}{5R}$　　(D) 条件不足，难以确定

15. 如图 7－6 所示为麦克斯韦速率分布曲线，图中 A、B 两部分面积相等，则该图表示(　　)

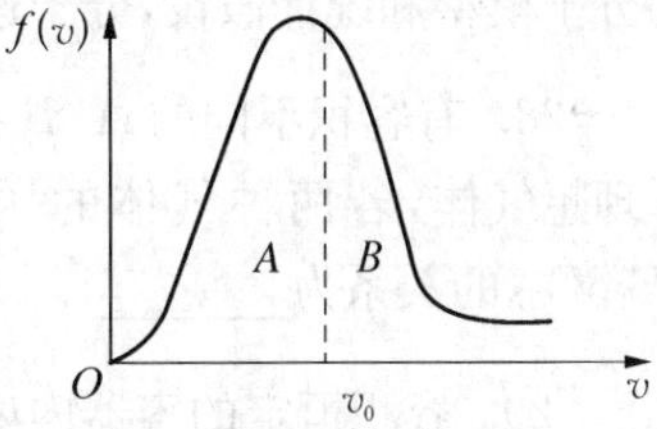

图 7－6

(A) v_0 为最概然速率

(B) v_0 为平均速率

(C) $v_{为}$ 方均根速率

(D) 速率大于和小于 v_0 的分子数各占一半

二、填空题

16. 压强为 p、体积为 V 的氢气(视为刚性分子理想气体)的内能为________.

17. 一容器内装有 N_1 个单原子理想气体分子和 N_2 个刚性双原子理想气体分子，当该系统处在温度为 T 的平衡态时，其内能为________.

18. 一个容器内贮有 1 摩尔氢气和 1 摩尔氦气，若两种气体各自对器壁产生的压强分别

记为 p_1 和 p_2，则两者的大小关系是________.

19. 在标准状态下，若氧气（视为刚性双原子分子的理想气体）和氦气的体积比 $V_1/V_2 = 1/2$，则其内能之比 E_1/E_2 为________.

20. 图 7－7 所示的曲线分别表示了氢气和氦气在同一温度下的麦克斯韦分子速率的分布情况.由图可知：氦气分子的最概然速率为________，氢气分子的最概然速率为________.

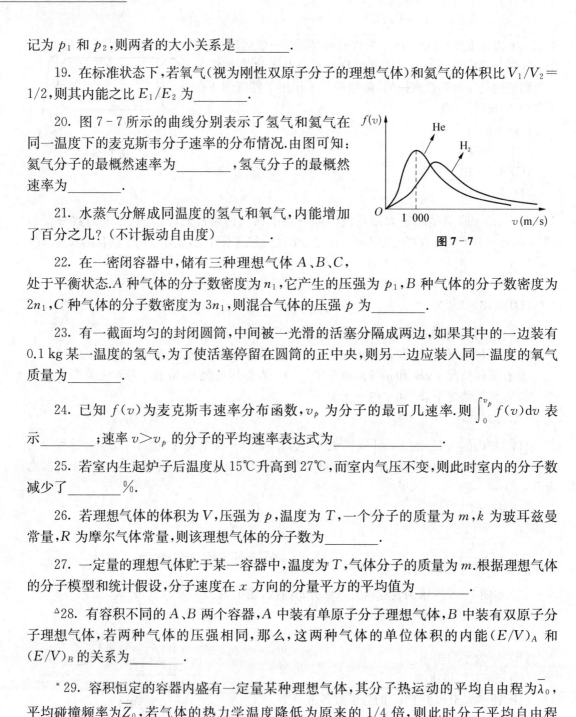

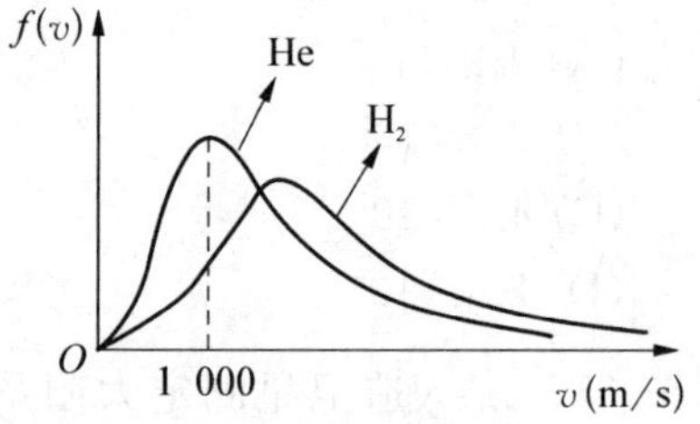

图 7－7

21. 水蒸气分解成同温度的氢气和氧气，内能增加了百分之几？（不计振动自由度）________.

22. 在一密闭容器中，储有三种理想气体 A、B、C，处于平衡状态.A 种气体的分子数密度为 n_1，它产生的压强为 p_1，B 种气体的分子数密度为 $2n_1$，C 种气体的分子数密度为 $3n_1$，则混合气体的压强 p 为________.

23. 有一截面均匀的封闭圆筒，中间被一光滑的活塞分隔成两边，如果其中的一边装有 0.1 kg 某一温度的氢气，为了使活塞停留在圆筒的正中央，则另一边应装入同一温度的氧气质量为________.

24. 已知 $f(v)$ 为麦克斯韦速率分布函数，v_p 为分子的最可几速率.则 $\int_0^{v_p} f(v)\mathrm{d}v$ 表示________；速率 $v > v_p$ 的分子的平均速率表达式为________________.

25. 若室内生起炉子后温度从 15℃升高到 27℃，而室内气压不变，则此时室内的分子数减少了________%.

26. 若理想气体的体积为 V，压强为 p，温度为 T，一个分子的质量为 m，k 为玻耳兹曼常量，R 为摩尔气体常量，则该理想气体的分子数为________.

27. 一定量的理想气体贮于某一容器中，温度为 T，气体分子的质量为 m.根据理想气体的分子模型和统计假设，分子速度在 x 方向的分量平方的平均值为________.

△28. 有容积不同的 A、B 两个容器，A 中装有单原子分子理想气体，B 中装有双原子分子理想气体，若两种气体的压强相同，那么，这两种气体的单位体积的内能 $(E/V)_A$ 和 $(E/V)_B$ 的关系为________.

*29. 容积恒定的容器内盛有一定量某种理想气体，其分子热运动的平均自由程为 $\overline{\lambda}_0$，平均碰撞频率为 $\overline{Z}_0$，若气体的热力学温度降低为原来的 1/4 倍，则此时分子平均自由程 $\overline{\lambda} =$________，平均碰撞频率 $\overline{Z} =$________.

三、计算题

30. 一容器内某理想气体的温度为 $T = 273\ \mathrm{K}$，压强为 $p = 1.013 \times 10^5\ \mathrm{Pa}$，密度为 $\rho = 1.25\ \mathrm{kg/m^3}$，试求：

(1) 气体分子运动的方均根速率；

(2) 气体的摩尔质量，是何种气体；

(3) 气体分子的平均平动动能和转动动能；

(4) 单位体积内气体分子的总平动动能；

(5) 设该气体有 0.3 mol，气体的内能.

31. 一容积为 $V=1.0\ \mathrm{m^3}$ 的容器内装有 $N_1=1.0\times10^{24}$ 个氧分子和 $N_2=3.0\times10^{24}$ 个氮分子的混合气体，混合气体的压强 $p=2.58\times10^4\ \mathrm{Pa}$.试求：

(1) 分子的平均平动动能；

(2) 混合气体的温度.

32. 一个体积为 V 的容器内盛有质量分别为 m_1 和 m_2 的两种单原子分子气体，在混合气体处于平衡态时，两种气体的内能相等，均为 E.试求：

(1) 两种气体的平均速率之比 $\overline{v}_1\Big/\overline{v}_2$；

(2) 混合气体的平均速率；

(3) 混合气体的压强.

33. 储有氧气（处于标准状态）的容器以速率 $v=100\ \mathrm{m/s}$ 作定向运动，当容器忽然停止运动，全部定向运动的动能都变为气体分子热运动的动能，此时气体的温度和压强为多少？

34. 一容积为 $12.6\times10^{-4}\ \mathrm{m^3}$ 的真空系统已被抽到 1.0×10^{-5} mmHg 的真空.为了提高其真空度，将它放到 500 K 的烘箱内烘烤，使器壁释放出所吸附的气体.若烘烤后压强增为 1.0×10^{-2} mmHg，试求器壁释放出的分子数.

35. 体积为 $V=1.20\times10^{-2}\ \mathrm{m^3}$ 的容器中储有氧气，其压强 $p=8.31\times10^5\ \mathrm{Pa}$，温度为 $T=300\ \mathrm{K}$，求：

(1) 单位体积中的分子数 n；(2) 分子的平均平动动能；(3) 气体的内能.

36. 容器内装有质量为 0.1 kg 的氧气，压强为 1×10^6 Pa，温度为 47℃.因为容器漏气，经过若干时间后，压强降为原来的 $\dfrac{5}{8}$，温度降到 27℃.问：(1) 容器的容积；(2) 漏掉气体的质量.

37. 若大量粒子的速率分布曲线如图 7 - 8 所示（当 $v>v_0$ 时，粒子数为零）.

(1) 由 v_0 确定常数 C；

(2) 求粒子的平均速率和方均根速率.

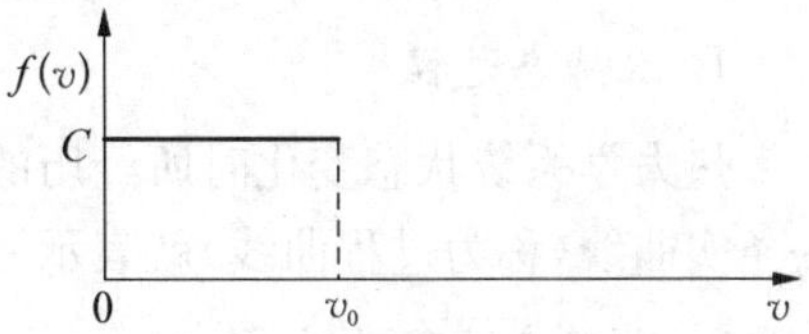

图 7 - 8

38. 在 300 K 时，空气中速率在(1) v_p 附近；(2) $10v_p$ 附近，单位速率区间($\Delta v=1$ m/s)的分子数占分子总数的百分比各是多少？(3) 平均来讲，10^5 mol 的空气中上述区间的分子数又各是多少？(空气的摩尔质量按 29 g/mol 计).

39. 20 个质点的速率如下：2 个具有速率 v_0，3 个具有速率 $2v_0$，5 个具有速率 $3v_0$，4 个具有速率 $4v_0$，3 个具有速率 $5v_0$，2 个具有速率 $6v_0$，1 个具有速率 $7v_0$，求：(1) 最概然速率；(2) 方均根速率；(3) 平均速率.

第 8 章　热力学基础

8.1　基本要求

一、掌握内能、功和热量等概念.理解准静态过程.

二、掌握热力学第一定律,能分析计算理想气体在等体、等压、等温和绝热过程中的功、热量和内能的改变量.

三、理解循环意义和循环过程中的能量转换关系,会计算以理想气体为工作物质的简单热机循环效率.

四、了解可逆过程和不可逆过程,了解热力学第二定律和熵增加原理.

8.2　内容提要

一、基本概念

1. 准静态过程

热力学系统状态变化时所经历的每一个中间状态均可当作平衡态的过程.在 $p-V$ 图上一条实曲线(称为过程曲线)就表示一个准静态过程.

2. 准静态过程的功 W

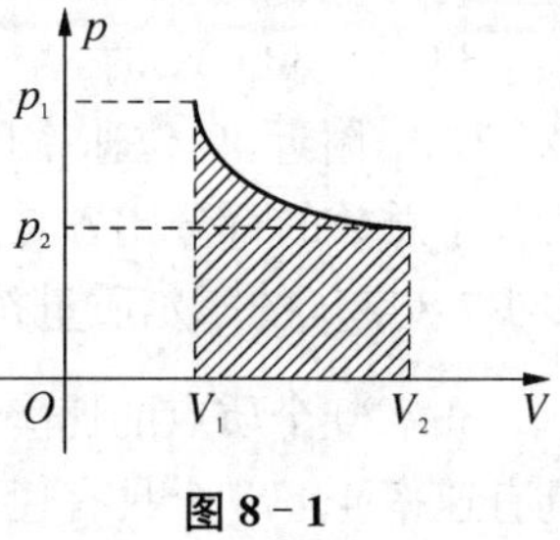

图 8－1

(1) 计算公式 $W=\int_{V_1}^{V_2} p\,\mathrm{d}V$

$W>0$:气体膨胀对外界做正功;

$W<0$:气体被压缩对外界做负功.

(2) 几何意义:气体所做的功等于 $p-V$ 图上过程曲线下的面积(图中斜线所示).

(3) W 与路径有关,不是状态函数,是过程量.

3. 热量 Q

高温物体向低温物体传递的能量.热量是过程量.

虽然功和热量都是过程量,但对给定的始、末状态,传递热量与做功的总和却与路径或过程无关.

4. 理想气体的摩尔热容

(1) 摩尔定体热容 $C_{V,m}$:1 mol 理想气体在体积不变的条件下温度升高 1 K 所吸收的热量 $C_{V,m}=\frac{i}{2}R$

(2) 摩尔定压热容 $C_{P,m}$:1 mol 理想气体在压强不变的条件下温度升高 1 K 所吸收的热量 $C_{P,m}=C_{V,m}+R=\left(\frac{i}{2}+1\right)R$

(3) 比热容比 γ:$\gamma=\frac{C_{P,m}}{C_{V,m}}=\frac{i+2}{i}$

5. 理想气体内能 E

不考虑分子间相互作用时,理想气体内能只是分子的无规则热运动的能量总和,是温度的单值函数.内能是状态量.

理想气体处于状态(p,V)或 T 时内能计算公式:

$$E=\nu\,\frac{i}{2}RT=\frac{i}{2}PV=\nu C_{V,m}T$$

理想气体处于两不同状态时的内能差为:

$$\Delta E=\nu\,\frac{i}{2}R\Delta T=\frac{i}{2}(p_2V_2-p_1V_1)=\nu C_{V,m}\Delta T$$

注意:(1) 计算公式应根据具体问题给定的条件灵活选取使用;

(2) 改变理想气体内能的途径只有做功和传热两种方式.

二、热力学第一定律

1. 热力学第一定律

系统从外界吸收的热量,一部分使系统的内能增加,另一部分使系统对外界做功.

有限过程 $Q=\Delta E+W$;无限小过程 $\mathrm{d}Q=\mathrm{d}E+\mathrm{d}W$

符号规定:系统吸热 $Q>0$,放热 $Q<0$;系统对外做功 $W>0$,外界对系统做功 $W<0$.

2. 热力学第一定律在理想气体四种准静态过程中的应用

(1) 理想气体准静态过程热力学第一定律表达式

有限过程　　$Q=\nu\,C_{V,m}(T_2-T_1)+\int_{V_1}^{V_2}p\,\mathrm{d}V$

无限小过程　　$\mathrm{d}Q=\nu\,C_{V,m}\,\mathrm{d}T+p\,\mathrm{d}V$

(2) 四种准静态过程功、热量及内能增量计算

过程	等体	等压	等温	绝热
特点	$dV=0$	$dp=0$	$dT=0$	$dQ=0$
方程	$\frac{P}{T}=C$	$\frac{V}{T}=C$	$PV=C$	$PV^{\gamma}=C$
功	0	$P(V_2-V_1)$	$\nu RT\ln\frac{V_2}{V_1}$	$\frac{P_1V_1-P_2V_2}{\nu-1}$ 或$-\nu C_{V,m}(T_2-T_1)$
内能增量	$\nu C_{V,m}(T_2-T_1)$	$\nu C_{V,m}(T_2-T_1)$	0	$\nu C_{V,m}(T_2-T_1)$
热量	$\nu C_{V,m}(T_2-T_1)$	$\nu C_{p,m}(T_2-T_1)$	$\nu RT\ln\frac{V_2}{V_1}$	0

3. 循环过程

系统经过一系列状态变化后又回到原来状态的过程.

(1) 循环可用 $p-V$ 图上的一条闭合曲线表示.

(2) 循环过程特征:$\Delta E=0$

(3) 循环过程分类:正循环:$p-V$ 图上顺时针方向进行的循环;

逆循环:$p-V$ 图上逆时针方向进行的循环.

4. 热机和制冷机

热机:工作物质作正循环的机器,将热量转变为功.

热机效率
$$\eta=\frac{W}{Q_1}=1-\frac{Q_2}{Q_1}$$

制冷机:工作物质作逆循环的机器,利用外界做功将热量由低温处流入高温处.

制冷系数
$$e=\frac{Q_2}{|W|}=\frac{Q_2}{Q_1-Q_2}$$

说明:(1) 对热机,Q_1 为从高温热源吸收的热量,Q_2 为向低温热源放出的热量;W 为热机经历一个正循环后对外做的净功;

(2) 对制冷机,Q_1 为向高温热源放出的热量,Q_2 为从低温热源吸收的热量;W 为制冷机经历一个逆循环后外界对它做的功.

5. 卡诺循环

由两个等温过程和两个绝热过程所组成准静态循环过程.

卡诺热机效率 $\eta=1-\frac{T_2}{T_1}$

卡诺制冷机制冷系数 $e=\frac{T_2}{T_1-T_2}$

说明:T_1 为高温热源温度,T_2 为低温热源温度.

三、热力学第二定律

1. 开尔文表述:不可能制造出这样一种循环工作的热机,它只使单一热源冷却来做功,而不放出热量给其他物体，或者说不使外界发生任何变化.

2. 克劳修斯表述：热量不可能从低温物体自动传到高温物体而不引起外界的变化.

3. 可逆过程与不可逆过程

在系统状态变化过程中，如果逆过程能重复正过程的每一状态，而不引起其他变化，这样的过程叫作可逆过程.反之称为不可逆过程.

4. 热力学第二定律的实质：自然界一切与热现象有关的实际宏观过程都是不可逆的.

8.3　典型例题

例 1　一定量的双原子分子理想气体，其体积和压强按 $pV^2=a$ 的规律变化，其中 a 为已知常数.当气体从体积 V_1 膨胀到 V_2，试求：

(1) 在膨胀过程中气体所做的功；

(2) 内能变化；

(3) 吸收的热量.

解　(1) 根据功的定义，有 $W=\int_{V_1}^{V_2} p\,\mathrm{d}V=\int_{V_1}^{V_2}\frac{a}{V^2}\mathrm{d}V=a\left(\frac{1}{V_1}-\frac{1}{V_2}\right)$

(2) 设气体初态的温度为 T_1，末态为 T_2，双原子分子理想气体的摩尔热容为 $C_{V,m}=\frac{5}{2}R$，则气体内能的变化为

$$\Delta E=\nu C_{V,m}(T_2-T_1)=\frac{5}{2}\nu R(T_2-T_1)=\frac{5}{2}(p_2V_2-p_1V_1)$$

由过程方程 $pV^2=a$ 可得

$$p_2=\frac{a}{V_2^2},p_1=\frac{a}{V_1^2}$$

所以

$$\Delta E=\frac{5}{2}a\left(\frac{1}{V_2}-\frac{1}{V_1}\right)$$

(3) 根据热力学第一定律，系统吸收的热量为

$$Q=\Delta E+W=\frac{3a}{2}\left(\frac{1}{V_2}-\frac{1}{V_1}\right)$$

例 2　ν_1 摩尔的单原子分子理想气体与 ν_2 摩尔的双原子分子理想气体混合组成一种理想气体，已知该混合理想气体在常温下的绝热方程为 $pV^{\frac{11}{7}}=$常量，试求 V_1 与 V_2 的比值 a.（混合气体的比热容比为 $\gamma=1+\frac{(\nu_1+\nu_2)R}{\nu_1C_{V1,m}+\nu_2C_{V2,m}}$）

解 混合气体的比热容比为 $\gamma=1+\dfrac{(\nu_1+\nu_2)R}{\nu_1 C_{\nu_1,m}+\nu_2 C_{V_2,m}}$

对于单原子分子有 $C_{V1,m}=\dfrac{3}{2}R$，对于双原子分子有 $C_{V2,m}=\dfrac{5}{2}R$，将它们代入上式有

$$\gamma=1+\frac{(\nu_1+\nu_2)R}{\nu_1\dfrac{3}{2}R+\nu_2\dfrac{5}{2}R}=1+\frac{2(\nu_1+\nu_2)}{3\nu_1+5\nu_2}=\frac{11}{7}$$

所以
$$\frac{2\left(\dfrac{\nu_1}{\nu_2}+1\right)}{\dfrac{3\nu_1}{\nu_2}+5}=\frac{4}{7}$$

即
$$a=\frac{\nu_1}{\nu_2}=3$$

例 3 如图，一容器被一可移动、无摩擦且绝热的活塞分割成Ⅰ，Ⅱ两部分，活塞不漏气，容器左端封闭且导热，其他部分绝热.开始时在Ⅰ，Ⅱ中各有温度为 0℃，压强 1.013×10^5 Pa 的刚性双原子分子的理想气体.Ⅰ，Ⅱ两部分的容积均为 36 L，现从容器左端缓慢地对Ⅰ中气体加热，使活塞缓慢地向右移动，直到Ⅱ中气体的体积变为 18 L 为止.试求：

(1) Ⅰ中气体末态的压强和温度.

(2) 外界传给Ⅰ中气体的热量.

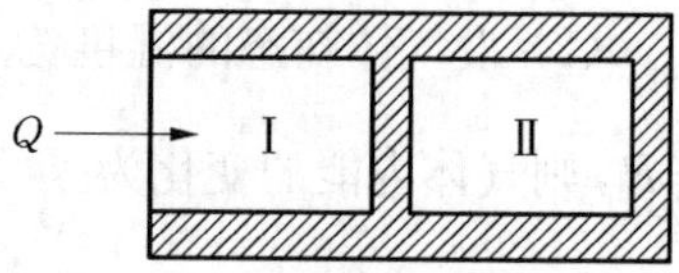

图 8-2

解 由题设可知Ⅰ、Ⅱ中气体初态的压强 $p_0=1.013\times10^5$ Pa，体积 $V_0=36$ L，温度 $T_0=273$ K.设Ⅰ、Ⅱ中气体末态的压强、体积和温度分别为 p_1、V_1、T_1 和 p_2、V_2、T_2.

(1) Ⅱ中气体经历的是绝热过程，则 $p_0V_0^{\gamma}=p_2V_2^{\gamma}$.

刚性双原子分子 $\gamma=(i+2)/i=7/5=1.4$，所以

$$p_2=p_0\,(V_0/V_2)^{\gamma}=2.674\times10^5\ \text{Pa}.$$

因为是平衡过程，故 $p_1=p_2=2.674\times10^5$ Pa，且 $V_1=V_0+\dfrac{1}{2}V_0=54$ L

根据理想气体状态方程得 $T_1=\dfrac{p_1V_1T_0}{p_0V_0}=1.081\times10^3$ K

(2) Ⅰ中气体内能的增量

$$\Delta E_1=\nu C_{V,m}(T_1-T_0)=\nu\,\frac{5}{2}R(T_1-T_0)=\frac{5}{2}(p_1V_1-p_0V_0)=2.69\times10^4\ \text{J}$$

Ⅰ中气体对外做的功 $W_1=\Delta E_2=\dfrac{5}{2}(p_2V_2-p_0V_0)=2.91\times10^3$ J

根据热力学第一定律，Ⅰ中气体吸收的热量

$$Q_1=W_1+\Delta E_1=2.98\times10^4\ \text{J}$$

8.4　习题选讲

8-8　如图 8-3 所示，1 mol 氦气，由状态 $A(p_1, V_1)$ 沿直线变到状态 $B(p_2, V_2)$，求这过程中内能的变化、对外做的功、吸收的热量.

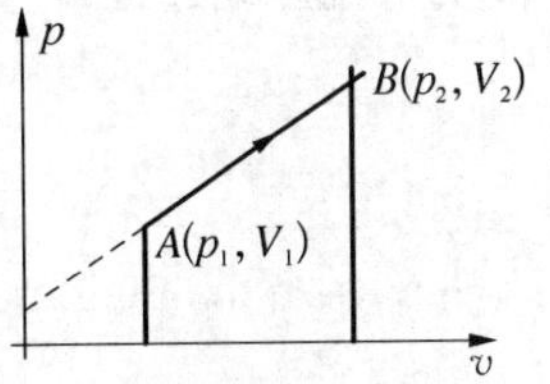

图 8-3

解　功的数值等于 $p-V$ 图中 $A\to B$ 过程曲线下所对应的面积，对一定量的理想气体其内能 $E=\nu\dfrac{i}{2}RT$，氦气为单原子分子，自由度 $i=3$，则 1 mol 氦气内能的变化 $\Delta E=\dfrac{3}{2}R\Delta T$，其中温度的增量 ΔT 可由理想气体物态方程 $pV=\nu RT$ 求出.求出了 $A\to B$ 过程内能变化和做功值，则吸收的热量可根据热力学第一定律 $Q=W+\Delta E$ 求出.

由分析可知，对外做的功为

$$W=\frac{1}{2}(V_2-V_1)(p_2+p_1)$$

内能的变化为

$$\Delta E=\frac{3}{2}R\Delta T=\frac{3}{2}(p_2V_2-p_1V_1)$$

吸收的热量

$$Q=W+\Delta E=2(p_2V_2-p_1V_1)+\frac{1}{2}(p_1V_2-p_2V_1)$$

8-17　图 8-4(a)是某单原子理想气体循环过程的 $V-T$ 图，图中 $V_C=2V_A$.试问：(1) 图中所示循环是代表制冷机还是热机？(2) 如是正循环(热机循环)，求出其循环效率.

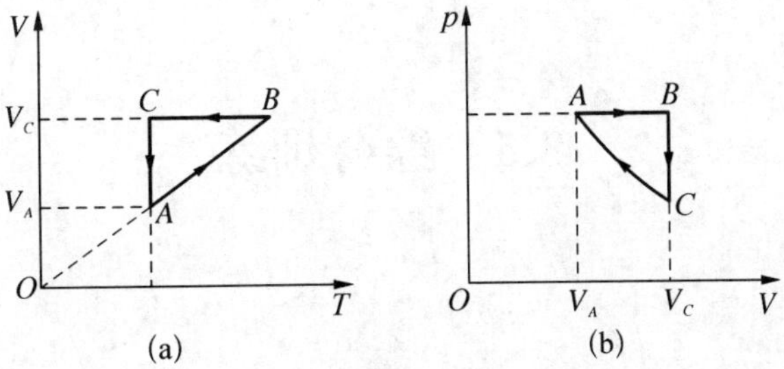

图 8-4

解　以正、逆循环来区分热机和制冷机是针对 $p-V$ 图中循环曲线行进方向而言的.因此，对图(a)中的循环进行分析时，一般要先将其转换为 $p-V$ 图.转换方法主要是通过找每一过程的特殊点，并利用理想气体物态方程来完成.由图(a)可以看出，BC 为等体降温过程，

CA 为等温压缩过程；而对 AB 过程的分析，可以依据图中直线过原点来判别.其直线方程为 $V=KT$，C 为常数.将其与理想气体物态方程 $pV=\nu RT$ 比较可知该过程为等压膨胀过程（注意：如果直线不过原点，就不是等压过程）.这样，就可得出 $p-V$ 图中的过程曲线，并可判别是正循环（热机循环）还是逆循环（制冷机循环）.

（1）将 $V-T$ 图转换为相应的 $p-V$ 图，如图 8-4(b)所示.图中曲线行进方向是正循环，即为热机循环.

（2）根据得到的 $p-V$ 图可知，AB 为等压膨胀过程，为吸热过程.BC 为等体降压过程，CA 为等温压缩过程，均为放热过程.故系统在循环过程中吸收和放出的热量分别为

$$Q_1=\frac{m'}{M}C_{p,m}(T_B-T_A)$$

$$Q_2=\frac{m'}{M}C_{V,m}(T_B-T_A)+\frac{m'}{M}RT_A\ln\frac{V_C}{V_A}$$

CA 为等温线，有 $T_A=T_C$；AB 为等压线，且因 $V_C=2V_A$，则有 $T_A=T_B/2$.对单原子理想气体，其摩尔定压热容 $C_{p,m}=5R/2$，摩尔定容热容 $C_{V,m}=3R/2$.故循环效率为

$$\eta=1-\frac{Q_2}{Q_1}=1-\frac{\frac{3}{2}T_A+T_A\ln 2}{\frac{5T_A}{2}}=1-\frac{3+2\ln 2}{5}=12.3\%$$

8-18 一卡诺热机的低温热源温度为 7℃，效率为 40%，若要将其效率提高到 50%，问高温热源的温度需提高多少？

解 设高温热源的温度分别为 T_1'、T_1''，则有

$$\eta'=1-\frac{T_2}{T_1'},\quad \eta''=1-\frac{T_2}{T_1''}$$

其中 T_2 为低温热源温度.由上述两式可得高温热源需提高的温度为

$$\Delta T=T_1''-T_1'=\left(\frac{1}{1-\eta''}-\frac{1}{1-\eta'}\right)T_2=93.3\ \text{K}$$

8.5 综合训练

一、选择题

1. 一定质量的理想气体从初状态(p_0,V_0)等温膨胀至末状态$(p_1,2V_0)$，做功为 A_1；如果该理想气体从初态(p_0,V_0)，绝热膨胀至末态$(p_2,2V_0)$，做功为 A_2，则此两过程中气体所做的功有如下关系（　　）

(A) $A_1=A_2$　　(B) $A_1>A_2$　　(C) $A_2>A_1$　　(D) 条件不足无法确定

2. 一卡诺热机，工作物质在温度为 127℃和 27℃的两个热源间工作.在一个循环过程中，工作物质从高温热源吸热 600 J，那么它对外做多少净功(　　)

(A) 128 J　　(B) 150 J　　(C) 472 J　　(D) 600 J

3. 一理想气体样品，总质量为 m'，体积为 V，压强为 P，绝对温度为 T，密度为 ρ，总分子数 N，k 为玻尔兹曼常数，R 为气体普适常数，N_0 为阿伏加德罗常数，则分子量表示为(　　)

(A) $\dfrac{pV}{m'RT}$　　(B) $\dfrac{m'KT}{V}$　　(C) $\dfrac{\rho RT}{p}$　　(D) $\dfrac{\rho KT}{p}$

4. 一摩尔单原子理想气体，从初态温度 T_1、压强 p_1、体积 V_1，准静态地等温压缩至体积 V_2，外界需要做多少功(　　)

(A) $RT_1\ln\dfrac{V_2}{V_1}$　　(B) $RT_1\ln\dfrac{V_1}{V_2}$　　(C) $p_1(V_2-V_1)$　　(D) $p_2V_2-p_1V_1$

5. 一物质系统从外界吸收一定的热量，则(　　)

(A) 系统的温度一定升高

(B) 系统的温度一定降低

(C) 系统的温度一定保持不变

(D) 系统的温度可能升高，也可能降低或保持不变

6. 一卡诺制冷机，其热源的绝对温度是冷源的 n 倍.若在制冷过程中，外界作功为 W，那么制冷机向热源放出的热量(　　)

(A) $(n-1)W$　　(B) $\dfrac{1}{n}W$　　(C) $\dfrac{1}{n-1}W$　　(D) $\dfrac{n}{n-1}W$

7. 给定理想气体，从标准状态(P_0，V_0，T_0)开始做绝热膨胀，体积增大到 3 倍.膨胀后温度 T、压强 P 与标准状态时 T_0、P_0 之关系为(γ 为比热比)(　　)

(A) $T=\left(\dfrac{1}{3}\right)^{\gamma}T_0$；$p=\left(\dfrac{1}{3}\right)^{\gamma-1}p_0$　　(B) $T=\left(\dfrac{1}{3}\right)^{\gamma-1}T_0$；$p=\left(\dfrac{1}{3}\right)^{\gamma}p_0$

(C) $T=\left(\dfrac{1}{3}\right)^{-\gamma}T_0$；$p=\left(\dfrac{1}{3}\right)^{\gamma-1}p_0$　　(D) $T=\left(\dfrac{1}{3}\right)^{\gamma-1}T_0$；$p=\left(\dfrac{1}{3}\right)^{-\gamma}p_0$

8. 同一种气体的定压比热 C_P 大于定容比热 C_V，其主要原因是(　　)

(A) 膨胀系数不同　(B) 温度不同　　(C) 气体膨胀需做功　　(D) 分子引力不同

9. 设某热力学系统经历一个由 $c\to d\to e$ 的过程，其中，ab 是一条绝热曲线，e、c 在该曲线上.如图 8－5 所示，由热力学定律可知，该系统在过程中(　　)

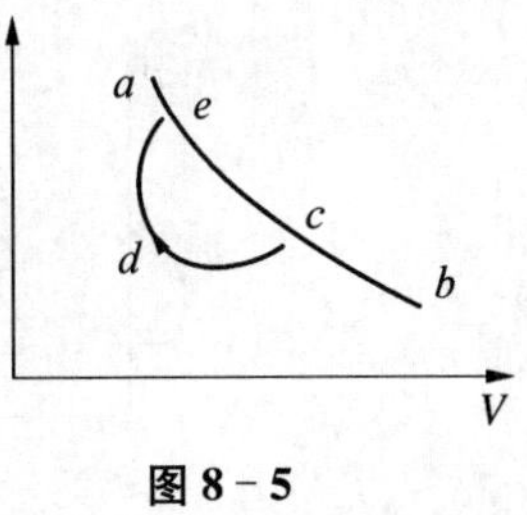

图 8－5

(A) 不断向外界放出热量

(B) 不断从外界吸收热量

(C) 有的阶段吸热，有的阶段放热，整个过程中吸的热量等于放出的热量

(D) 有的阶段吸热，有的阶段放热，整个过程中吸的热量大于放出的热量

10. 分子总数相同的三种理想气体He，O_2 和CH_4，若三种气体从同一初始出发，各自独立地进行等压膨胀，且吸收的热量相等，则终态的体积最大的气体是（　　）

(A) He　　(B) O_2

(C) CH_4　　(D) 三种气体终态的体积相同

11. 已知0℃和1 atm下的单原子理想气体的体积为22.4 L，将该气体绝热压缩至体积16.8 L，需要做多少功（　　）

(A) 330 J　　(B) 223 J　　(C) 91 J　　(D) 719 J

*12. 已知0℃和1 atm下的单原子理想气体的体积为22.4 L，如果该气体是绝热压缩到16.8 L，则熵变为多少 J/K（　　）

(A) −393.9　　(B) 0　　(C) −19.69　　(D) 1.13

13. 两端封闭的内径均匀的玻璃管中有一段水银柱，其两端是空气，当玻璃管水平放置时，两端的空气柱长度相同，此时压强为 p_0.当把玻璃管竖直放置时，上段的空气长度是下段的二倍，则玻璃管中间这一段水银柱的长度厘米数是（　　）

(A) $p_0/4$　　(B) $p_0/2$　　(C) $3p_0/4$　　(D) p_0

14. 图 8-6 是一定质量的理想气体的 $V-T$ 图，箭头表示气体状态变化的次序为 $A\to B\to C\to A$.请在四个 $p-T$ 图中找出相应的循环过程（　　）

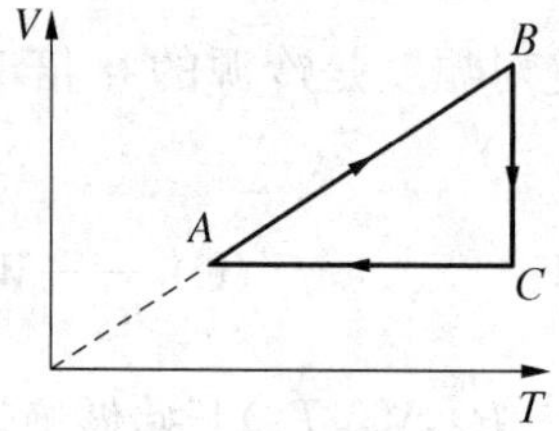

图 8-6

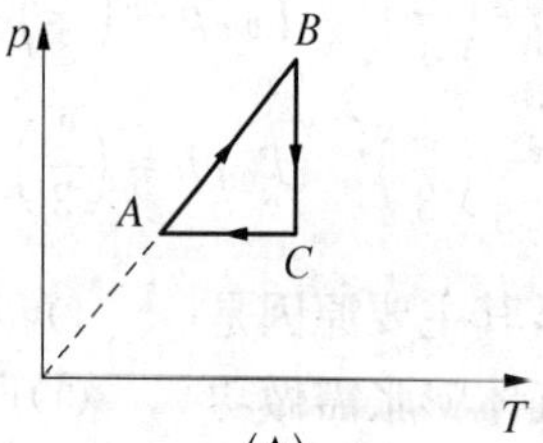

(A)

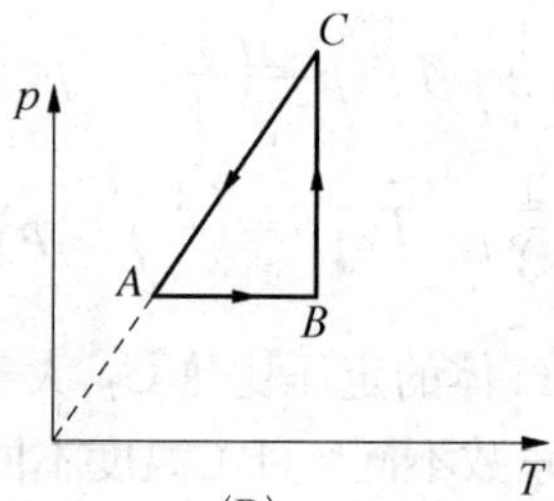

(B)

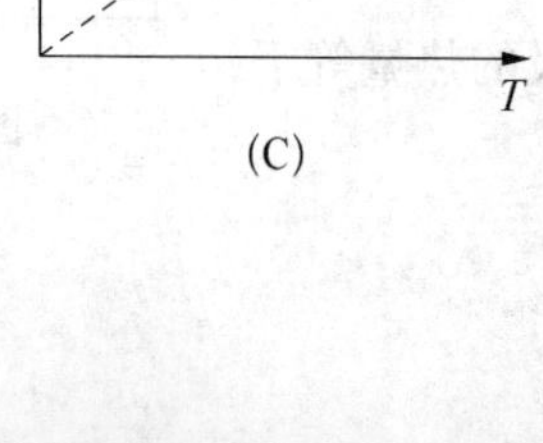

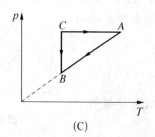

(C)

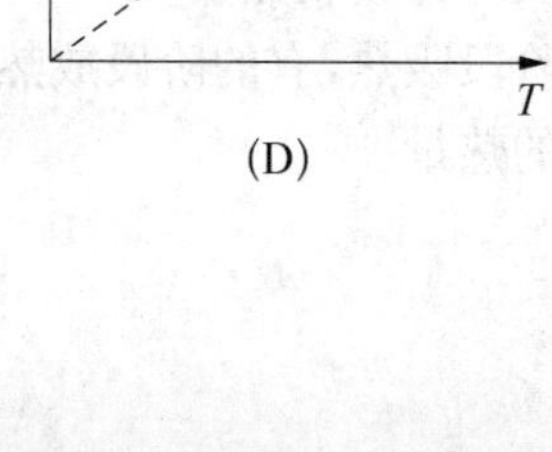

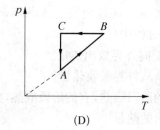

(D)

△15. 哪个图能够描述一定质量的理想气体在可逆绝热过程中密度随压强的变化？（　　）

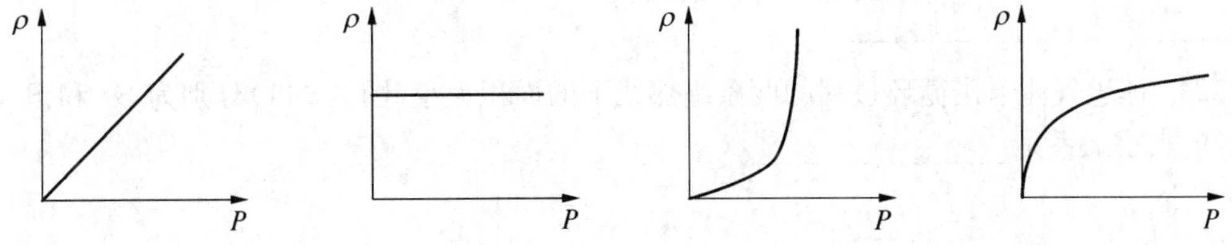

二、填空题

16. 一定量的理想气体，其状态改变在 $p-T$ 图上沿着一条直线从平衡态 a 到平衡态 b（如图 8－7）.可知这是一个________过程.

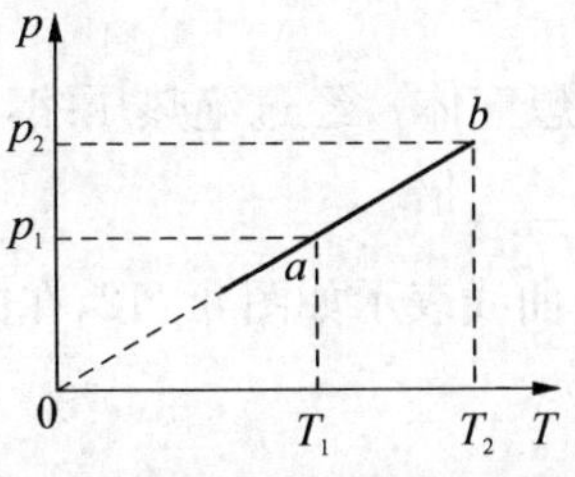

图 8－7

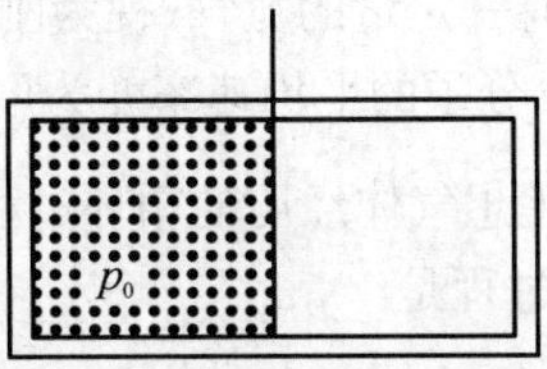

图 8－8

17. 一绝热密闭的容器，用隔板分成相等的两部分，左边盛有一定量的理想气体，压强为 p_0，右边为真空.如图 8－8 所示，今将隔板抽去，气体自由膨胀，当气体达到平衡时，气体的压强是____________.

18. 在相同的温度和压强下，各为单位体积的氢气（视为刚性双原子分子气体）和氦气的内能之比为________，各为单位质量的氢气和氦气的内能之比为________.

19. 如果卡诺热机的循环曲线所包围的面积从图 8－9 中的 $abcda$ 增大为 $ab'c'da$，那么循环 $abcda$ 与 $ab'c'da$ 所做的净功变化情况是________，热机效率变化情况是________.

20. 理想气体经历如图 8－10 中实线所示的循环过程，两条等容线分别和该循环过程曲线相切于 a、c 点，两条等温线分别和该循环过程曲线相切于 b、d，点 a、b、c、d 将该循环过程分成了 ab、bc、cd、da 四个阶段，则该四个阶段中必然放热的阶段为________.

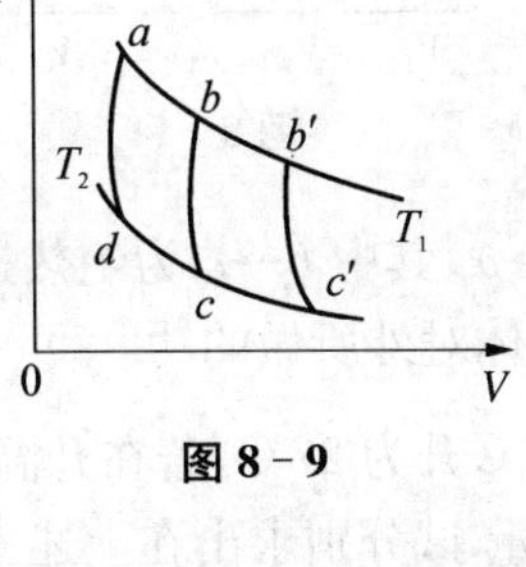

图 8－9

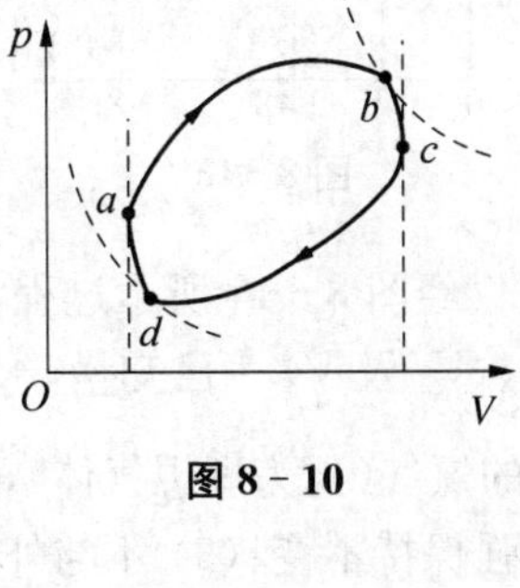

图 8－10

21. 气缸中有一定量的氦气（视为理想气体），经过绝热压缩，体积变为原来的一半，则气体分子的平均速率变为原来的________倍.

22. 热力学第一定律的实质是________________，热力学第二定律指明了____________.

23. 理想气体卡诺循环过程的两条绝热线下的面积大小(图 8-11)分别为 S_1 和 S_2，则二者的大小关系是__________.

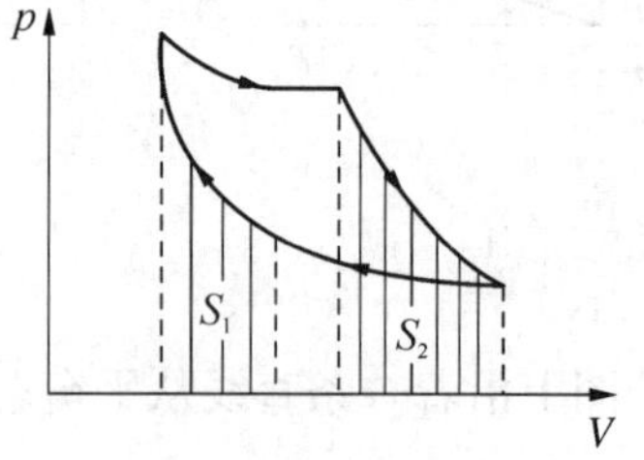

图 8-11

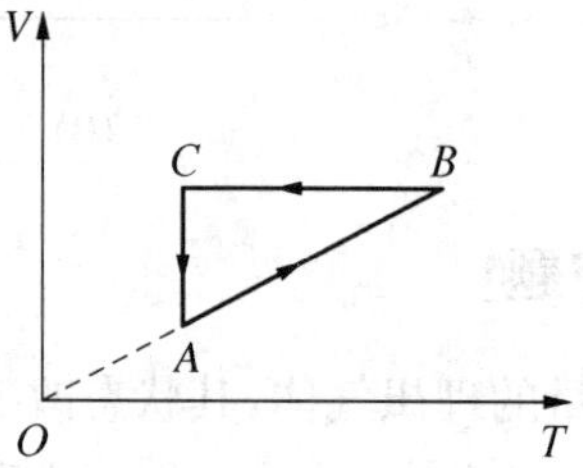

图 8-12

24. 气缸中有一定量的氮气(视为刚性分子理想气体)，经过绝热压缩，使其压强变为原来的 2 倍，则气体分子的平均速率变为原来的______倍.

25. 一定量理想气体经历的循环过程用 $V-T$ 曲线表示如图 8-12，在此循环过程中，气体从外界吸热的过程是__________.

26. 在定压下加热一定量的理想气体.若使其温度升高 1 K 时，它的体积增加了 0.005 倍，则气体原来的温度是__________.

27. 由绝热材料包围的容器被隔板隔为两半，左边是理想气体，右边是真空，如果把隔板撤走，气体将进行自由膨胀，达到平衡后气体的温度______(升高，降低或不变).

三、计算题

28. 一定量的单原子理想气体，从 A 态出发经等压过程膨胀到 B 态，又经绝热过程膨胀到 C 态，如图 8-13 所示，试求这全过程中气体对外所做的功，内能的增量以及吸收的热量.

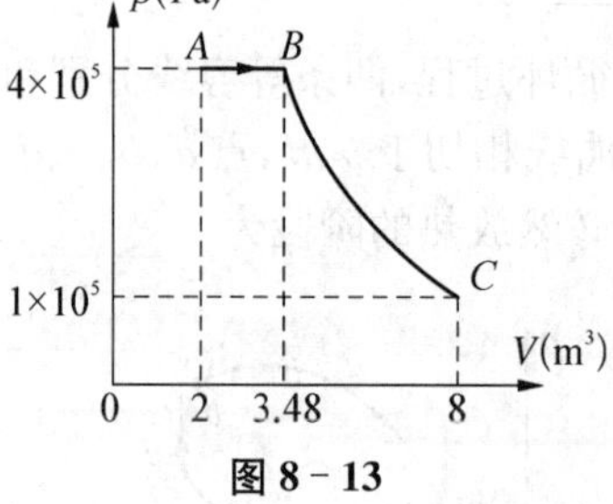

图 8-13

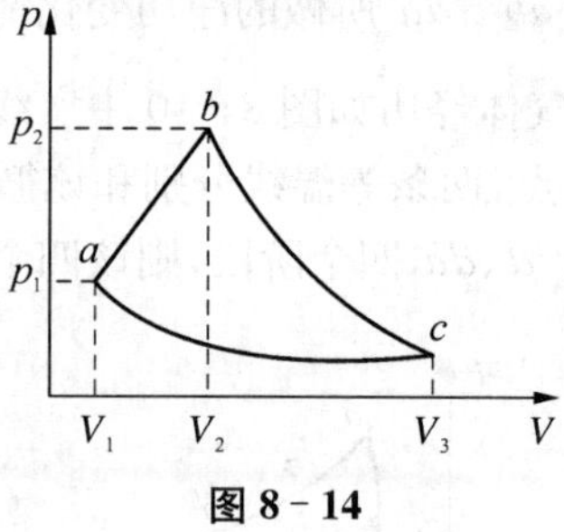

图 8-14

29. 1 mol 氧气经图 8-14 所示过程 $a \to b \to c \to a$，其中 $b \to c$ 为绝热过程，$c \to a$ 为等温过程.且 p_1，V_1，p_2，V_2 及 V_3 为已知量，求各过程气体对外所做的功.

30. 0.02 kg 的氦气(视为理想气体)，温度由 17℃升为 27℃，若在升温过程中，(1) 体积保持不变；(2) 压强保持不变；(3) 不与外界交换热量.试分别求出在上述三个过程中气体内能的改变、吸收的热量及气体对外所做的功.

31. 一摩尔刚性双原子理想气体，经历一循环过程 $abca$ 如图 8-15 所示，其中 $a \to b$ 为等温过程.试计算：

① 系统对外做净功为多少？

② 该循环热机的效率 η 为多少？

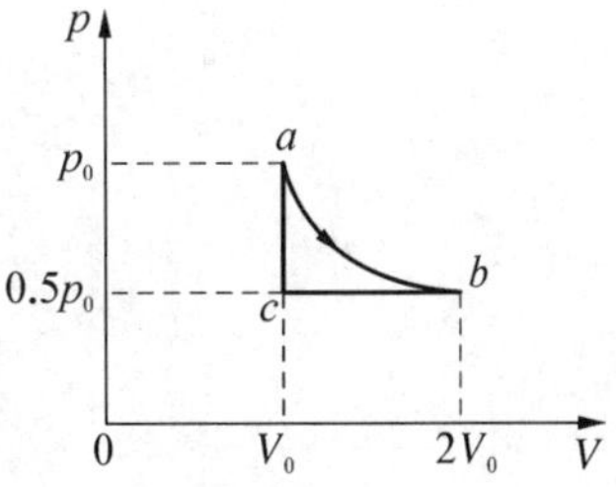

图 8-15

△32. 汽缸内有一种刚性双原子分子的理想气体，若经过准静态绝热膨胀后气体的压强减小为原来的 $\frac{1}{2}$，求变化前后气体的内能之比 $E_1:E_2$.

33. 一卡诺热机，当高温热源的温度为 127℃、低温热源温度为 27℃时，其每次循环对外作净功 8 000 J.今维持低温热源的温度不变，提高高温热源温度，使其每次循环对外作净功 10 000 J.若两个卡诺循环都工作在相同的两条绝热线之间，试求：

(1) 第二个循环的热机效率；(2) 第二个循环的高温热源的温度.

34. 一定量的理想气体经过如图 8-16 所示的循环过程.其中 AB 和 CD 为等温过程，对应的温度分别为 T_1 和 T_2，BC 和 DA 等体过程，对应的体积分别为 V_2 和 V_1.假如被制冷的对象放在低温热源 T_2(与 CD 过程相对应)，试求该循环的制冷系数 w.

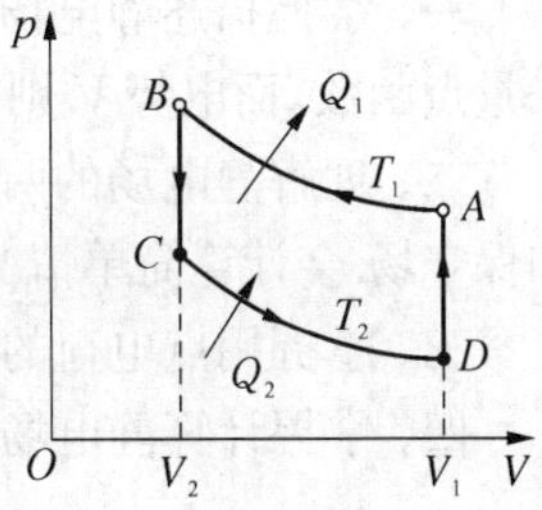

图 8-16

35. ① 夏季使用房间空调器使室内保持凉爽，须将热量从室内以 2 000 W 的散热功率排至室外.设室温为 27℃，室外为 37℃，求空调器所需的最小功率？

② 冬天使用房间空调器使室内保持温暖.设室外温度为 −3℃，室温需保持 27℃，仍用上面所给的功率，则每秒传入室内的热量是多少？

△36. 如图 8-17 所示，一刚性绝热容器中用一个可以无摩擦移动的导热活塞将容器分为 A、B 两部分.A、B 两部分分别充有 1 mol 的氦气和 1 mol 的氧气.开始时氦气的温度为 $T_1 = 400$ K，氧气的温度为 $T_2 = 600$ K，氦气与氧气的压强相同均为 $p_0 = 1.013 \times 10^5$ Pa.试求整个系统达到平衡时的温度 T 及压强 p.(活塞的热容量可忽略)

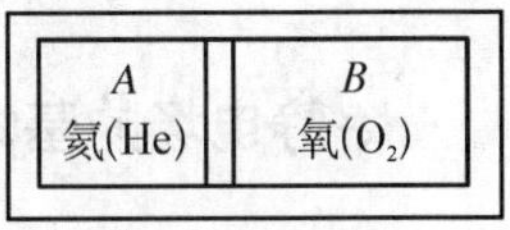

图 8-17

第9章　静电场

9.1　基本要求

一、掌握描述静电场的两个重要物理量——电场强度和电势的概念,理解电场强度是矢量点函数,而电势 V 则是标量点函数.

二、理解静电场的两条基本定理——高斯定理和环路定理,明确认识静电场是有源场和保守场.会计算简单情况下的电场强度通量.

三、掌握用点电荷的电场强度和叠加原理以及高斯定理求解带电系统电场强度的方法.

四、掌握计算静电场力的功、电势能、电势及电势差的公式.

9.2　内容提要

一、静电场的基本定律——库仑定律

真空中两个相距 r 的点电荷 q_1 和 q_2 之间的相互作用力为

$$\boldsymbol{F}_{12}=\frac{1}{4\pi\varepsilon_0}\frac{q_1q_2}{r^2}\boldsymbol{e}_r=-\boldsymbol{F}_{21}$$

二、电场强度和场强叠加原理

1. 电场强度 $\boldsymbol{E}$

定义为试验电荷 q_0 在电场中受的力 $\boldsymbol{F}$ 与 q_0 之比:$\boldsymbol{E}=\dfrac{\boldsymbol{F}}{q_0}$

电场强度 $\boldsymbol{E}$ 反应电场的力的特性,是电场本身的固有性质,与在场中有无试验电荷 q_0 无关.

(1) 点电荷 q 在场强为 $\boldsymbol{E}$ 的电场中受力　$\boldsymbol{F}=q\boldsymbol{E}$;

(2) 真空中场源点电荷 q 的电场强度分布 $\boldsymbol{E}=\frac{1}{4\pi\varepsilon_0}\frac{q}{r^2}\boldsymbol{e}_r$

2. 电场强度叠加原理

(1) 点电荷系 $q_i(i=1,2,\cdots,n)$:若 r_i 表示 q_i 到场点 P 的距离,则 P 点处场强

$$\boldsymbol{E}=\sum_{i=1}^{n}\boldsymbol{E}_i=\frac{1}{4\pi\varepsilon_0}\sum_{i=1}^{n}\frac{q_i}{r_i^2}\boldsymbol{e}_{r_i}$$

(2) 任意带电体:

$$\boldsymbol{E}=\int_V\frac{1}{4\pi\varepsilon_0}\frac{\mathrm{d}q}{r^2}\boldsymbol{e}_r$$

式中 $\mathrm{d}q$ 为电荷元.体带电时 $\mathrm{d}q=\rho\mathrm{d}V$,面带电时 $\mathrm{d}q=\sigma\mathrm{d}S$,线带电时 $\mathrm{d}q=\lambda\mathrm{d}l$.$\rho,\sigma$ 和 λ 依次为电荷体密度、面密度和线密度.

三、静电场的基本定理

1. 真空中的高斯定理

(1) 电场强度通量 Φ_e(电通量):穿过电场 $\boldsymbol{E}$ 中某曲面 S_0 的通量定义为 $\Phi_e=\int_{S_0}\boldsymbol{E}\cdot\mathrm{d}\boldsymbol{S}$

注意:通量不为零,表明场有源.

(2) 真空中的高斯定理:真空静电场中,通过任一闭合曲面 S(高斯面)的电通量等于该曲面所包围的所有电荷 $q_i(i=1,2,\cdots,n)$的代数和除以 ε_0

$$\Phi_e=\oint_S\boldsymbol{E}\cdot\mathrm{d}\boldsymbol{S}=\frac{1}{\varepsilon_0}\sum_{i=1}^{n}q_i$$

注意:① 穿过高斯面的通量只与高斯闭合面内点电荷的代数和有关;② 高斯面上的 $\boldsymbol{E}$ 与面内外电荷都有关;③ 电荷分布和所激发的电场分布具有特殊对称性(如球、轴、面对称)时,应用高斯定理可方便地求出电场强度 $\boldsymbol{E}$ 的分布;④ 静电场为有源场.

2. 静电场环路定理

(1) 静电场力做功特点:静电场力做功与路径无关.

点电荷 q_0 在点电荷 q 的电场中由起点 r_A 移至 r_B 过程中,电场力做功 W 为

$$W_{A\to B}=\frac{qq_0}{4\pi\varepsilon_0}\left(\frac{1}{r_A}-\frac{1}{r_B}\right)$$

(2) 静电场环路定理:静电场强 $\boldsymbol{E}$ 的环流 $\oint_l\boldsymbol{E}\cdot\mathrm{d}\boldsymbol{l}$ 为零,即 $\oint_l\boldsymbol{E}\cdot\mathrm{d}\boldsymbol{l}=0$

高斯定理和环路定理由库仑定律和场叠加原理导出,反映静电场是有源无旋(保守)场.

四、电势能和电势

1. 电势能

取电场中 B 点处电势能 $E_{pB}=0$,则 A 点处点电荷 q_0 的电势能 E_{pA} 定义为

$$E_{pA}=q_0\int_A^B \boldsymbol{E}\cdot d\boldsymbol{l}$$

(1) 取无穷远处为电势能零点,则 $E_{pA}=q_0\int_A^\infty \boldsymbol{E}\cdot d\boldsymbol{l}$

(2) 点电荷 q_0 分别处在电场中 A 点和 B 点处时的电势能差为 $E_{pA}-E_{pB}=q_0\int_A^B \boldsymbol{E}\cdot d\boldsymbol{l}$

2. 电势

取电场中 B 点处电势 $V_B=0$,则 A 点处的电势 V_A 定义为

$$V_A=\int_A^B \boldsymbol{E}\cdot d\boldsymbol{l}$$

若取无穷远处为电势零点($V_\infty=0$),则 $V_A=\int_A^\infty \boldsymbol{E}\cdot d\boldsymbol{l}$

(1) 真空中点电荷 q 电场中电势分布($V_\infty=0$):$V=\frac{1}{4\pi\varepsilon_0}\frac{q}{r}$

(2) 电场中 A、B 两点电势差为:$U_{AB}=V_A-V_B=\int_A^B \boldsymbol{E}\cdot d\boldsymbol{l}$

(3) 电势叠加原理

① 点电荷系 $q_i(i=1,2,\cdots,n)(V_\infty=0)$:若 r_i 表示 q_i 到场点 P 的距离,则 P 点处电势

$$V=\frac{1}{4\pi\varepsilon_0}\sum_{i=1}^{n}\frac{q_i}{r_i}$$

② 任意带电体:$V=\int\frac{dq}{4\pi\varepsilon_0 r}$

式中 $dq=\rho dV$(体带电),$dq=\sigma dS$(面带电),$dq=\lambda dl$(线带电).

3. 电场力功、电势能、电势差间数学关系

对点电荷有:$W_{A\to B}=E_{pA}-E_{pB}=qU_{AB}=q(V_A-V_B)$

五、电场强度与电势的关系

电场中某一点的电场强度 $\boldsymbol{E}$ 沿任一 l 方向的分量 E_l,等于这一点的电势沿该方向电势变化率的负值,即 $E_l=-\frac{dV}{dl}$.

9.3　典型例题

例 1　设在半径为 R 的球体内，其电荷为球对称分布，电荷体密度为：

$$\rho=\begin{cases}kr & 0\leqslant r\leqslant R\\ 0 & r>R\end{cases},$$

其中 k 为一常量.试用高斯定理求电场强度 E 与 r 的函数关系.

解　通常有两种处理方法：(1) 利用高斯定理求球内外的电场分布.由题意知电荷呈球对称分布，因而电场分布也是球对称，选择与带电球体同心的球面为高斯面，可解得电场强度的分布；(2) 利用带电球壳电场叠加的方法求球内外的电场分布.将带电球分割成无数个同心带电球壳，球壳带电荷为 $\mathrm{d}q=\rho\cdot 4\pi r'^2\mathrm{d}r'$，每个带电球壳在壳内激发的电场 $\mathrm{d}E=0$，而在球壳外激发的电场 $\mathrm{d}\boldsymbol{E}=\dfrac{\rho\mathrm{d}V}{4\pi\varepsilon_0 r^2}\boldsymbol{e}_r$，由电场叠加可解得带电球体内外的电场分布.

法 1：因电荷分布和电场分布均为球对称，球面上各点电场强度的大小为常量，由高斯定律 $\oint_S\boldsymbol{E}\cdot\mathrm{d}\boldsymbol{S}=\dfrac{1}{\varepsilon_0}\int\rho\mathrm{d}V$ 得球体内 $(0\leqslant r\leqslant R)$

$$E(r)4\pi r^2=\frac{1}{\varepsilon_0}\int_0^r kr4\pi r^2\mathrm{d}r=\frac{\pi k}{\varepsilon_0}r^4$$

即
$$\boldsymbol{E}(r)=\frac{kr^2}{4\varepsilon_0}\boldsymbol{e}_r$$

球体外 $(r>R)$

$$E(r)\cdot 4\pi r^2=\frac{1}{\varepsilon_0}\int_0^R kr4\pi r^2\mathrm{d}r=\frac{\pi k}{\varepsilon_0}R^4$$

即
$$\boldsymbol{E}(r)=\frac{kR^4}{4\varepsilon_0 r^2}\boldsymbol{e}_r$$

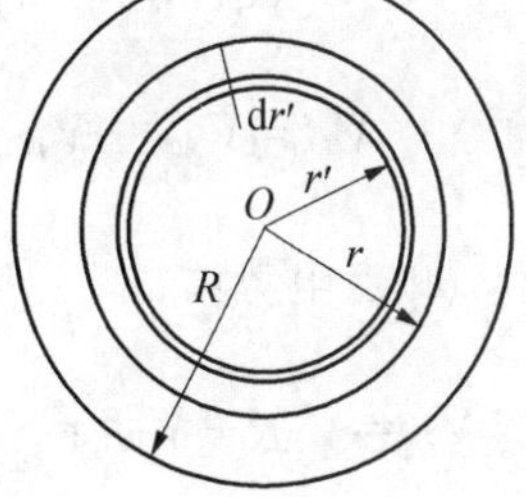

图 9－1

法 2：将带电球分割成球壳，球壳带电

$$\mathrm{d}q=\rho\mathrm{d}V=kr'4\pi r'^2\mathrm{d}r'$$

由上述分析，球体内 $(0\leqslant r\leqslant R)$

$$\boldsymbol{E}(r)=\int_0^r\frac{1}{4\pi\varepsilon_0}\frac{kr'\cdot 4\pi r'^2\mathrm{d}r'}{r^2}\boldsymbol{e}_r=\frac{kr^2}{4\varepsilon_0}\boldsymbol{e}_r$$

球体外 $(r>R)$

$$\boldsymbol{E}(r)=\int_0^R\frac{1}{4\pi\varepsilon_0}\frac{kr'\cdot 4\pi r'^2\mathrm{d}r'}{r^2}\boldsymbol{e}_r=\frac{kR^4}{4\varepsilon_0 r^2}\boldsymbol{e}_r$$

例 2　如图 9－2，两个带等量异号电荷的均匀带电同心球面，半径分别为 $R_1=0.03$ m

和 $R_2=0.10$ m.已知两者的电势差为 450 V,求:内球面上所带的电荷.

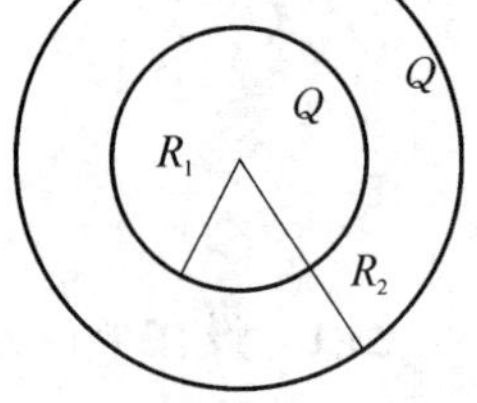

图 9-2

解 由于电荷在球面上均匀分布,所以容易写出每个球面内外自己的电势分布,再利用电势叠加原理得到内球面和外球面的电势,由已知的电势差即可求解.

设 R_1 带 Q,则 R_2 带 $-Q$.

由电势叠加原理,R_1 的电势:

$$V_1=\frac{1}{4\pi\varepsilon_0}\frac{Q}{R_1}+\frac{1}{4\pi\varepsilon_0}\frac{-Q}{R_2}=\frac{Q}{4\pi\varepsilon_0}\left(\frac{1}{R_1}-\frac{1}{R_2}\right)$$

R_2 的电势:

$$V_2=\frac{1}{4\pi\varepsilon_0}\frac{Q}{R_2}+\frac{1}{4\pi\varepsilon_0}\frac{-Q}{R_2}=0$$

$$V_1-V_2=\frac{Q}{4\pi\varepsilon_0}\left(\frac{1}{R_1}-\frac{1}{R_2}\right)$$

解得:
$$Q=\frac{4\pi\varepsilon_0 R_1R_2(V_1-V_2)}{R_2-R_1}=2.14\times10^{-9}\ \text{C}$$

例 3 如图 9-3 所示,A、B、O 在同一直线上,OCD 为以 B 为中心的半圆弧,A、B 两点分别放置电荷 $+q$ 和 $-q$,求:(1) O 点与 D 点的电势 V_O 与 V_D(设无穷远处电势为零);(2) 把正电荷 q_0 从 O 点沿弧 OCD 移到 D 点,电场力做的功;(3) 把单位正电荷从 D 点沿 AB 延长线移到无穷远处电场力做的功.

解 本题涉及电势和电场力做功.O 点与 D 点的电势可利用点电荷电势公式及叠加原理求得,而电场力作的功又可利用电势差乘以电荷求得.

(1) O 点电势:

$$V_O=V_{AO}+V_{BO}=\frac{1}{4\pi\varepsilon_0}\frac{q}{R}+\frac{1}{4\pi\varepsilon_0}\frac{-q}{R}=0$$

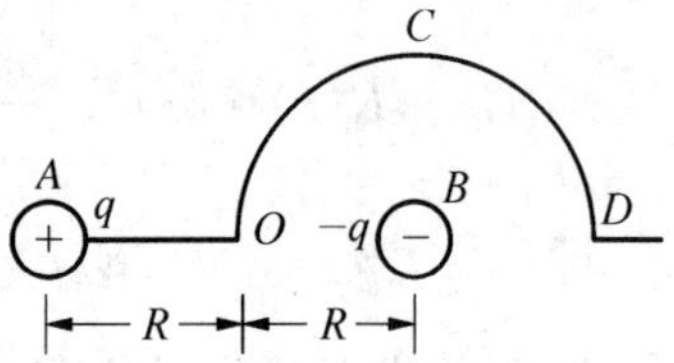

图 9-3

D 点电势:

$$V_D=V_{AD}+V_{BD}=\frac{1}{4\pi\varepsilon_0}\frac{q}{3R}+\frac{1}{4\pi\varepsilon_0}\frac{-q}{R}=-\frac{q}{6\pi\varepsilon_0 R}$$

(2) q_0 从 O 点沿弧 OCD 移到 D 点,电场力做的功:

$$W_{O\to D}=q_0(V_O-V_D)=\frac{qq_0}{6\pi\varepsilon_0 R}$$

(3) 把单位正电荷从 D 点沿 AB 延长线移到无穷远处电场力做的功

$$W_{D\to\infty}=V_D-V_\infty=-\frac{q}{6\pi\varepsilon_0 R}$$

9.4　习题选讲

9－10　如图 9－4，一半径为 R 的半球壳，均匀地带有电荷，电荷面密度为 σ，求球心处电场强度的大小.

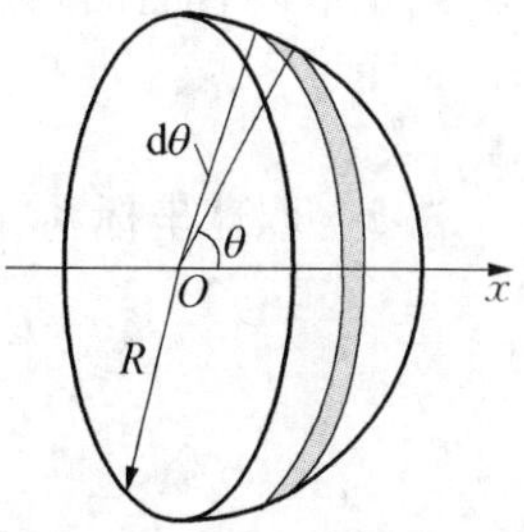

图 9－4

解　这是一个连续带电体问题，求解的关键在于如何取电荷元.现将半球壳分割为一组平行的细圆环，如图所示，所有平行圆环在轴线上 P 处的电场强度方向都相同，将所有带电圆环的电场强度积分，即可求得球心 O 处的电场强度.

将半球壳分割为一组平行细圆环，任一个圆环所带电荷元

$$dq=\sigma dS=\sigma\cdot 2\pi R^2\cdot\sin\theta d\theta$$

在点 O 激发的电场强度为

$$d\boldsymbol{E}=\frac{1}{4\pi\varepsilon_0}\frac{x dq}{(x^2+r^2)^{3/2}}\boldsymbol{i}$$

由于平行细圆环在点 O 激发的电场强度方向相同，利用几何关系 $x=R\cos\theta$，$r=R\sin\theta$ 统一积分变量，有

$$dE=\frac{1}{4\pi\varepsilon_0}\frac{x dq}{(x^2+r^2)^{2/3}}=\frac{1}{4\pi\varepsilon_0}\frac{R\cos\theta}{R^3}\sigma\cdot 2\pi R^2\sin\theta d\theta$$

$$=\frac{\sigma}{2\varepsilon_0}\sin\theta\cos\theta d\theta$$

积分得

$$E=\int_0^{\pi/2}\frac{\sigma}{2\varepsilon_0}\sin\theta\cos\theta d\theta=\frac{\sigma}{4\varepsilon_0}$$

9－12　如图 9－5，设匀强电场的电场强度 $\boldsymbol{E}$ 与半径为 R 的半球面的对称轴平行，试计算通过此半球面的电场强度通量.

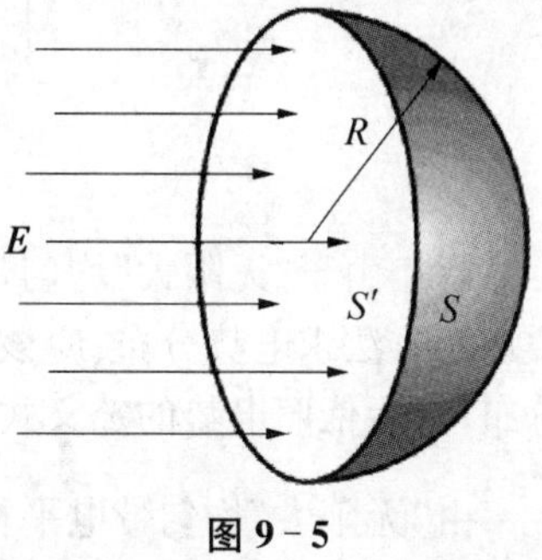

图 9－5

解　求解该题的思路有两种.

1：作半径为 R 的平面 S' 与半球面 S 一起构成闭合曲面，由于闭合面内无电荷，因此

$$\int_{S+S'}\boldsymbol{E}\cdot d\boldsymbol{S}=\frac{1}{\varepsilon_0}\sum q=0$$

这表明穿过闭合曲面的净通量为零，穿入平面 S' 的电场强度通量在数值上等于穿出半球面 S 的电场强度通量.因而

$$\Phi=\int_S\boldsymbol{E}\cdot d\boldsymbol{S}=-\int_{S'}\boldsymbol{E}\cdot d\boldsymbol{S}$$

2:由电场强度通量的定义,对半球面 S 求积分,即 $\Phi_s=\int_S \boldsymbol{E}\cdot \mathrm{d}\boldsymbol{S}$

法 1 由于闭合曲面内无电荷分布,根据高斯定理,有

$$\Phi=\int_S \boldsymbol{E}\cdot \mathrm{d}\boldsymbol{S}=-\int_{S'} \boldsymbol{E}\cdot \mathrm{d}\boldsymbol{S}$$

依照约定取闭合曲面的外法线方向为面元 $\mathrm{d}\boldsymbol{S}$ 的方向,

$$\Phi=-E\cdot \pi R^2\cdot \cos\pi=\pi R^2 E$$

法 2 取球坐标系,电场强度矢量和面元在球坐标系中可表示为

$$\boldsymbol{E}=E(\cos\varphi \boldsymbol{e}_\varphi+\sin\varphi\cos\theta \boldsymbol{e}_\theta+\sin\theta\sin\varphi \boldsymbol{e}_r)$$

$$\mathrm{d}\boldsymbol{S}=R^2\sin\theta\,\mathrm{d}\theta\,\mathrm{d}\varphi \boldsymbol{e}_r$$

所以

$$\Phi=\int_S \boldsymbol{E}\cdot \mathrm{d}\boldsymbol{S}=\int_S ER^2\ \sin^2\theta\sin\varphi\,\mathrm{d}\theta\,\mathrm{d}\varphi$$
$$=\int_0^\pi ER^2\ \sin^2\theta\,\mathrm{d}\theta\int_0^\pi \sin\varphi\,\mathrm{d}\varphi=\pi R^2 E$$

9-19 电荷面密度分别为 $+\sigma$ 和 $-\sigma$ 的两块"无限大"均匀带电的平行平板,如图 9-6(a)放置,取坐标原点为零电势点,求空间各点的电势分布并画出电势随位置坐标 x 变化的关系曲线.

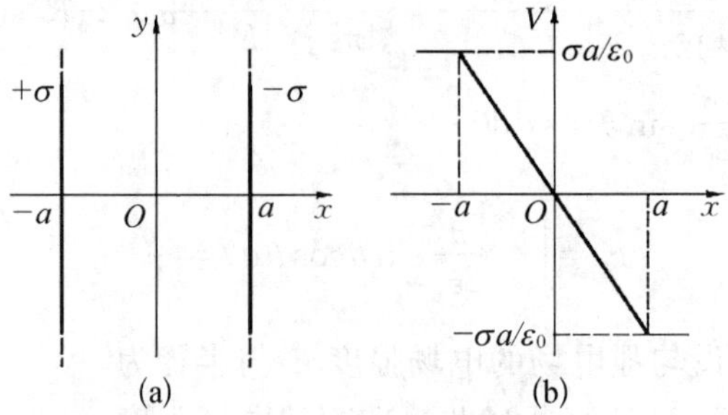

图 9-6

解 由于"无限大"均匀带电的平行平板电荷分布在"无限"空间,不能采用点电荷电势叠加的方法求电势分布:应该首先由"无限大"均匀带电平板的电场强度叠加求电场强度的分布,然后依照电势的定义式求电势分布.

由"无限大"均匀带电平板的电场强度 $\pm\dfrac{\sigma}{2\varepsilon_0}\boldsymbol{i}$,叠加求得电场强度的分布,

$$\boldsymbol{E}=\begin{cases}0 & (x<-a)\\ \dfrac{\sigma}{\varepsilon_0}\boldsymbol{i} & (-a<x<a)\\ 0 & (x>a)\end{cases}$$

电势等于移动单位正电荷到零电势点电场力所做的功

$$V=\int_{x}^{0}\boldsymbol{E}\cdot\mathrm{d}\boldsymbol{l}=-\frac{\sigma}{\varepsilon_0}x\,(-a<x<a)$$

$$V=\int_{x}^{-a}\boldsymbol{E}\cdot\mathrm{d}\boldsymbol{l}+\int_{-a}^{0}\boldsymbol{E}\cdot\mathrm{d}\boldsymbol{l}=\frac{\sigma}{\varepsilon_0}a\,(x<-a)$$

$$V=\int_{x}^{a}\boldsymbol{E}\cdot\mathrm{d}\boldsymbol{l}+\int_{a}^{0}\boldsymbol{E}\cdot\mathrm{d}\boldsymbol{l}=-\frac{\sigma}{\varepsilon_0}a\,(x>a)$$

电势变化曲线如图 9-6(b)所示.

9-20　两个同心球面的半径分别为 R_1 和 R_2，各自带有电荷 Q_1 和 Q_2.求:(1) 各区域电势分布,并画出分布曲线;(2) 两球面间的电势差为多少?

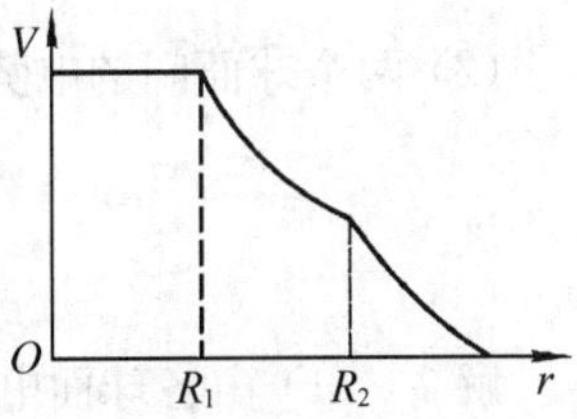

图 9-7

解　通常可采用两种方法.

方法(1) 由于电荷均匀分布在球面上,电场分布也具有球对称性,因此,可根据电势与电场强度的积分关系求电势.取同心球面为高斯面,借助高斯定理可求得各区域的电场强度分布,再由 $V_P=\int_P^{\infty}\boldsymbol{E}\cdot\mathrm{d}\boldsymbol{l}$ 可求得电势分布.方法(2) 利用电势叠加原理求电势.一个均匀带电的球面,在球面外产生的电势为 $V=\dfrac{Q}{4\pi\varepsilon_0 r}$.在球面内电场强度为零,电势处处相等,等于球面的电势 $V=\dfrac{Q}{4\pi\varepsilon_0 R}$,其中 R 是球面的半径.根据上述分析,利用电势叠加原理,将两个球面在各区域产生的电势叠加,可求得电势的分布,如图 9-7.

解 1　(1) 由高斯定理可求得电场分布

$$\boldsymbol{E}_1=0\qquad (r<R_1)$$

$$\boldsymbol{E}_2=\frac{Q_1}{4\pi\varepsilon_0 r^2}\boldsymbol{e}_r\qquad (R_1<r<R_2)$$

$$\boldsymbol{E}_3=\frac{Q_1+Q_2}{4\pi\varepsilon_0 r^2}\boldsymbol{e}_r\qquad (r>R_2)$$

由电势 $V=\int_r^{\infty}\boldsymbol{E}\cdot\mathrm{d}\boldsymbol{l}$ 可求得各区域的电势分布.

当 $r\leqslant R_1$ 时,有

$$\begin{aligned}V_1&=\int_r^{R_1}\boldsymbol{E}_1\cdot\mathrm{d}\boldsymbol{l}+\int_{R_1}^{R_2}\boldsymbol{E}_2\cdot\mathrm{d}\boldsymbol{l}+\int_{R_2}^{\infty}\boldsymbol{E}_3\cdot\mathrm{d}\boldsymbol{l}\\&=0+\frac{Q_1}{4\pi\varepsilon_0}\left[\frac{1}{R_1}-\frac{1}{R_2}\right]+\frac{Q_1+Q_2}{4\pi\varepsilon_0 R_2}\\&=\frac{Q_1}{4\pi\varepsilon_0 R_1}+\frac{Q_2}{4\pi\varepsilon_0 R_2}\end{aligned}$$

当 $R_1\leqslant r\leqslant R_2$ 时,有

$$V_2=\int_r^{R_2}\boldsymbol{E}_2\cdot\mathrm{d}\boldsymbol{l}+\int_{R_2}^{\infty}\boldsymbol{E}_3\cdot\mathrm{d}\boldsymbol{l}$$

$$=\frac{Q_1}{4\pi\varepsilon_0}\left[\frac{1}{r}-\frac{1}{R_2}\right]+\frac{Q_1+Q_2}{4\pi\varepsilon_0 R_2}$$

$$=\frac{Q_1}{4\pi\varepsilon_0 r}+\frac{Q_2}{4\pi\varepsilon_0 R_2}$$

当 $r\geqslant R_2$ 时，有

$$V_3=\int_r^{\infty}\boldsymbol{E}_3\cdot \mathrm{d}\boldsymbol{l}=\frac{Q_1+Q_2}{4\pi\varepsilon_0 r}$$

(2) 两个球面间的电势差

$$U_{12}=\int_{R_1}^{R_2}\boldsymbol{E}_2\cdot \mathrm{d}\boldsymbol{l}=\frac{Q_1}{4\pi\varepsilon_0}\left(\frac{1}{R_1}-\frac{1}{R_2}\right)$$

解 2 (1) 由各球面电势的叠加计算电势分布.若该点位于两个球面内，即 $r\leqslant R_1$，则

$$V_1=\frac{Q_1}{4\pi\varepsilon_0 R_1}+\frac{Q_2}{4\pi\varepsilon_0 R_2}$$

若该点位于两个球面之间，即 $R_1\leqslant r\leqslant R_2$，则

$$V_2=\frac{Q_1}{4\pi\varepsilon_0 r}+\frac{Q_2}{4\pi\varepsilon_0 R_2}$$

若该点位于两个球面之外，即 $r\geqslant R_2$，则

$$V_3=\frac{Q_1+Q_2}{4\pi\varepsilon_0 r}$$

(2) 两个球面间的电势差

$$U_{12}=(V_1-V_2)\Big|_{r=R_2}=\frac{Q_1}{4\pi\varepsilon_0 R_1}-\frac{Q_1}{4\pi\varepsilon_0 R_2}$$

9.5 综合练习

一、选择题

1. 一“无限大”均匀带电平面 A 的附近放一与它平行的“无限大”均匀带电平面 B，如图 9-8所示.已知 A 上的电荷面密度为σ，B 上的电荷面密度为 2σ，如果设向右为正方向，则两平面之间和平面 B 外的电场强度分别为(　　)

(A) $\frac{\sigma}{\varepsilon_0},\frac{2\sigma}{\varepsilon_0}$　　(B) $\frac{\sigma}{\varepsilon_0},\frac{\sigma}{\varepsilon_0}$　　(C) $-\frac{\sigma}{2\varepsilon_0},\frac{3\sigma}{2\varepsilon_0}$　　(D) $-\frac{\sigma}{\varepsilon_0},\frac{\sigma}{2\varepsilon_0}$

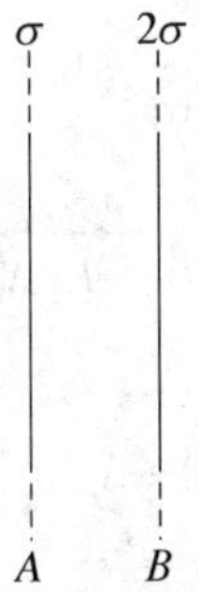

图 9-8

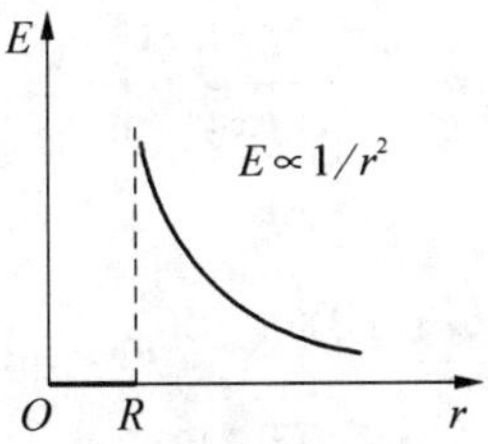

图 9-9

2. 在高斯定理$\oint_S \boldsymbol{E}\cdot \mathrm{d}\boldsymbol{S}=\Sigma q/\varepsilon_0$ 中，Σq 是指(　　)

(A) 高斯面内电荷　　(B) 高斯面外电荷

(C) 高斯面内外电荷　　(D) 以上都不对

3. 高斯定理$\oint_S \boldsymbol{E}\cdot \mathrm{d}\boldsymbol{S}=\Sigma q/\varepsilon_0$ 中的 $\boldsymbol{E}$ 是由下述情况下哪些电荷激发的(　　)

(A) 高斯面内电荷　　(B) 高斯面外电荷

(C) 高斯面内外电荷　　(D) 以上都不对

4. 一均匀带电球面，电荷面密度为 σ，球面内电场强度处处为零，球面上面元 $\mathrm{d}S$ 带有 $\sigma\mathrm{d}S$ 的电荷，该电荷在球面内各点产生的电场强度(　　)

(A) 处处为零　　(B) 不一定都为零　　(C) 处处不为零　　(D) 无法判定

*5. 如图 9-9 所示，曲线表示球对称或轴对称静电场的场强大小随径向距离 r 变化的关系，请指出该曲线可描述下列哪种关系(E 为电场强度的大小)(　　)

(A) 半径为 R 的无限长均匀带电圆柱体电场的 $E\sim r$ 关系

(B) 半径为 R 的无限长均匀带电圆柱面电场的 $E\sim r$ 关系

(C) 半径为 R 的均匀带电球面电场的 $E\sim r$ 关系

(D) 半径为 R 的均匀带电球体电场的 $E\sim r$ 关系

6. 有一边长为 a 的正方形平面，过正方形中心且垂直于正方形平面的轴线上距正方形中心 $a/2$ 处有一电量为 q 的正点电荷，则通过该正方形平面的电通量大小为(　　)

(A) $\dfrac{q}{24\varepsilon_0}$　　(B) $\dfrac{q}{6\varepsilon_0}$　　(C) 0　　(D) $\dfrac{q}{4\varepsilon_0}$

7. 一均匀电场 $\boldsymbol{E}$ 的方向与 x 轴同向，如图所示，则通过图 9-10 中半径为 R 的半球面的电场强度的通量大小为(　　)

(A) 0　　(B) $\pi R^2 E/2$

(C) $2\pi R^2 E$　　(D) $\pi R^2 E$

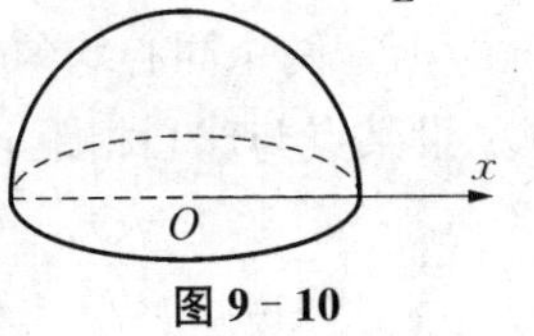

图 9-10

8. 在 OXY 平面上有四个等量点电荷的四种不同组态，所有点电荷均与原点等距. 设无穷远处电势为零，则原点 O 处电场强度和电势均为零的组态是(　　)

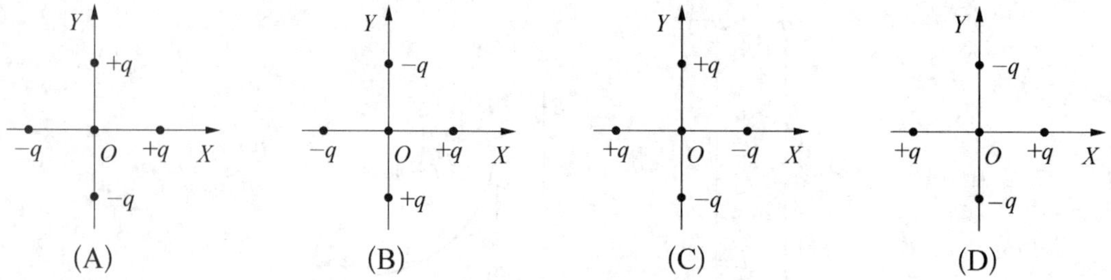

9. 如果一高斯面所包围的体积内电荷代数和 $\sum q=8.850\times10^{-12}$ C，则可肯定(　　)

(A) 高斯面上各点场强可均为零

(B) 穿过高斯面上每一面元的电场强度通量均为 1 N·m²/C

(C) 穿过整个高斯面的电场强度通量为 1 N·m²/C

(D) 以上说法都不对

*10. 如图所示，在半径为 R 的"无限长"均匀带电圆筒的静电场中，各点的电场强度 E 的大小与距轴线的距离 r 关系曲线为(　　)

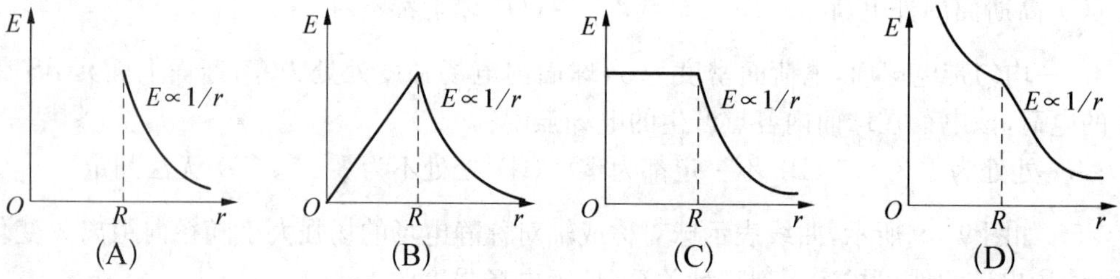

*11. 如图 9-11，在点电荷 $+2q$ 的电场中，如果取图中 P 点处为电势零点，则 M 点的电势为(　　)

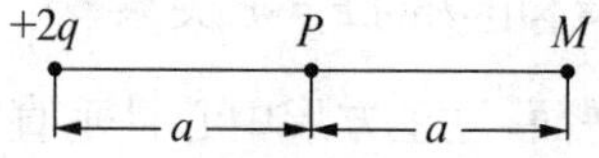

图 9-11

(A) $-\dfrac{q}{4\pi\varepsilon_0 a}$　　(B) $\dfrac{q}{4\pi\varepsilon_0 a}$　　(C) $\dfrac{q}{4\pi\varepsilon_0 a^2}$　　(D) $-\dfrac{q}{2\pi\varepsilon_0 a^2}$

12. 两个同心均匀带电球面，半径分别为 R_a 和 R_b($R_a<R_b$)，所带电荷分别为 Q_a 和 Q_b. 设某点与球心相距 r，当 $R_b<r$ 时，该点的电场强度的大小为(　　)

(A) $\dfrac{1}{4\pi\varepsilon_0}\cdot\left(\dfrac{Q_a}{r^2}+\dfrac{Q_b}{R_b^2}\right)$　　(B) $\dfrac{1}{4\pi\varepsilon_0}\cdot\dfrac{Q_a+Q_b}{r^2}$

(C) $\dfrac{1}{4\pi\varepsilon_0}\cdot\dfrac{Q_a-Q_b}{r^2}$　　(D) $\dfrac{1}{4\pi\varepsilon_0}\cdot\dfrac{Q_a}{r^2}$

13. 点电荷 $-q$ 位于圆心 O 处，A、B、C、D 为同一圆周上的四点，如图 9-12 所示.现将一试验电荷从 A 点分别移动到 B、C、D 各点，则(　　)

(A) 从 A 到 B，电场力做功最大

(B) 从 A 到 C，电场力做功最大

(B) 从 A 到 C，电场力做功最大

(D) 从 A 到各点，电场力做功相等

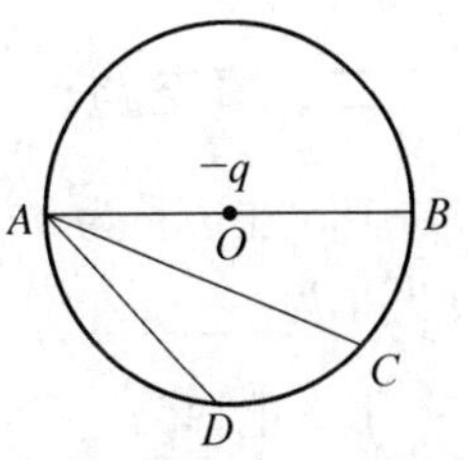

图 9-12

14. 如图 9-13 所示为某电场的电场线分布情况.一负电荷从 M 点移到 N 点.有人根据这个图做出下列几点结论，其中正确的是(　　)

(A) 电场强度大小 $E_M > E_N$　　(B) 电势 $V_M > V_N$

(C) 电势能 $E_{pM} = E_{pN}$　　(D) 电场力的功 $W > 0$

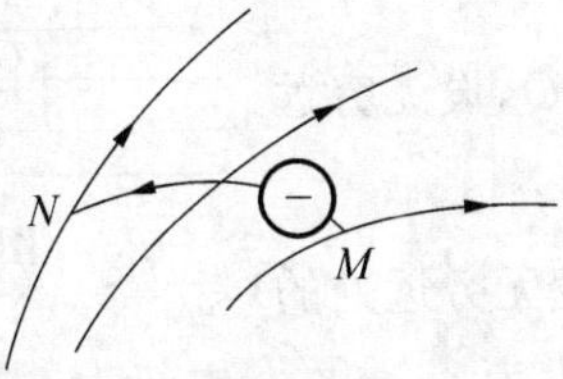

图 9-13

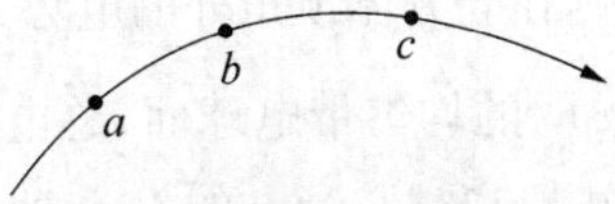

图 9-14

15. 如图 9-14 所示，a、b、c 是电场中某条电场线上的三个点，比较该三点的场强大小和电势高低，正确的是(　　)

(A) $E_a > E_b > E_c$　(B) $E_a < E_b < E_c$　(C) $V_a > V_b > V_c$　(D) $V_a < V_b < V_c$

*16. 如图 9-15 所示，在点电荷 q 的电场中，若取以 q 为中心、R 为半径的球面上的 P 点为电势零点，则与点电荷 q 距离为 r 的 P' 点的电势为(　　)

(A) $\frac{q}{4\pi\varepsilon_0} \cdot \left(\frac{1}{R} - \frac{1}{r}\right)$　　(B) $\frac{q}{4\pi\varepsilon_0} \cdot \left(\frac{1}{r} - \frac{1}{R}\right)$

(C) $\frac{q}{4\pi\varepsilon_0 (r-R)}$　　(D) $\frac{q}{4\pi\varepsilon_0 r}$

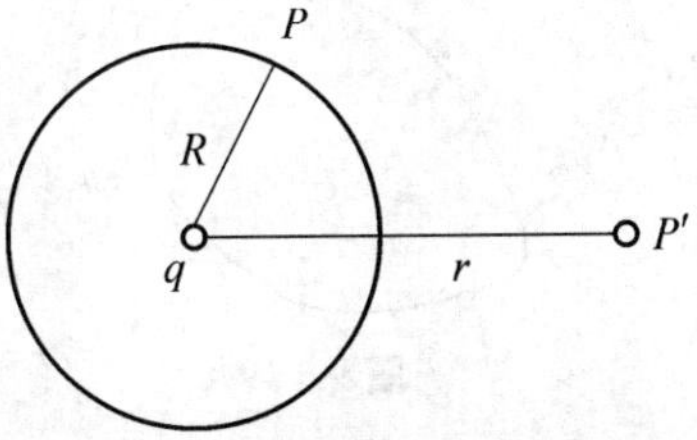

图 9-15

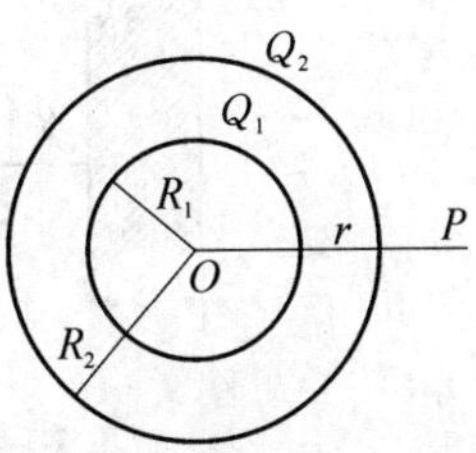

图 9-16

17. 如图 9-16 所示，两个同心的均匀带电球面，内球面半径为 R_1、带电荷 Q_1，外球面半径为 R_2、带电荷 Q_2.设无穷远处为电势零点，则在外球面之外距离球心为 r 处的 P 点的电势 V 为(　　)

(A) $\frac{Q_1+Q_2}{4\pi\varepsilon_0 r}$　(B) $\frac{Q_1+Q_2}{4\pi\varepsilon_0 R_2}$　(C) $\frac{Q_1}{4\pi\varepsilon_0 R_1}+\frac{Q_2}{4\pi\varepsilon_0 R_2}$　(D) $\frac{Q_2}{4\pi\varepsilon_0 r}$

二、填空题

18. 在边长为 a 的正方体中心处放置一电荷为 Q 的点电荷，则正方体顶角处的电场强度大小为________.

19. 电荷为 -5×10^{-9} C 的试验电荷放在电场中某点时，受到 20×10^{-9} N 的向下的力，则该点的电场强度大小为________N/C，方向________.

20. 三个半径相同的金属小球，其中甲、乙两球带有等量同号电荷，丙球不带电.已知甲、乙两球间距离远大于本身直径，它们之间的静电力为 F.现用带绝缘柄的丙球先与甲球接触，再与乙球接触，然后移去，则此时甲、乙两球间的静电力为________.

21. 一半径为 R 的半球面在匀强电场 $\boldsymbol{E}$ 中(如图 9-17)，则穿过此半球面的电场强度通量 $\Phi_E=$________.

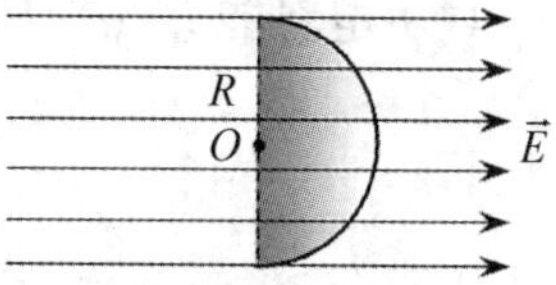

图 9-17

22. 在边长为 a 的立方体中心处放置一点电荷 Q，设无穷远处为电势零点，则在立方体顶角处的电势为________.

23. 半径为 R 的均匀带电球面，总电量为 Q，设无穷远处的电势为零，则球内距离球心为 r 的 P 点处的电场强度为________，电势为________.

24. 一对等量异号的点电荷 $\pm q$ 相距为 $2l$，则两电荷连线中点的电场强度是________，两电荷连线中点的电势是________.

25. 两个半径分别为 R_1，R_2 的同心均匀带电球面，$R_1=2R_2$，内球带电 q，欲使内球电势为零，则外球面的电量 $Q=$________.

26. 一厚度为 d 的"无限大"导体板，板的两侧面上电荷分布均匀，电荷面密度为 σ，如图 9-18 所示.则板的两侧离板面距离均为 h 的两点 O、R 之间的电势差为________.

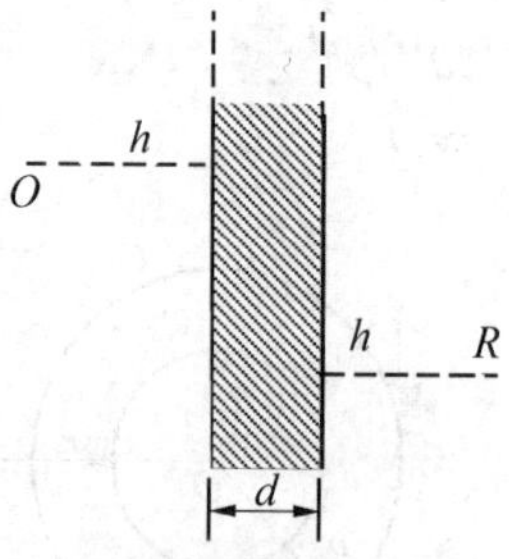

图 9-18

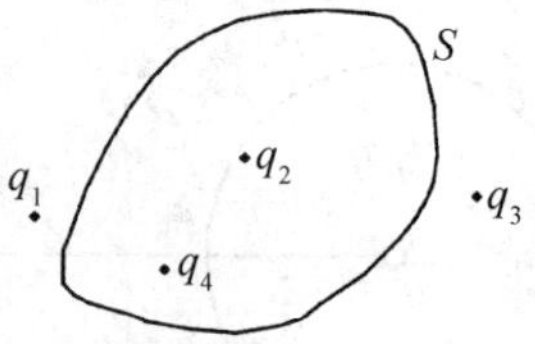

图 9-19

27. 点电荷 q_1、q_2、q_3 和 q_4 在真空中的分布如图 9-19 所示.图中 S 为闭合曲面，则通过该闭合曲面的电场强度通量 $\oint_S \boldsymbol{E}\cdot d\boldsymbol{S}=$________，式中的 $\boldsymbol{E}$ 是点电荷________在闭合曲面上任一点产生的场强的矢量和.

*28. 如图 9-20 所示，一点电荷 q 位于正立方体的 A 角上，则通过侧面 $abcd$ 的电场强度通量 $\Phi_E=$________.

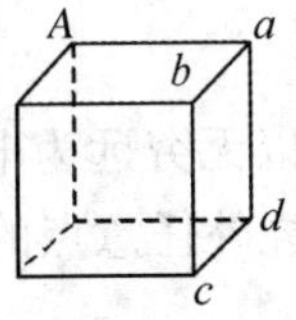

图 9-20

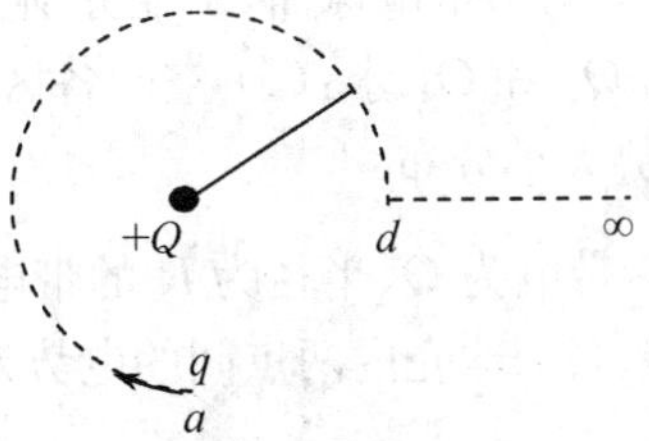

图 9-21

29. 如图 9-21 所示，试验电荷 q 在点电荷 $+Q$ 产生的电场中，沿半径为 R 的 3/4 圆弧轨道由 a 点移到 d 点，再从 d 点移到无穷远处的过程中，电场力做的功为________.

30. 一均匀静电场，电场强度 $\boldsymbol{E}=(50\boldsymbol{i}+20\boldsymbol{j})\,\mathrm{V\cdot m^{-1}}$，则点 $a(4,2)$ 和点 $b(2,0)$ 之间的电势差________.（点的坐标 x、y 以 m 计）

31. 两个点电荷的带电量分别为 Q 和 q，它们相距为 a. 当 q 由 $\dfrac{Q}{2}$ 变到 $\dfrac{Q}{4}$ 时，在它们的连线中点处的电势变为原来的________倍.（以无限远处的电势为零）

三、计算题

32. 一边长为 a 的立方体置于直角坐标系中，如图 9-22 所示. 现空间中有一非均匀电场 $\boldsymbol{E}=(E_1+kx)\boldsymbol{i}+E_2\boldsymbol{j}$，$E_1$、$E_2$ 为常量，求：电场对立方体各表面的电场强度通量.

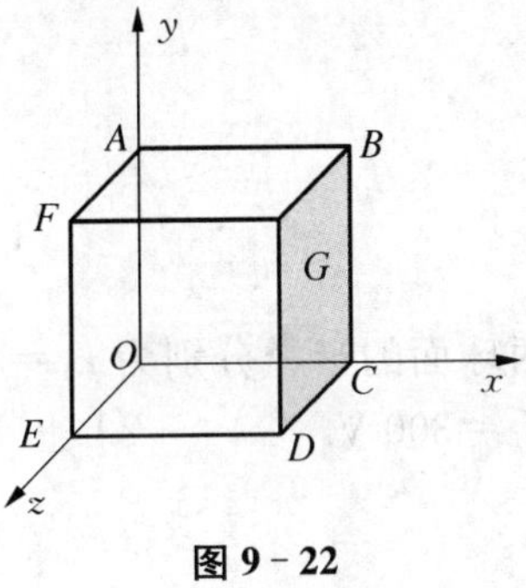

图 9-22

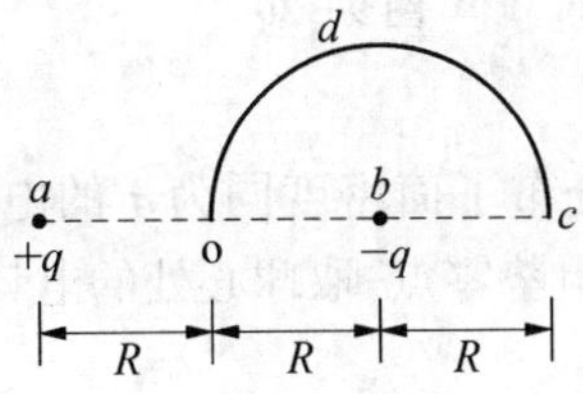

图 9-23

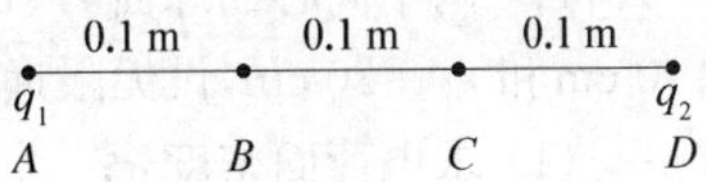

图 9-24

33. 如果把 $q=1.0\times10^{-8}$ C 的正点电荷从无穷远处移到电场中的 A 点，需要克服电场力做功 $W=1.2\times10^{-4}$ J，那么：(1) q 在 A 点的电势能是多少？电势又是多少？(2) q 未移入电场前 A 点的电势是多少？（以无穷远为电势和电势能零点）.

34. 如图 9-23 所示，已知 $+q$、$-q$ 和 R，求：(1) 单位正电荷沿 $odcb$ 移动到 o 点时电场力的功；(2) 单位负电荷从无穷远移动到 o 点时电场力的功；(3) 若 c 处有点电荷 q_0，求其电势能.（以无穷远为电势和电势能零点）.

35. 如图 9-24 所示，同一直线上的有 A、B、C、D 四点，相邻点间均为 0.1 m，点电荷 $q_1=10^{-9}$ C 和 $q_2=-2\times10^{-9}$ C 放置在 A、D 处.(1) 以 B 为电势能零点，求 q_1 在 q_2 电场中的电势能；(2) 以 B 为电势零点，求 C 点电势.

36. 有两个同心的均匀带电球面，半径分别为 R_1、R_2($R_1<R_2$)，球心处另有点电荷 q_0. 已知球面电荷依次为 Q_1 和 Q_2.求：(1) 空间各区域电场强度大小分布；(2) 以无穷远为电势零点，空间各区域电势大小分布.

37. 真空中，有一带电为 Q、半径为 R 的带电薄球壳，以无穷远为电势零点.试求(1) 球壳外两点间的电势差；(2) 球壳内两点间的电势差；(3) 球壳外任意点的电势；(4) 球壳内任意点的电势.

38. 有两个同心的均匀带电球面，半径分别为 R_1、R_2($R_1<R_2$)，若大球面的面电荷密度为 σ，且大球面外的电场强度为零，求：(1) 小球面上的面电荷密度；(2) 大球面内各点的电场强度.

39. 如图 9-25，电荷 q 均匀分布在长为 $2l$ 的细杆上，求在杆外延长线上与杆端距离为 a 的 P 点的电势(设无穷远处为电势零点).

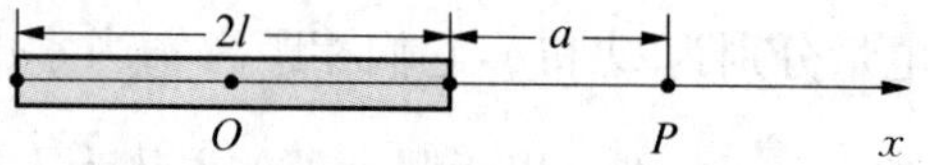

图 9-25

40. 如图 9-26 所示的绝缘细线上均匀分布着线密度为 λ 的正电荷，两直导线的长度和半圆环的半径都等于 R.试求环中心 O 点处的场强大小和电势(以无穷远为电势零点).

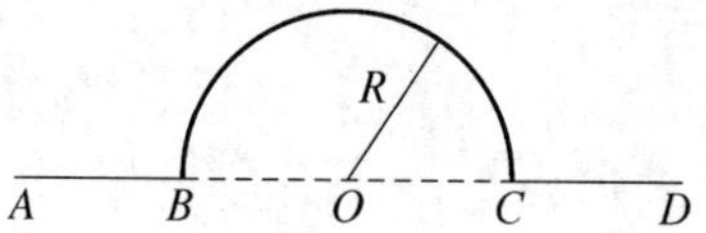

图 9-26

41. 两个同心的球面 A、B 上分布了面密度同为 σ 的电荷，两球面的半径分别为 $r_1=10\ \text{cm}$ 和 $r_2=20\ \text{cm}$，设无限远处为电势零点，取球心处的电势为 $V_0=300\ \text{V}$.

(1) 求电荷面密度 σ；

(2) 若要使球心处的电势为零，则外球上应放掉多少电荷？

第10章　静电场中的导体和电介质

10.1　基本要求

一、掌握静电平衡的条件,掌握导体处于静电平衡时的电荷分布及电势、电场特性.

二、了解电介质的极化机理,掌握电位移矢量和电场强度的关系.理解电介质中的高斯定理,并会用它来计算电介质中对称电场的电场强度.

三、掌握电容器的电容,能计算常见电容器——平行板、圆柱形和球形电容器的电容.

四、理解电容器储能公式、电场能量密度概念,能利用电场能量密度公式计算简单电场能量.

10.2　内容提要

一、静电场中的导体

1. 导体的静电平衡条件

导体的静电平衡条件可分别从电场强度和电势满足的条件进行表述.

(1) 电场强度要满足的条件:① 导体内部任何一点处的电场强度为零;② 导体表面处场强处处与导体表面垂直.

(2) 电势要满足的条件:导体内部和表面各点的电势都相等,即导体表面为等势面,导体为等势体.

2. 静电平衡时带电 Q 的导体上电荷分布

(1) 无空腔带电导体:内部没有净电荷,净电荷 Q 分布在导体表面上.

(2) 有空腔带电导体

① 腔内没有其他带电体:内表面没有净电荷,净电荷 Q 分布在导体外表面上.

② 腔内有其他带电体 q:内表面有净电荷 $-q$,导体外表面上分布电荷 $(Q+q)$.

3. 带电导体表面附近场强(σ为电荷面密度)

$$E=\frac{\sigma}{\varepsilon_0}$$

4. 静电屏蔽

在静电场中，因导体的存在使某些特定的区域不受电场影响的现象.

(1) 空腔导体(无论接地与否)将使腔内空间不受外电场影响；

(2) 内有带电体的接地空腔导体将使外部空间不受腔内电场影响.

二、静电场中的电介质

1. 电介质分类

(1) 有极分子电介质：无外电场时，分子正、负电荷中心不重合；

(2) 无极分子电介质：无外电场时，分子正、负电荷中心重合.

2. 电介质的极化

在外电场作用下，介质表面产生极化电荷.

(1) 有极分子取向极化，无极分子位移极化；

(2) 介质中的场强 $\boldsymbol{E}$ 为外电场 $\boldsymbol{E}_0$ 和极化电荷电场 $\boldsymbol{E}'$ 的叠加，即 $\boldsymbol{E}=\boldsymbol{E}_0+\boldsymbol{E}'$

3. 有介质时的高斯定理

静电场中，通过任意闭合曲面的电位移通量等于该曲面所包围的所有自由电荷的代数和.

$$\oint_S \boldsymbol{D}\cdot \mathrm{d}\boldsymbol{S}=\sum_i Q_{0i}$$

对均匀的各向同性电介质，电位移矢量 $\boldsymbol{D}=\varepsilon\boldsymbol{E}=\varepsilon_0\varepsilon_r\boldsymbol{E}$

三、电容器的电容

1. 电容器电容

(1) 定义 $C=\dfrac{Q}{V_A-V_B}=\dfrac{Q}{U}$

(2) 电容器电容的求解方法

步骤一：设电容器两极板分别带有正、负电荷 Q

步骤二：确定两极板间场强的分布

步骤三：由 $U=V_A-V_B=\int_A^B \boldsymbol{E}\cdot \mathrm{d}\boldsymbol{l}$ 求出两极板间电势差

步骤四：由电容器电容定义式求出电容

(3) 平行板电容器电容 $C=\dfrac{\varepsilon S}{d}$

(4) 电容器 C_1 和 C_2 串并联的等效电容 C：串联 $C=\frac{C_1 \cdot C_2}{C_1+C_2}$；并联 $C=C_1+C_2$

四、静电场的能量

1. 电容器储存的电能 $W=\frac{1}{2}QU=\frac{1}{2}CU^2=\frac{Q^2}{2C}$

2. 电场空间所存储的能量：$W_e=\int_V w_e \mathrm{d}V$，其中，电场能量密度 $w_e=\frac{1}{2}\varepsilon E^2$.

10.3 典型例题

例 1 一内半径为 a 外半径为 b 的金属球壳，带有电量 Q，在球壳空腔内距离球心 r 处有一点电荷 q，设无限远处为电势零点，试求(1) 球壳内外表面上的电荷；(2) 球心 O 点处，由球壳内表面上电荷产生的电势；(3) 球心 O 点处的总电势.

解 (1) 由静电感应，金属球壳的内表面上有感应电荷 $-q$，外表面上带电荷 $q+Q$.

(2) 不论球壳内表面上的感应电荷是如何分布的，因为任一电荷元离 O 点的距离都是 a，所以由这些电荷在 O 点产生的电势为

$$V_{-q}=\frac{\int \mathrm{d}q}{4\pi\varepsilon_0 a}=-\frac{q}{4\pi\varepsilon_0 a}$$

(3) 球心 O 点处的总电势为分布在球壳内外表面上的电荷和点电荷 q 在 O 点产生的电势的代数和

$$V_0=V_{+q}+V_{-q}+V_{Q+q}=\frac{q}{4\pi\varepsilon_0 r}-\frac{q}{4\pi\varepsilon_0 a}+\frac{Q+q}{4\pi\varepsilon_0 b}=\frac{q}{4\pi\varepsilon_0}\left(\frac{1}{r}-\frac{1}{a}+\frac{1}{b}\right)+\frac{Q}{4\pi\varepsilon_0 b}$$

例 2 两金属球的半径之比为 1∶4，带等量的同号电荷，当两者的距离远大于两球半径时，有一定的电势能，若将两球接触一下再移回原处，则电势能变为原来的多少倍？

解 因两球间距离比两球的半径大得多，这两个带电球可视为点时荷，设两球各带电量为 Q，若选无穷远处为电势零点，则两带电球之间的电势能为 $W_1=\frac{Q^2}{4\pi\varepsilon_0 d}$，$d$ 为两球间的距离，当两球接触时，电子电荷将在两球间重新分配，因两球半径之比为 1∶4，故两球电量之比 $Q_1:Q_2=1:4$，所以 $Q_2=4Q_1$；但 $Q_1+Q_2=Q_1+4Q_1=5Q_1=2Q$，因此

$$Q_1=\frac{2Q}{5};\quad Q_2=4\times\frac{2Q}{5}=\frac{8Q}{5}$$

当返回原处时，电势能为

$$W=\frac{Q_1Q_2}{4\pi\varepsilon_0 d}=\frac{16}{25}W_1$$

例 3 如图 10－1 所示三个电容器串联，电容分别为 8 μF，8 μF，4 μF，其两端 A、B 间的电压为 12 V，(1) 求电容为 4μF 的电容器的电量；(2) 将三者拆开再并联（同性极板联在一起），求电容器组两端的电压.

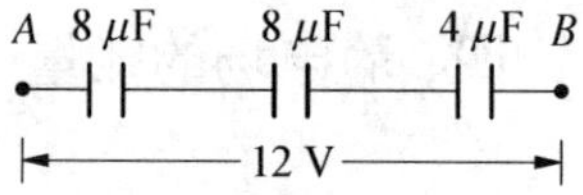

图 10－1

解 (1) 根据电荷守恒定律，三个串联电容上的电量相等，因 $C_{AB}=2\ \mu$F，

则 $Q=C_{AB}U_{AB}=2\times10^{-6}\times12=24\times10^{-6}$ C

$Q_1=Q_2=Q_3=24\times10^{-6}$ C

(2) 将三个电容器同性极边在一起后（如图 10－2 所示），总电量

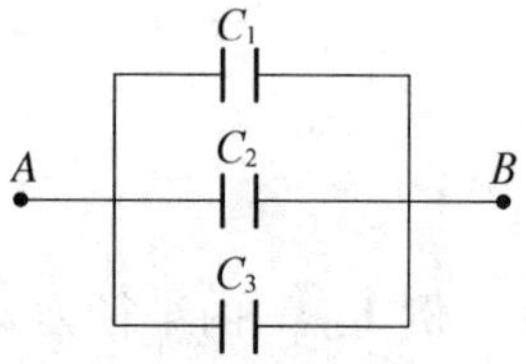

图 10－2

$$Q_{AB}=Q_1+Q_2+Q_3=3\times24\times10^{-6}=72\times10^{-6}\ \text{C}$$

且 $C_{AB}=C_1+C_2+C_3=20\ \mu$F

所以 $$U_{AB}=\frac{Q_{AB}}{C_{AB}}=\frac{72\times10^{-6}}{2\times10^{-5}}=3.6\ \text{V}$$

10.4 习题选讲

10－6 不带电的导体球 A 含有两个球形空腔，两空腔中心分别有一点电荷 q_b、q_c，导体球外距导体球较远的 r 处还有一个点电荷 q_d（如图 10－3 所示）.试求点电荷 q_b、q_c、q_d 各受多大的电场力.

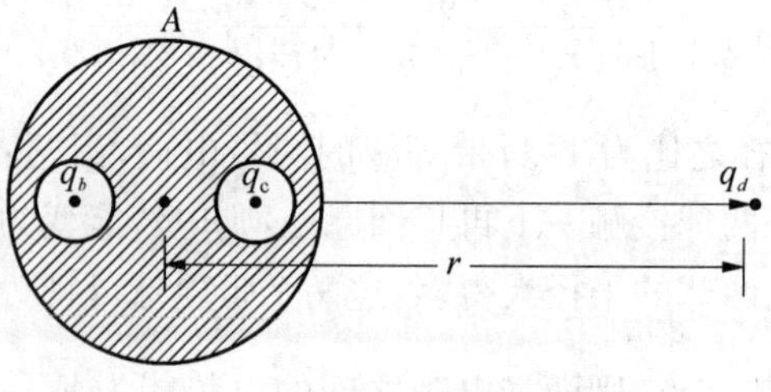

图 10－3

解 根据导体静电平衡时电荷分布的规律，空腔内点电荷的电场线终止于空腔内表面感应电荷；导体球 A 外表面的感应电荷近似均匀分布，因而近似可看作均匀带电球对点电荷 q_d 的作用力.

$$F_d=\frac{(q_b+q_c)q_d}{4\pi\varepsilon_0 r^2}$$

点电荷 q_d 与导体球 A 外表面感应电荷在球形空腔内激发的电场为零，点电荷 q_b、q_c 处于球形空腔的中心，空腔内表面感应电荷均匀分布，点电荷 q_b、q_c 受到的作用力为零.

10－12　如图 10－4 所示，半径 $R=0.10$ m 的导体球带有电荷 $Q=1.0\times10^{-8}$ C，导体外有两层均匀介质，一层介质的 $\varepsilon_r=5.0$，厚度 $d=0.10$ m，另一层介质为空气，充满其余空间. 求：(1) 离球心为 $r=5$ cm、15 cm、25 cm 处的 D 和 E；(2) 离球心为 $r=5$ cm、15 cm、25 cm 处的 V；(3) 极化电荷面密度 σ'.

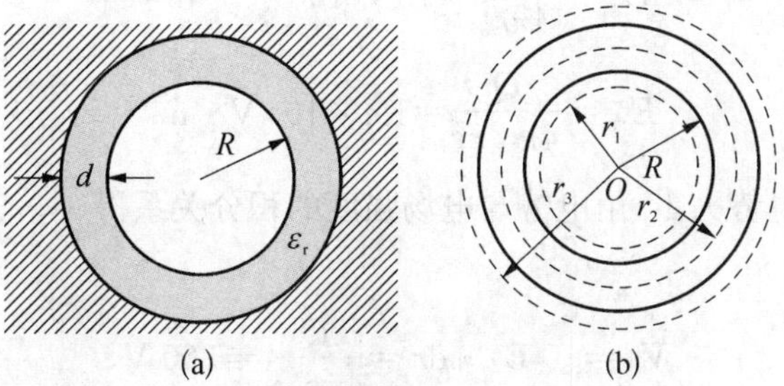

图 10－4

解　带电球上的自由电荷均匀分布在导体球表面，电介质的极化电荷也均匀分布在介质的球形界面上，因而介质中的电场是球对称分布的. 任取同心球面为高斯面，电位移矢量 $\boldsymbol{D}$ 的通量与自由电荷分布有关，因此，在高斯面上 $\boldsymbol{D}$ 呈均匀对称分布，由高斯定理 $\oint \boldsymbol{D}\cdot \mathrm{d}\boldsymbol{S}=\sum q_0$ 可得 $\boldsymbol{D}(r)$. 再由 $\boldsymbol{E}=\boldsymbol{D}/\varepsilon_0\varepsilon_r$ 可得 $\boldsymbol{E}(r)$.

介质内电势的分布，可由电势和电场强度的积分关系 $V=\int_r^{\infty}\boldsymbol{E}\cdot \mathrm{d}\boldsymbol{l}$ 求得，或者由电势叠加原理求得.

极化电荷分布在均匀介质的表面，其极化电荷面密度 $|\sigma'|=P_n$.

(1) 取半径为 r 的同心球面为高斯面，由高斯定理得

$r<R$　　$D_1\cdot 4\pi r^2=0$

$$D_1=0;E_1=0$$

$R<r<R+d$　　$D_2\cdot 4\pi r^2=Q$

$$D_2=\frac{Q}{4\pi r^2};E_2=\frac{Q}{4\pi\varepsilon_0\varepsilon_r r^2}$$

$r>R+d$　　$D_3\cdot 4\pi r^2=Q$

$$D_3=\frac{Q}{4\pi r^2};E_3=\frac{Q}{4\pi\varepsilon_0 r^2}$$

将不同的 r 值代入上述关系式，可得 $r=5$ cm、15 cm 和 25 cm 时的电位移和电场强度的大小，其方向均沿径向朝外.

$r_1=5$ cm，该点在导体球内，则

$$D_{r1}=0;E_{r1}=0$$

$r_2=15$ cm，该点在介质层内，$\varepsilon_r=5.0$，则

$$D_{r_2}=\frac{Q}{4\pi r_2^2}=3.5\times10^{-8}\ \mathrm{C\cdot m^{-2}}$$

$$E_{r_2}=\frac{Q}{4\pi\varepsilon_0\varepsilon_r r_2^2}=8.0\times10^{2}\ \mathrm{V\cdot m^{-1}}$$

$r_3=25$ cm,该点在空气层内,空气中 $\varepsilon\approx\varepsilon_0$,则

$$D_{r_3}=\frac{Q}{4\pi r_3^2}=1.3\times10^{-8}\ \mathrm{C\cdot m^{-2}}$$

$$E_{r_3}=\frac{Q}{4\pi\varepsilon_0 r_3^2}=1.4\times10^{3}\ \mathrm{V\cdot m^{-1}}$$

(2) 取无穷远处电势为零,由电势与电场强度的积分关系得

$r_3=25$ cm,

$$V_3=\int_{r_1}^{\infty}\boldsymbol{E}_3\cdot \mathrm{d}\boldsymbol{r}=\frac{Q}{4\pi\varepsilon_0 r}=360\ \mathrm{V}$$

$r_2=15$ cm,

$$\begin{aligned}V_2&=\int_{r_2}^{R+d}\boldsymbol{E}_2\cdot \mathrm{d}\boldsymbol{r}+\int_{R+d}^{\infty}\boldsymbol{E}_3\cdot \mathrm{d}\boldsymbol{r}\\&=\frac{Q}{4\pi\varepsilon_0\varepsilon_r r_2}-\frac{Q}{4\pi\varepsilon_0\varepsilon_r(R+d)}+\frac{Q}{4\pi\varepsilon_0(R+d)}\\&=480\ \mathrm{V}\end{aligned}$$

$r_1=5$ cm,

$$\begin{aligned}V_1&=\int_{R}^{R+d}\boldsymbol{E}_2\cdot \mathrm{d}\boldsymbol{r}+\int_{R+d}^{\infty}\boldsymbol{E}_3\cdot \mathrm{d}\boldsymbol{r}\\&=\frac{Q}{4\pi\varepsilon_0\varepsilon_r R}-\frac{Q}{4\pi\varepsilon_0\varepsilon_r(R+d)}+\frac{Q}{4\pi\varepsilon_0(R+d)}\\&=540\ \mathrm{V}\end{aligned}$$

(3) 均匀介质的极化电荷分布在介质界面上,因空气的电容率 $\varepsilon=\varepsilon_0$,极化电荷可忽略.故在介质外表面;

$$P_n=(\varepsilon_r-1)\varepsilon_0E_n=\frac{(\varepsilon_r-1)Q}{4\pi\varepsilon_r(R+d)^2}$$

$$\sigma=P_n=\frac{(\varepsilon_r-1)Q}{4\pi\varepsilon_r(R+d)^2}=1.6\times10^{-8}\ \mathrm{C\cdot m^{-2}}$$

在介质内表面:

$$P_n=(\varepsilon_r-1)\varepsilon_0E_n=\frac{(\varepsilon_r-1)Q}{4\pi\varepsilon_r R^2}$$

$$\sigma'=-P_n=\frac{(\varepsilon_r-1)Q}{4\pi\varepsilon_r R^2}=-6.4\times10^{-8}\ \mathrm{C\cdot m^{-2}}$$

介质球壳内、外表面的极化电荷面密度虽然不同，但是两表面极化电荷的总量还是等量异号.

10－16　如图 10－5，两条输电线，其导线半径为 3.26 mm，两线中心相距 0.50 m，导线位于地面上空很高处，因而大地影响可以忽略.求输电线单位长度的电容.

解　假设两根导线带等量异号电荷，电荷在导线上均匀分布，则由长直带电线的电场叠加，可以求出两根带电导线间的电场分布

$$\boldsymbol{E}=\boldsymbol{E}_{+}+\boldsymbol{E}_{-}$$

再由电势差的定义求出两根导线之间的电势差，就可根据电容器电容的定义，求出两线输电线单位长度的电容.

建立如图坐标，带等量异号电荷的两根导线在 P 点激发的电场强度方向如图，P 点电场强度的大小为

$$E=\frac{\lambda}{2\pi\varepsilon_0}\left(\frac{1}{x}-\frac{1}{d-x}\right)$$

电场强度的方向沿 x 轴，电线自身为等势体，依照定义两导线之间的电势差为

$$U=\int_l \boldsymbol{E}\cdot \mathrm{d}\boldsymbol{l}=\int_R^{d-R}\frac{\lambda}{2\pi\varepsilon_0}\left(\frac{1}{x}-\frac{1}{d-x}\right)\mathrm{d}x$$

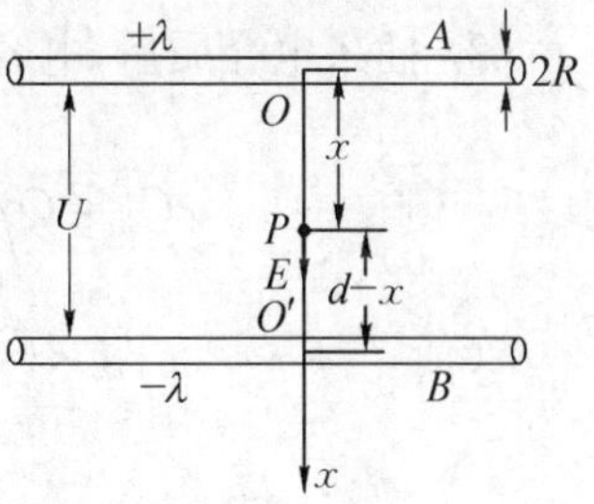

图 10－5

上式积分得

$$U=\frac{\lambda}{\pi\varepsilon_0}\ln\frac{d-R}{R}$$

因此，输电线单位长度的电容

$$C=\frac{\lambda}{U}=\pi\varepsilon_0/\ln\frac{d-R}{R}\approx\pi\varepsilon_0/\ln\frac{d}{R}$$

代入数据　　$C=5.52\times10^{-12}\ \mathrm{F}$

10－20　如图 10－6，有一个空气平板电容器，极板面积为 S，间距为 d.现将该电容器接在端电压为 U 的电源上充电，当 (1) 充足电后；(2) 然后平行插入一块面积相同、厚度为 $\delta(\delta<d)$、相对电容率为 ε_r 的电介质板；(3) 将上述电介质换为同样大小的导体板.分别求电容器的电容 C，极板上的电荷 Q 和极板间的电场强度 E.

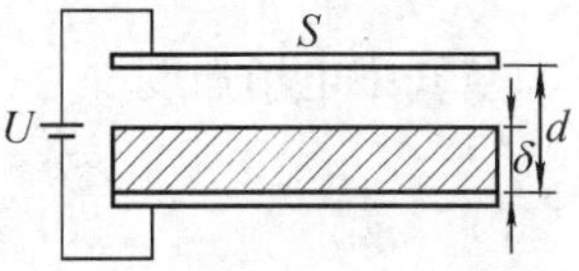

图 10－6

解　电源对电容器充电，电容器极板间的电势差等于电源端电压 U.插入电介质后，由于介质界面出现极化电荷，极化电荷在介质中激发的电场与原电容器极板上自由电荷激发的电场方向相反，介质内的电场减弱.由于极板间的距离 d 不变，因而与电源相接的导体极板将会从电源获得电荷，以维持电势差不变，并有

$$U=\frac{Q}{\varepsilon_0 S}(d-\delta)+\frac{Q}{\varepsilon_0\varepsilon_r S}\delta$$

类似的原因，在平板电容器极板之间，若平行地插入一块导体板，由于极板上的自由电荷和插入导体板上的感应电荷在导体板内激发的电场相互抵消，与电源相接的导体极板将会从电源获得电荷，使间隙中的电场 E 增强，以维持两极板间的电势差不变，并有

$$U=\frac{Q}{\varepsilon_0 S}(d-\delta)$$

综上所述，接上电源的平板电容器，插入介质或导体后，极板上的自由电荷均会增加，而电势差保持不变.

(1) 空气平板电容器的电容

$$C_0=\frac{\varepsilon_0 S}{d}$$

充电后，极板上的电荷和极板间的电场强度为

$$Q_0=\frac{\varepsilon_0 S}{d}U$$

$$E_0=U/d$$

(2) 插入电介质后，电容器的电容 C_1 为

$$C_1=Q\Big/\left[\frac{Q}{\varepsilon_0 S}(d-\delta)+\frac{Q}{\varepsilon_0\varepsilon_r S}\delta\right]=\frac{\varepsilon_0\varepsilon_r S}{\delta+\varepsilon_r(d-\delta)}$$

故有

$$C_1=C_1U=\frac{\varepsilon_0\varepsilon_r SU}{\delta+\varepsilon_r(d-\delta)}$$

介质内电场强度

$$E_1'=\frac{Q_1}{\varepsilon_0\varepsilon_r S}=\frac{U}{\delta+\varepsilon_r(d-\delta)}$$

空气中电场强度

$$E_1=\frac{Q_1}{\varepsilon_0 S}=\frac{\varepsilon_r U}{\delta+\varepsilon_r(d-\delta)}$$

(3) 插入导体达到静电平衡后，导体为等势体，其电容和极板上的电荷分别为

$$C_2=\frac{\varepsilon_0 S}{d-\delta}$$

$$Q_2=\frac{\varepsilon_0 S}{d-\delta}U$$

导体中电场强度 $$E_2'=0$$

空气中电场强度

$$E_2=\frac{U}{d-\delta}$$

无论是插入介质还是插入导体，由于电容器的导体极板与电源相连，在维持电势差不变的同时都从电源获得了电荷，自由电荷分布的变化同样使得介质内的电场强度不再等于 E_0/ε.

10－22　有一电容为 0.50 μF 的平行平板电容器，两极板间被厚度为 0.01 mm 的聚四氟乙烯薄膜所隔开，(1)求该电容器的额定电压；(2) 求电容器存贮的最大能量.

解　通过查表可知聚四氟乙烯的击穿电场强度 $E_b=6\times10^7$ V/m，电容器中的电场强度 $E\leqslant E_b$，由此可以求得电容器的最大电势差和电容器存贮的最大能量.

(1) 电容器两极板间的电势差

$$U_{\max}=E_b d=600\ \text{V}$$

(2) 电容器存贮的最大能量

$$W_e=\frac{1}{2}CU_{\max}^2=0.09\ \text{J}$$

10.5　综合练习

一、选择题

1. 带电导体达到静电平衡时，其正确结论是(　　)

(A) 导体表面上曲率半径小处电荷密度较小

(B) 表面曲率较小处电势较高

(C) 导体内部任一点电势都为零

(D) 导体内任一点与其表面上任一点的电势差等于零

2. 有一接地的金属球，用一弹簧吊起，金属球原来不带电.若在它的下方放置一电荷为 q 的点电荷，如图 10－7 所示，则(　　)

(A) 只有当 $q>0$ 时，金属球才下移　　(B) 只有当 $q<0$ 时，金属球才下移

(C) 无论 q 是正是负金属球都下移　　(D) 无论 q 是正是负金属球都不动

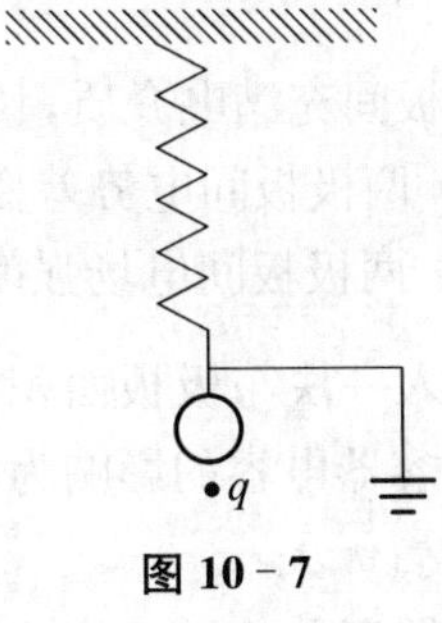

图 10－7

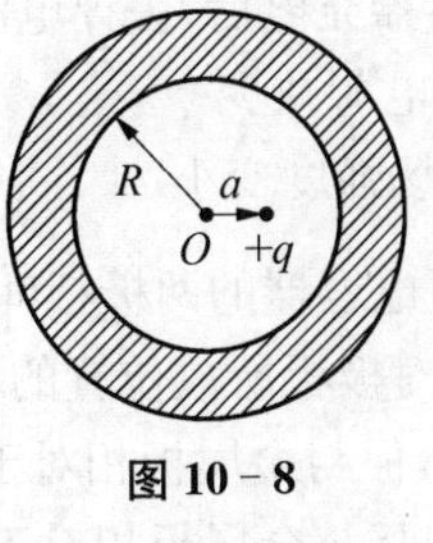

图 10－8

3. 一个不带电的空腔导体球壳，内半径为 R.在腔内离球心的距离为 a 处放一点电荷 $+q$，如图 10-8 所示.用导线把球壳接地后，再把地线撤去.选无穷远处为电势零点，则球心 O 处的电势为(　　)

(A) $\dfrac{q}{2\pi\varepsilon_0 a}$　　(B) 0　　(C) $-\dfrac{q}{4\pi\varepsilon_0 R}$　　(D) $\dfrac{q}{4\pi\varepsilon_0}\left(\dfrac{1}{a}-\dfrac{1}{R}\right)$

4. 一带正电荷的物体 M，靠近一原不带电的金属导体 N，N 的左端感生出负电荷，右端感生出正电荷.若将 N 的左端接地，如图 10-9 所示，则(　　)

(A) N 上有负电荷入地　　(B) N 上有正电荷入地

(C) N 上的电荷不动　　(D) N 上所有电荷都入地

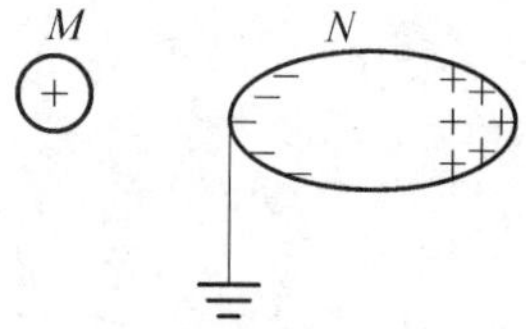

图 10-9

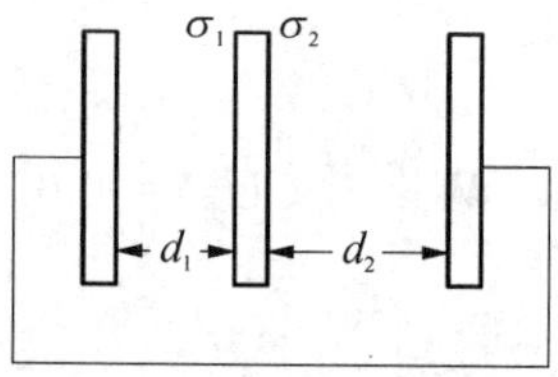

图 10-10

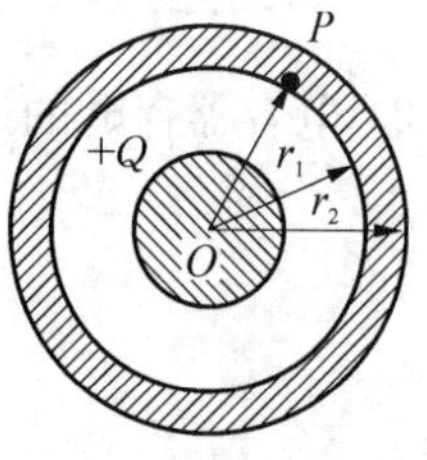

图 10-11

*5. 三块互相平行的导体板之间的距离 d_1 和 d_2 比板面积线度小得多，如果 $d_2=2d_1$，外面二板用导线连接，中间板上带电.设左右两面上电荷面密度分别为 σ_1 和 σ_2，如图 10-10 所示，则 σ_1/σ_2 为(　　)

(A) 1　　(B) 2　　(C) 3　　(D) 4

6. 一均匀带电球体如图 10-11 所示，总电荷为 $+Q$，其外部同心地罩一内、外半径分别为 r_1，r_2 的金属球壳.设无穷远处为电势零点，则在球壳内半径为 r 的 P 点处的场强和电势分别为(　　)

(A) $\dfrac{Q}{4\pi\varepsilon_0 r^2}$，0　　(B) 0，$\dfrac{Q}{4\pi\varepsilon_0 r_2}$　　(C) 0，$\dfrac{Q}{4\pi\varepsilon_0 r}$　　(D) 0，0

*7. 两个同心薄金属球壳，半径分别为 R_1 和 R_2($R_1<R_2$)，若内球壳带上电荷 Q，则两者的电势分别为 $V_1=\dfrac{Q}{4\pi\varepsilon_0 R_1}$ 和 $V_2=\dfrac{Q}{4\pi\varepsilon_0 R_2}$，(选无穷远处为电势零点).现用导线将两球壳相连接，则它们的电势为(　　)

(A) V_1　　(B) $(V_1+V_2)/2$　　(C) V_1+V_2　　(D) V_2

8. 当平行板电容器充电后，去掉电源，在两极板间充满电介质，其正确的结果是(　　)

(A) 极板上自由电荷减少　　(B) 两极板间电势差变大

(C) 两极板间电场强度变小　　(D) 两极板间电场强度不变

9. 在空气平行板电容器的两极板间平行地插入一块与极板面积相同的金属板，则由于金属板的插入及其相对极板所放位置的不同，对电容器电容的影响为(　　)

(A) 使电容减小，但与金属板相对于极板的位置无关

(B) 使电容减小，且与金属板相对于极板的位置有关

(C) 使电容增大,但与金属板相对于极板的位置无关

(D) 使电容增大,且与金属板相对于极板的位置有关

二、填空题

10. 在接地的金属球壳内,距离球心 r 处放置一个点电荷 q,则球壳外表面上的电量 $q_1=$________,球壳内表面上的电量 $q_2=$________.

11. 将一个带负电的带电体 A 从远处移到一个不带电的导体 B 附近,则导体 B 的电势将________(填"升高""降低"或"不变").

12. 一金属球壳的内外半径分别为 R_1,R_2,带电荷为 Q,在球心处有一电荷为 q 的点电荷.则球壳外表面上的电荷面密度________.

13. 分子的正负电荷中心重合的电介质叫作________分子电介质.在外电场作用下,分子的正负电荷中心发生相对位移,形成位移________.

△14. 一平行电容器,充电后与电源保持连接,然后使两极板间充满相对电容率为 ε_r 的各向同性均匀电介质,这时两极板上的电荷是原来的________倍,电场强度是原来是的________倍.电场能量是原来的________倍.

15. 一平行板电容器,两板间充满各向同性均匀电介质,已知相对电容率为 ε_r.若极板上的自由电荷面密度为 σ,则介质中电场强度的大小 $E=$________.

16. 一平行板电容器充电后切断电源,若使两电极板距离增加.则两极板间电势差将________,电容将________(填"增大""减小"或"不变").

17. 一空气平行板电容器,两极板间距为 d,充电后板间电压为 U.然后将电源断开,在两板间平行地插入一厚度为 $d/3$ 的金属板,则板间电压变成 U' 等于________.

三、计算题

18. 如图 10-12 所示,两块很大的导体平板平行放置,面积都是 S,有一定厚度,带电荷分别为 Q_1 和 Q_2.如不计边缘效应,则 A、B、C、D 四个表面上的电荷面密度分别为多少?

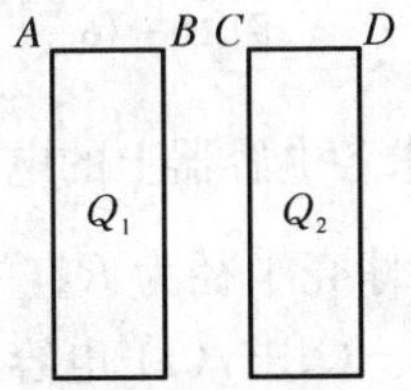

图 10-12

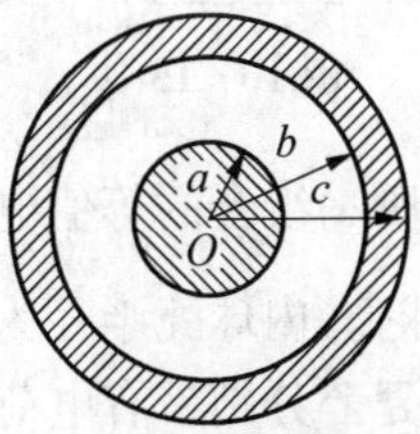

图 10-13

19. 如图 10-13 所示,一半径为 a、带有正电荷 Q 的导体球,球外有一内半径为 b、外半径为 c 的不带电的同心导体球壳.设无限远处为电势零点,试求内球和外壳的电势.

20. 半径分别为 1.0 cm 与 2.0 cm 的两个球形导体,各带电荷 1.0×10^{-8} C,两球相距很远.若用细导线将两球相连接.求(1) 每个球所带电荷;(2) 每球的电势.

21. 半径为 R_0 的导体球带有电荷 $+Q$,球外有一层均匀介质同心球壳,其内、外半径分别为 R_1 和 R_2,相对电容率为 ε_r,求:(1)介质内、外的电场强度 $\boldsymbol{E}$ 大小和电位移 $\boldsymbol{D}$ 大小;(2)导体球的电势.

22. 一空气平行板电容器,两极板面积均为 S,板间距离为 d(d 远小于极板线度),在两极板间平行地插入一面积也是 S,厚度为 t($t<d$)的金属片,如图 10-14 所示.试求:

(1) 电容 C 的值;

(2) 金属片放在两极板间的位置对电容值有无影响?

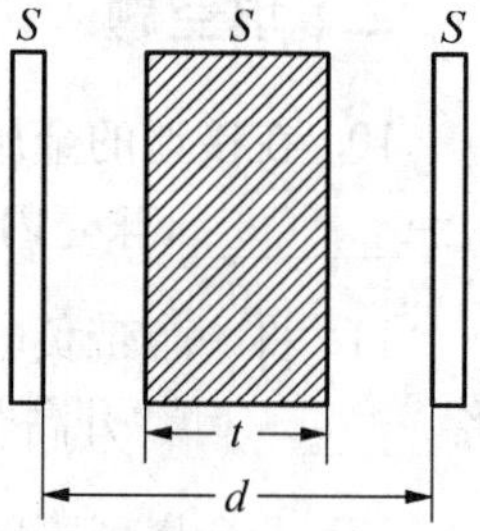

图 10-14

23. 平行板电容器极板面积 $S=3\times10^{-2}\ \mathrm{m}^2$,极板间距 $d_1=3\times10^{-3}\ \mathrm{m}$,在平行板间有一个厚度为 $d_2=1\times10^{-3}\ \mathrm{m}$ 与地绝缘的平行铜板,当电容器充电到电势差为 300 V 后与电源断开,再把铜板缓慢地从电容器中抽出,求:(1) 电容器中电场强度是否变化? 为什么?;(2) 此过程中外力所做的功.

24. 两个电容器,分别标明为 200 pF/500 V 和 300 pF/900 V.把它们串联起来,等效电容多大? 如果两端加上 1 000 V 电压,是否会被击穿?

25. 三个电容器如图 10-15 所示,其实 $C_1=10\times10^{-6}$ F,$C_2=5\times10^{-6}$ F,$C_3=4\times10^{-6}$ F,当 A,B 间电压 $U=100$ V 时,试求:

(1) A,B 之间的电容;

(2) 当 C_3 被击穿时,在电容 C_1 上的电荷和电压各变为多少?

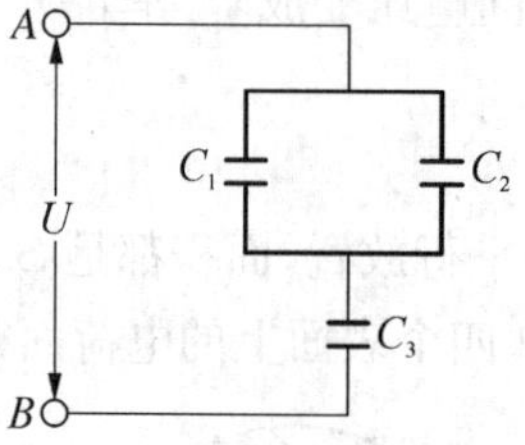

图 10-15

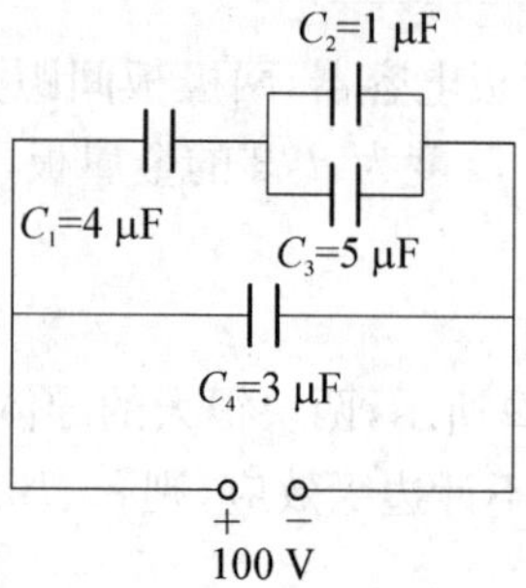

图 10-16

26. 求图 10-16 中所示组合的等值电容,并求各电容器上的电荷.

27. 两个同心金属球壳,内球壳半径为 R_1,外球壳半径为 R_2,中间是空气,构成一个球形空气电容器.设内外球壳上分别带有电荷 $+Q$ 和 $-Q$.求:(1) 电容器的电容;(2) 电容器储存的能量.

28. 电容 $C_1=4\ \mu\mathrm{F}$ 的电容器在 800 V 的电势差下充电,然后切断电源,并将此电容器的与原来不带电、电容为 $C_2=6\ \mu\mathrm{F}$ 的电容器并联,求:(1) 每个电容器极板所带的电量;(2) 连接前后的静电场能.

第 11 章　恒定磁场

11.1　基本要求

一、掌握磁感应强度的概念，理解它是与场点有关的矢量函数.

二、理解毕奥-萨伐尔定律，能利用它计算一些简单问题中的磁感应强度；理解磁场叠加原理.

三、理解磁通量的概念以及磁场的高斯定理，知道通过任意闭合曲面的磁通量必等于零.

四、掌握恒定磁场的安培环路定理，能利用它计算一些典型载流导体的磁感应强度的分布.

五、理解洛伦兹力和安培力的公式，能计算运动电荷或简单几何形状的载流导体在均匀磁场中的受力和运动；了解磁矩的概念，能计算简单几何形状的载流线圈在均匀磁场中的受力和力矩.

11.2　内容提要

一、毕奥-萨伐尔定律　磁场叠加原理

1. *毕奥-萨伐尔定律*

电流元 $I\mathrm{d}\boldsymbol{l}$ 在空间点 $\boldsymbol{r}=r\boldsymbol{e}_r$ 处产生的磁感应强度 $\mathrm{d}\boldsymbol{B}$ 为

$$\mathrm{d}\boldsymbol{B}=\frac{\mu_0}{4\pi}\frac{I\mathrm{d}\boldsymbol{l}\times\boldsymbol{e}_r}{r^2}$$

$\mathrm{d}\boldsymbol{B}$ 的大小 $\mathrm{d}B=\frac{\mu_0}{4\pi}\frac{I\mathrm{d}l\cdot\sin\theta}{r^2}$，方向由 $I\mathrm{d}\boldsymbol{l}\times\boldsymbol{e}_r$ 决定，符合右手螺旋关系.

2. *磁场叠加原理*

磁场中任一点的磁感应强度等于空间所有电流在该点的磁感应强度的矢量和，即

$$\boldsymbol{B}=\boldsymbol{B}_1+\boldsymbol{B}_2+\cdots=\sum_i \boldsymbol{B}_i$$

这样,根据电流元的磁感应强度公式和磁场叠加原理,原则上可以求出任意电流的磁场分布

$$\boldsymbol{B}=\int \mathrm{d}\boldsymbol{B}=\int \frac{\mu_0}{4\pi}\frac{I\mathrm{d}\boldsymbol{l}\times\boldsymbol{e}_r}{r^2}$$

计算积分时注意应按矢量积分方法进行.

二、反映磁场性质的两条基本定理

1. *磁场的高斯定理*

穿过磁场中任意闭合曲面的磁通量恒为零,即

$$\oint_S \boldsymbol{B}\cdot\mathrm{d}\boldsymbol{S}=0$$

说明:① 表明恒定磁场的磁感线(也称为 **B** 线)为闭合曲线,没有起点和终点,磁场是无源场;

② 磁场的高斯定理与静电场的高斯定理在形式上相似,但本质不同:通过任意闭合曲面的电场强度通量可以不为零,而通过任意闭合曲面的磁通量必为零,说明磁场是无源场而静电场是有源场.

2. *安培环路定理*

在真空稳恒磁场中,磁感应强度 **B** 沿任意闭合路径(安培环路)L 的积分(即 **B** 的环流)的值,等于 μ_0 乘以该闭合路径 L 所包围的各电流的代数和,即

$$\oint_L \boldsymbol{B}\cdot\mathrm{d}\boldsymbol{l}=\mu_0\sum_i^n I_i$$

说明:① L 所围电流的正负判定:电流流向与积分回路正方向若构成右手螺旋关系,电流取正值,反之则取负值;

② 安培环路定理可用来求某些具有对称性分布电流的 **B** 分布;

③ **B** 的环流 $\oint_L \boldsymbol{B}\cdot\mathrm{d}\boldsymbol{l}=0$ 并不意味着闭合路径上各点的磁感应强度都为零;

④ 一般情况下 **B** 的环流不为零,表明恒定磁场的基本性质与静电场不同,静电场是保守场,磁场是涡旋场.

三、磁场对运动电荷的作用力

1. *洛伦兹力*

电量为 q 的带电粒子在磁场 **B** 中以速度 **v** 运动时受到的作用力 **F** 称为洛伦兹力

$$\boldsymbol{F}=q\boldsymbol{v}\times\boldsymbol{B}$$

洛伦兹力 $\boldsymbol{F}$ 的方向任意时刻都垂直于速度 $\boldsymbol{v}$ 和磁场 $\boldsymbol{B}$ 所构成的平面，且 $\boldsymbol{F}$ 的方向与矢积 $q\boldsymbol{v}\times\boldsymbol{B}$ 的方向一致，需要注意的是电荷 q 的正负也会影响 $\boldsymbol{F}$ 的方向.

匀速运动的电荷在均匀磁场中运动时的几种情况：

(1) 如果 $\boldsymbol{v}/\!/\boldsymbol{B}$，则 $\boldsymbol{F}=0$，电荷作匀速直线运动；

(2) 如果 $\boldsymbol{v}\perp\boldsymbol{B}$，有 $F=qvB$，洛伦兹力提供向心力，电荷在垂直于 $\boldsymbol{B}$ 的平面内作匀速圆周运动，回旋半径(圆周运动半径)$R=\dfrac{mv}{qB}$，回旋周期(圆周运动周期)$T=\dfrac{2\pi m}{qB}$，回旋频率(圆周运动频率)$f=\dfrac{qB}{2\pi m}$，T、f 与 v 及 R 无关；

(3) 当 $\boldsymbol{v}$ 与 $\boldsymbol{B}$ 成任意夹角 θ 时，将 $\boldsymbol{v}$ 分解成平行于 $\boldsymbol{B}$ 方向的速度 $\boldsymbol{v}_{/\!/}$ 和垂直于 $\boldsymbol{B}$ 方向的速度 $\boldsymbol{v}_{\perp}$ 两部分，平行于 $\boldsymbol{B}$ 方向的速度 $\boldsymbol{v}_{/\!/}$ 因不受力而作匀速直线运动，垂直于 $\boldsymbol{B}$ 方向的速度 $\boldsymbol{v}_{\perp}$ 则作匀速圆周运动，因此运动电荷的合成运动轨迹为螺旋线，螺距 $d=v_{/\!/}T=v\cos\theta\cdot\dfrac{2\pi m}{qB}$.

2. 安培力

安培力是指磁场对载流导线的作用力.电流元 $I\mathrm{d}\boldsymbol{l}$ 在磁场中受到的安培力 $\mathrm{d}\boldsymbol{F}$ 为

$$\mathrm{d}\boldsymbol{F}=I\mathrm{d}\boldsymbol{l}\times\boldsymbol{B}$$

一段任意的有限长载流导线 L 在磁场中受到的安培力为

$$\boldsymbol{F}=\int_L I\mathrm{d}\boldsymbol{l}\times\boldsymbol{B}$$

说明：① 安培力 $\mathrm{d}\boldsymbol{F}$ 垂直于 $I\mathrm{d}\boldsymbol{l}$ 和 $\boldsymbol{B}$ 所组成的平面，且 $\mathrm{d}\boldsymbol{F}$ 的方向与矢积 $I\mathrm{d}\boldsymbol{l}\times\boldsymbol{B}$ 的方向一致；

② 安培力是作用在整个载流导线上的，而不是集中作用于一点上的.

四、载流线圈

1. 线圈磁矩

平面载流线圈的磁矩 $\boldsymbol{m}$ 的大小等于线圈中电流强度 I 乘以线圈所围平面的面积值 S，方向与线圈平面的正法线 $\boldsymbol{e}_n$(一般取与 I 构成右手螺旋的方向为线圈平面的正法线方向)方向一致，即

$$\boldsymbol{m}=IS\boldsymbol{e}_n$$

2. 载流线圈在磁场中所受力矩——磁力矩

任意形状的平面载流线圈在均匀磁场中所受的磁力矩为

$$\boldsymbol{M}=IS\boldsymbol{e}_n\times\boldsymbol{B}=\boldsymbol{m}\times\boldsymbol{B}$$

如果线圈是 N 匝，那么线圈所受的磁力矩应为

$$\boldsymbol{M}=NIS\boldsymbol{e}_n\times\boldsymbol{B}$$

说明:① 当载流线圈的 $\boldsymbol{e}_n$ 方向与磁感应强度 $\boldsymbol{B}$ 的方向相同(即夹角 $\theta=0°$),亦即磁通量为正向极大时,$M=0$,磁力矩为零,此时线圈处于稳定平衡状态;

② 当载流线圈的 $\boldsymbol{e}_n$ 方向与磁感应强度 $\boldsymbol{B}$ 的方向垂直(即夹角 $\theta=90°$),亦即磁通量为零时,$M=NISB$,磁力矩最大;

③ 当载流线圈的 $\boldsymbol{e}_n$ 方向与磁感应强度 $\boldsymbol{B}$ 的方向相反(即夹角 $\theta=180°$),亦即磁通量为反向极大时,$M=0$,磁力矩也为零,此时线圈处于不稳定平衡状态;

④ $\boldsymbol{M}=IS\boldsymbol{e}_n\times\boldsymbol{B}=\boldsymbol{m}\times\boldsymbol{B}$ 这一公式虽然是从均匀磁场中的矩形线圈推导而来,但它对任意形状的刚性平面线圈都适用.

11.3 典型例题

例 1 氢原子处在基态时,它的电子可看作是在半径 $a=0.52\times10^{-8}$ cm 的轨道上作匀速圆周运动的质点,速率 $v=2.2\times10^{8}$ cm·s^{-1}. 求电子在轨道中心所产生的磁感应强度和电子磁矩的值.

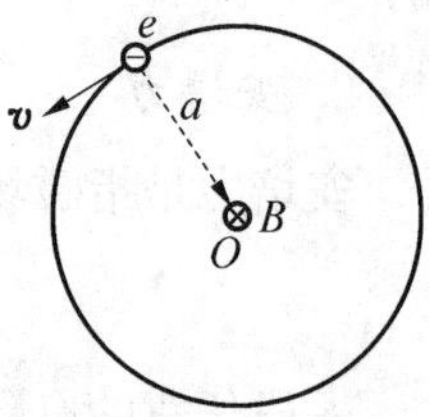

图 11-1

解 电子作圆周运动,等效圆电流强度 I 的大小为电荷值 e 与周期 T 的比值

$$I=\frac{e}{T}=\frac{e}{2\pi a/v}$$

如图 11-1 所示,电子沿逆时针方向运动,因而电流的流向为顺时针方向,则电子在轨道中心产生的磁感应强度

$$B_0=\frac{\mu_0 I}{2a}=\frac{\mu_0 ev}{4\pi a^2}$$

方向垂直纸面向里,大小为

$$B_0=\frac{\mu_0 ev}{4\pi a^2}=13.0\ \text{T}$$

电子磁矩 $\boldsymbol{m}$ 在图 11-1 中也是垂直纸面向里,大小为

$$m=\frac{e}{T}\pi a^2=\frac{eva}{2}=9.2\times10^{-24}\ \text{A}\cdot\text{m}^2$$

例 2 正电荷 q 均匀地分布在半径为 R 的圆环上,这环以匀角速度 ω 绕它的几何轴旋转,如图 11-2 所示. 试求:(1) 轴线上离环心 O 为 r 处的磁感应强度;(2) 磁矩的值.

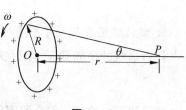

图 11-2

解 (1) 绕轴旋转的带电圆环构成一个圆电流,其

电流强度大小为电荷 q 与周期 T 的比值

$$I=\frac{q}{T}=\frac{q}{2\pi/\omega}$$

根据毕奥-萨伐尔定律，圆电流 I 在其轴线上离圆心为 r 处产生的磁感应强度 $\boldsymbol{B}$ 的大小为

$$B=\frac{\mu_0 IR^2}{2\left(r^2+R^2\right)^{3/2}}$$

将 I 值代入得

$$B=\frac{\mu_0 qR^2\omega}{4\pi\left(r^2+R^2\right)^{3/2}}$$

由右手螺旋关系得，磁感应强度 $\boldsymbol{B}$ 的方向由 O 点指向 P 点.

(2) 磁矩 $\boldsymbol{m}$ 的方向也由 O 点指向 P 点，大小为

$$m=IS=\frac{q}{2\pi/\omega}\cdot\pi R^2=\frac{1}{2}qR^2\omega$$

例 3　一个正电荷 q 以恒定速率沿一直线通过一个具有均匀电场 $\boldsymbol{E}$ 和均匀磁场 $\boldsymbol{B}$ 的被抽成真空的区域.

(1) 如果 $\boldsymbol{E}$ 的方向竖直向上，而电荷以速度 $\boldsymbol{v}$ 水平向右运动，试确定磁场 $\boldsymbol{B}$ 的最小值和方向.

(2) 试解释为什么仅给定 $\boldsymbol{E}$ 和 $\boldsymbol{v}$ 还不能唯一地确定 $\boldsymbol{B}$？

(3) 如果点电荷为一质子，它通过 3.10×10^5 V 的电势差而被加速后进入上述的真空电磁场区域. 若 $E=1.90\times10^5$ V/m，试计算(1)中 $\boldsymbol{B}$ 的大小.

(4) 如果在(3)中撤去电场 $\boldsymbol{E}$，试确定质子在此情况下运动时的圆周轨道的半径 r.

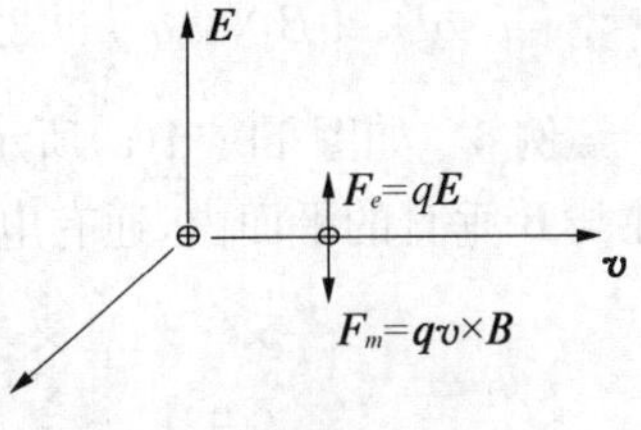

图 11-3

解　电荷在电场和磁场中运动，同时受到电场力和磁场力的作用 $\boldsymbol{F}=q\boldsymbol{E}+q\boldsymbol{v}\times\boldsymbol{B}$.

(1) 在 $\boldsymbol{F}=q\boldsymbol{E}+q\boldsymbol{v}\times\boldsymbol{B}$ 中，$\boldsymbol{E}$ 是给定的，当 $F=0$ 时，$\boldsymbol{B}$ 的值将最小，即

$$q\boldsymbol{E}=-q\boldsymbol{v}\times\boldsymbol{B}$$

这说明 $\boldsymbol{E}$ 的方向与 $\boldsymbol{v}\times\boldsymbol{B}$ 方向相反，所以

$$qE=-qvB\sin\theta$$

式中 θ 为 $\boldsymbol{v}$ 和 $\boldsymbol{B}$ 的夹角，由此得

$$B=-\frac{E}{v\sin\theta}$$

当 $\sin\theta=1$ 时，B 有最小值，为 $B_{\min}=\frac{E}{v}$. $\boldsymbol{B}$ 的方向垂直纸面向外，如图 11-3 所示.

(2) 满足正电荷作匀速直线运动的条件是

$$\boldsymbol{F}_e = -\boldsymbol{F}_m,即\ q\boldsymbol{E} = -q\boldsymbol{v}\times\boldsymbol{B}$$

可见 $\boldsymbol{B}$ 必与 $\boldsymbol{E}$ 垂直.

又因为 $F_m = qvB\sin\theta$,所以当 $\boldsymbol{E}$、$\boldsymbol{v}$ 一定时,有

$$B = \frac{F_m}{qv\sin\theta} = \frac{qE}{qv\sin\theta} = \frac{E}{v\sin\theta}$$

可见 $\boldsymbol{v}$ 与 $\boldsymbol{B}$ 的夹角在 0～180°的范围内,都符合 $\boldsymbol{F}_e = -\boldsymbol{F}_m$ 这个条件,由上式确定的 B 值都使正电荷所受的电场力和磁场力相抵消,所以 $\boldsymbol{B}$ 不能唯一地被确定.

(3) 设质子的速度为 $\boldsymbol{v}$,电势能转化为质子运动的动能,即 $qU = \frac{1}{2}mv^2$,所以

$$v = \sqrt{\frac{2qU}{m}}$$

B 的最小值为

$$B_{\min} = \frac{E}{v} = E\sqrt{\frac{m}{2qU}} = 1.90\times10^5\times\sqrt{\frac{1.67\times10^{-27}}{2\times1.6\times10^{19}\times3.10\times10^5}}\ \mathrm{T} = 2.47\times10^{-2}\ \mathrm{T}$$

(4) 如果撤去 $\boldsymbol{E}$,则质子将作匀速圆周运动,设半径为 r,因为 $qvB = m\frac{v^2}{r}$,所以

$$r = \frac{mv}{qB} = \frac{1}{B}\sqrt{\frac{2mv}{q}} = \frac{1}{2.47\times10^{-2}}\times\sqrt{\frac{2\times1.67\times10^{-27}\times3.10\times10^5}{1.6\times10^{-19}}}\ m = 3.26\ \mathrm{m}$$

例 4 如图 11-4(a)所示,均匀磁场 $\boldsymbol{B}$ 中放一段任意形状的平面载流导线 AB,AB 放在与 $\boldsymbol{B}$ 垂直的平面内,通有电流 I.求该导线所受的安培力.

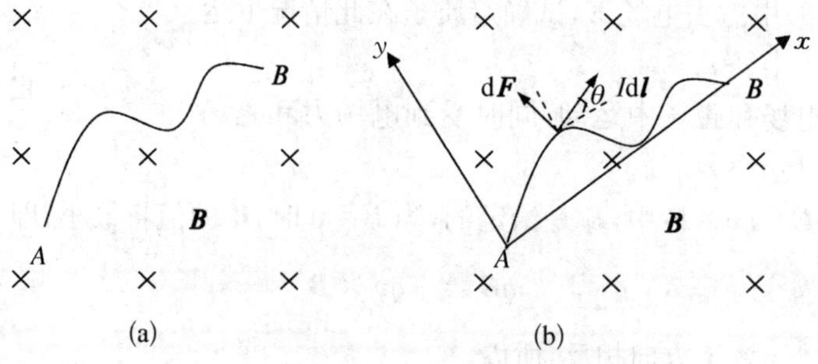

图 11-4

解 这不是一段直导线,因此各电流元所受的安培力的方向不同.

取坐标系如图 11-4(b)所示.电流元 $I\mathrm{d}\boldsymbol{l}$ 所受的安培力由安培定律给出

$$\mathrm{d}\boldsymbol{F} = I\mathrm{d}\boldsymbol{l}\times\boldsymbol{B}$$

方向垂直于 $I\mathrm{d}\boldsymbol{l}$,其大小为 $\mathrm{d}F = IB\mathrm{d}l$.

$\mathrm{d}F$ 的 x、y 方向分量分别为

$$dF_x = dF\sin\theta = IBdl\sin\theta = IBdy$$

$$dF_y = dF\cos\theta = IBdl\cos\theta = IBdx$$

从而有

$$F_x = \int dF_x = \int_0^0 IBdy = 0$$

$$F_y = \int dF_y = \int_0^{AB} IBdx = IB \cdot \overline{AB}$$

故，任意形状的平面载流导线 AB 所受的安培力为 $F = F_y = IB \cdot \overline{AB}$，方向沿 y 轴正方向.其中，$\overline{AB}$ 指 AB 间等效直导线的长度.

由此可知，任意形状的平面载流导线 AB 在该磁场中所受的安培力的大小与 AB 间载有相同电流的直导线所受的力相等，方向亦相同.

11.4　习题选讲

11－11　如图 11－5 所示，几种载流导线在平面内分布，电流均为 I，它们在点 O 的磁感应强度各为多少？

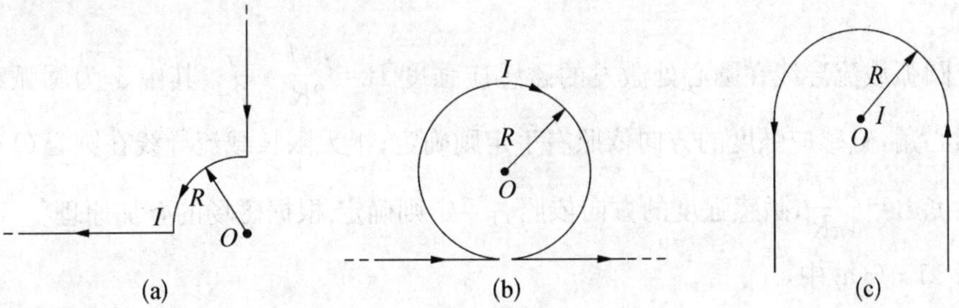

图 11－5

解　应用磁场叠加原理求解.将不同形状的载流导线分解成长直部分和圆弧部分，它们各自在点 O 处所激发的磁感强度较容易求得，则总的磁感强度 $\boldsymbol{B}_0 = \sum \boldsymbol{B}_i$.

(a) 点 O 处在两条半无限长电流的延长线上，有 $I d\boldsymbol{l} \times \boldsymbol{r} = 0$，因此它们在点 O 产生的磁场均为零，则点 O 处总的磁感应强度为 $\frac{1}{4}$ 圆弧电流所激发，故有

$$B_0 = \frac{\mu_0 I}{8R}$$

$\boldsymbol{B}_0$ 的方向垂直纸面向外.

(b) 将载流导线看作圆电流和长直电流，圆电流产生的磁场垂直纸面向里，长直电流产生的磁场垂直纸面向外，由叠加原理可得

$$B_0=\frac{\mu_0 I}{2R}-\frac{\mu_0 I}{2\pi R}$$

$\boldsymbol{B}_0$ 的方向垂直纸面向里.

(c) 将载流导线看作$\frac{1}{2}$圆弧电流和两段半无限长直电流,它们产生的磁场均垂直纸面向外,由叠加原理可得

$$B_0=\frac{\mu_0 I}{4R}+\frac{\mu_0 I}{4\pi R}+\frac{\mu_0 I}{4\pi R}=\frac{\mu_0 I}{4R}+\frac{\mu_0 I}{2\pi R}$$

$\boldsymbol{B}_0$ 的方向垂直纸面向外.

11－12 载流导线形状如图 11－6 所示(图中直线部分导线延伸到无穷远),求点 O 的磁感应强度 $\boldsymbol{B}$.

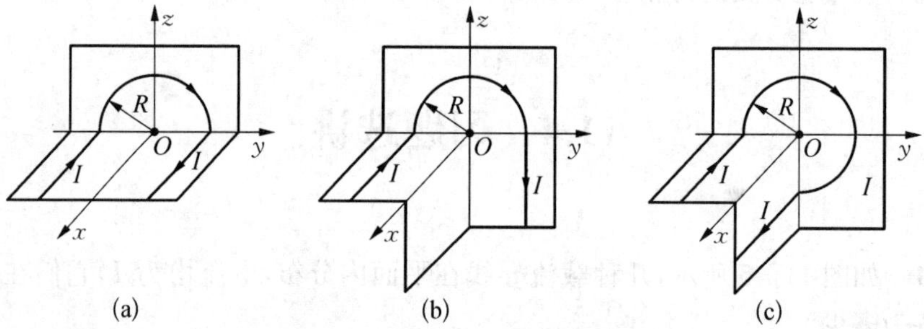

图 11－6

解 圆弧载流导线在圆心处激发的磁感应强度 $B=\frac{\mu_0 I}{2R}\cdot\frac{\alpha}{2\pi}$,其中 α 为圆弧载流导线所张的圆心角,磁感应强度的方向依照右手定则确定;半无限长载流导线在圆心 O 处激发的磁感应强度 $B=\frac{\mu_0 I}{4\pi R}$,磁感强度的方向依照右手定则确定.根据磁场的叠加原理

在图 11－6(a)中,

$$\boldsymbol{B}_0=-\frac{\mu_0 I}{4R}\boldsymbol{i}-\frac{\mu_0 I}{4\pi R}\boldsymbol{k}-\frac{\mu_0 I}{4\pi R}\boldsymbol{k}=-\frac{\mu_0 I}{4R}\boldsymbol{i}-\frac{\mu_0 I}{2\pi R}\boldsymbol{k}$$

在图 11－6(b)中,

$$\boldsymbol{B}_0=-\frac{\mu_0 I}{4\pi R}\boldsymbol{i}-\frac{\mu_0 I}{4R}\boldsymbol{i}-\frac{\mu_0 I}{4\pi R}\boldsymbol{k}=-\frac{\mu_0 I}{4R}\left(\frac{1}{\pi}+1\right)\boldsymbol{i}-\frac{\mu_0 I}{4\pi R}\boldsymbol{k}$$

在图 11－6(c)中,

$$\boldsymbol{B}_0=-\frac{3\mu_0 I}{8R}\boldsymbol{i}-\frac{\mu_0 I}{4\pi R}\boldsymbol{j}-\frac{\mu_0 I}{4\pi R}\boldsymbol{k}$$

11－14 如图 11－7(a)所示,载流长直导线的电流为 I,试求通过矩形面积的磁通量.

解 由于矩形平面上各点的磁感应强度不同,故计算磁通量时不能采用匀强磁场的公式 $\Phi=\boldsymbol{B}\cdot\boldsymbol{S}$.为此,可在矩形平面上取一矩形面元 $\mathrm{d}S=l\mathrm{d}x$,如图 11－7(b)所示,载流长直

导线的磁场穿过该面元的磁通量为

$$\mathrm{d}\Phi=\boldsymbol{B}\cdot\mathrm{d}\boldsymbol{S}=\frac{\mu_0 I}{2\pi x}l\,\mathrm{d}x$$

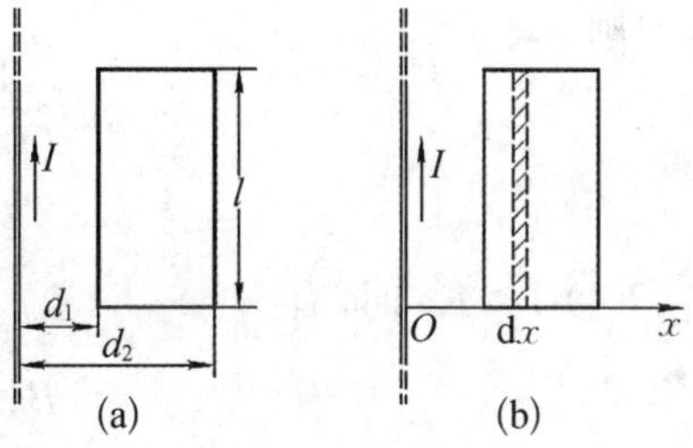

图 11－7

矩形平面的总磁通量

$$\Phi=\int\mathrm{d}\Phi$$

由上述分析可得矩形平面的总磁通量

$$\Phi=\int_{d_1}^{d_2}\frac{\mu_0 I}{2\pi x}l\,\mathrm{d}x=\frac{\mu_0 Il}{2\pi}\ln\frac{d_2}{d_1}$$

11－16　有一同轴电缆，其尺寸如图 11－8(a)所示.两导体中的电流均为 I，但电流的流向相反，导体的磁性可不考虑.试计算以下各处的磁感应强度：(1) $r<R_1$；(2) $R_1<r<R_2$；(3) $R_2<r<R_3$；(4) $r>R_3$.并画出 $B-r$ 分布曲线.

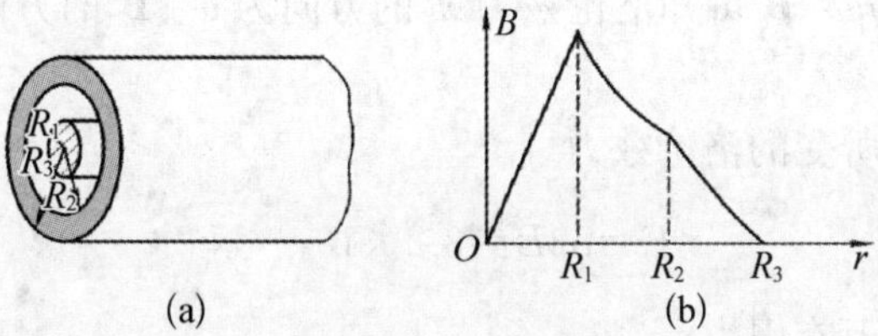

图 11－8

解　同轴电缆导体内的电流均匀分布，其磁场呈轴对称分布，取半径为 r 的同心圆为积分路径，$\oint_L \boldsymbol{B}\cdot\mathrm{d}\boldsymbol{l}=B\cdot 2\pi r$，利用安培环路定理$\oint_L \boldsymbol{B}\cdot\mathrm{d}\boldsymbol{l}=\mu_0\sum_i^n I_i$，可解得各区域的磁感应强度.

(1) $r<R_1$ 时，有

$$B_1\cdot 2\pi r=\mu_0\frac{1}{\pi R_1^2}\pi r^2$$

所以

$$B_1=\frac{\mu_0 Ir}{2\pi R_1^2}$$

(2) $R_1<r<R_2$ 时，有

$$B_2\cdot 2\pi r=\mu_0 I$$

则

$$B_2=\frac{\mu_0 I}{2\pi r}$$

(3) $R_2<r<R_3$ 时，有

$$B_3\cdot 2\pi r=\mu_0\left[I-\frac{\pi(r^2-R^2)}{\pi(R_3^2-R_2^2)}I\right]$$

则

$$B_3=\frac{\mu_0 I}{2\pi r}\frac{R_3^2-r^2}{R_3^2-R_2^2}$$

(4) $r>R_3$ 时,有

$$B_4\cdot 2\pi r=\mu_0(I-I)=0$$

则

$$B_4=0$$

磁感应强度 $B-r$ 的分布曲线如图 11-8(b)所示.

11-22 已知地面上空某处地磁场的磁感应强度 $B=0.4\times10^{-4}$ T,方向向北.若宇宙射线中有一速率 $v=5.0\times10^{7}\ \mathrm{m\cdot s^{-1}}$ 的质子,垂直地通过该处.求:

(1) 洛伦兹力的方向;

(2) 洛伦兹力的大小,并与该质子受到的万有引力相比较.

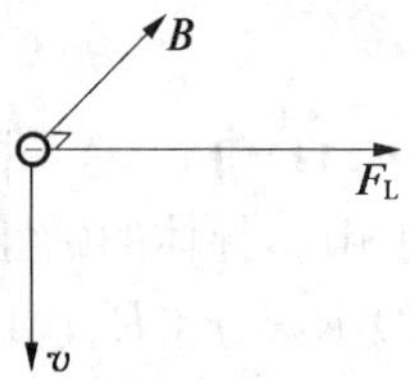

图 11-9

解 (1) 依照 $\boldsymbol{F}=q\boldsymbol{v}\times\boldsymbol{B}$ 可知洛伦兹力 $\boldsymbol{F}$ 的方向为 $\boldsymbol{v}\perp\boldsymbol{B}$ 的方向,如图 11-9 所示.

(2) 因 $\boldsymbol{v}\perp\boldsymbol{B}$,质子所受的洛伦兹力

$$F=qvB=3.2\times10^{-16}\ \mathrm{N}$$

在地球表面质子所受的万有引力

$$G=m_p g=1.64\times10^{-26}\ \mathrm{N}$$

因而,有 $\frac{F}{G}=1.95\times10^{10}$,即质子所受的洛伦兹力远大于重力.

11-26 如图 11-10(a)所示,一根长直导线载有电流 $I_1=30$ A,矩形回路载有电流 $I_2=20$ A,试计算作用在回路上的合力.已知 $d=1.0$ cm,$b=8.0$ cm,$l=0.12$ cm.

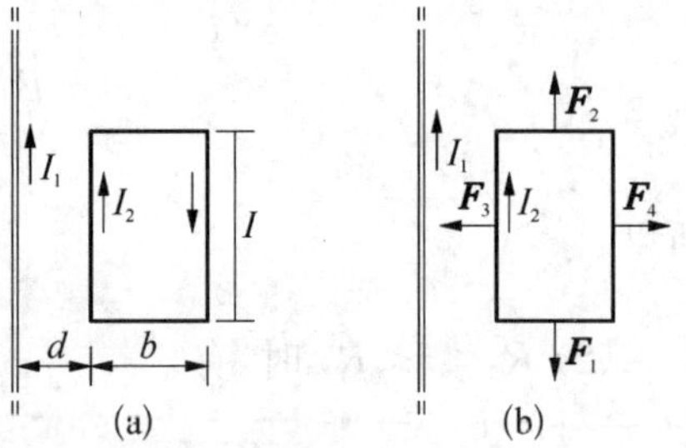

图 11-10

解 由题可知,矩形上、下两段导线所受的安培力大小相等,方向相反,两力的矢量和为零,而矩形的左右两段导线由于载流导线在该处产生的磁感应强度不相等,且方向相反,因此线框所受的力为这两个力的合力.

设上、下两段导线所受的力分别为 $\boldsymbol{F}_1$ 和 $\boldsymbol{F}_2$,左右两段导线所受的力分别为 $\boldsymbol{F}_3$ 和 $\boldsymbol{F}_4$,如图 11-10(b)所示.由安培定律和叠加原理可知,$\boldsymbol{F}_1$ 和 $\boldsymbol{F}_2$ 大小相等,方向相反,即 $\boldsymbol{F}_1+\boldsymbol{F}_2=0$;整个矩形回路所受的力为 $\boldsymbol{F}=\boldsymbol{F}_3+\boldsymbol{F}_4$,该合力的大小为

$$F=F_3-F_4=\frac{\mu_0 I_1}{2\pi d}I_2 l-\frac{\mu_0 I_1}{2\pi(d+b)}I_2 l=1.28\times10^{-3}\ \mathrm{N}$$

合力的方向向左.

11.5　综合练习

一、选择题

1. 下列对磁感应强度的理解的几种说法，其中正确的是（　　）

(A) 磁感应强度和安培力 d$\boldsymbol{F}$ 的大小成正比，和检验电流元 $I\mathrm{d}\boldsymbol{l}$ 的大小成反比

(B) 在检验电流元不受安培力处，磁感应强度必为 0

(C) 磁感应强度的方向也就是检验电流元所受安培力的方向

(D) 磁场中各点磁感应强度大小和方向是一定的，与检验电流元 $I\mathrm{d}\boldsymbol{l}$ 无关

2. 在一平面内，有两条垂直交叉但相互绝缘的导线，流过每条导线的电流的大小相等，其方向如图 11－11 所示，问哪些区域中有可能存在磁感应强度为零的点（　　）

(A) 仅在象限Ⅰ

(B) 仅在象限Ⅱ

(C) 仅在象限Ⅰ、Ⅲ

(D) 仅在象限Ⅱ、Ⅳ

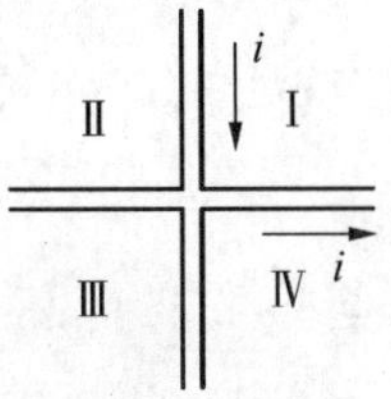

图 11－11

3. 边长为 L 的一个正方形导体框上通有电流 I，则此框中心的磁感应强度（　　）

(A) 与 L 成正比　(B) 与 L 成反比　(C) 与 L^2 成正比　(D) 与 L^2 成反比

4. 无限长直圆柱体，半径为 R，电流沿轴向均匀地流过横截面. 设圆柱体内（$r<R$）的磁感应强度大小为 B_{in}，圆柱体外（$r>R$）的磁感应强度大小为 B_{out}，则有（　　）

(A) B_{in}、B_{out} 均与 r 成正比　(B) B_{in}、B_{out} 均与 r 成反比

(C) B_{in} 与 r 成反比，B_{out} 与 r 成正比　(D) B_{in} 与 r 成正比，B_{out} 与 r 成反比

5. 一带电粒子在垂直纸面向里的均匀磁场中运动，并穿过一块铅板，损失一部分能量，它的轨迹如图11－12所示，据此可以判断该粒子（　　）

(A) 带负电从 $A\to B\to C$　(B) 带正电从 $A\to B\to C$

(C) 带负电从 $C\to B\to A$　(D) 带正电从 $C\to B\to A$

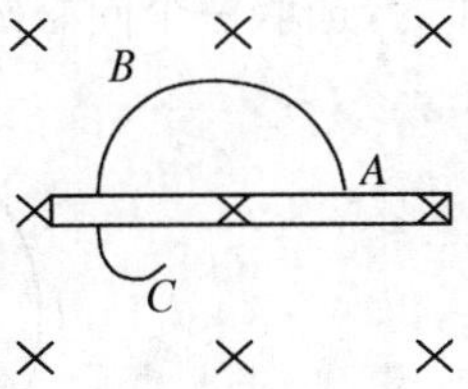

图 11－12

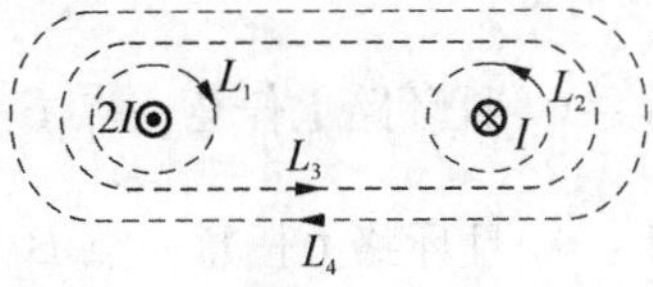

图 11－13

6. 如图 11－13 所示，流出纸面的电流为 $2I$，流进纸面的电流为 I，则在下述各式中正确的是（　　）

(A) $\oint_{L1} \boldsymbol{B} \cdot d\boldsymbol{l} = 2\mu_0 I$　　(B) $\oint_{L2} \boldsymbol{B} \cdot d\boldsymbol{l} = \mu_0 I$

(C) $\oint_{L3} \boldsymbol{B} \cdot d\boldsymbol{l} = -\mu_0 I$　　(D) $\oint_{L4} \boldsymbol{B} \cdot d\boldsymbol{l} = -\mu_0 I$

7. 下列说法中正确的是(　　)

(A) 无限长载流导线周围的磁感线和点电荷周围的电场线是相同形状的曲线

(B) 小磁针只受磁场力作用时,将沿磁感线运动

(C) 磁感线是通电导体受到的磁场力的作用线

(D) 磁感线上任意一点的切线方向都跟该点的磁场方向相同

8. 如图 11-14 所示,在点 A 的东、西、南、北方向相同距离处,各有一无限长直线电流,电流大小相同,方向如图,则点 A 的磁场方向为(　　)

(A) 正北方　(B) 东南方　(C) 正东方　(D) 正南方

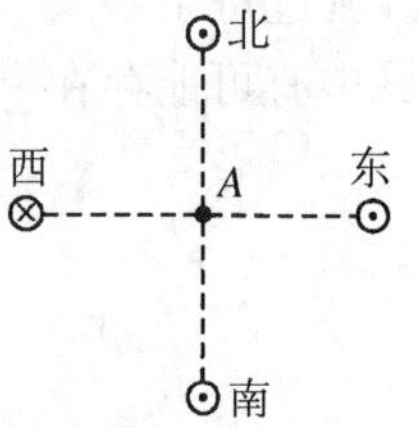

图 11-14

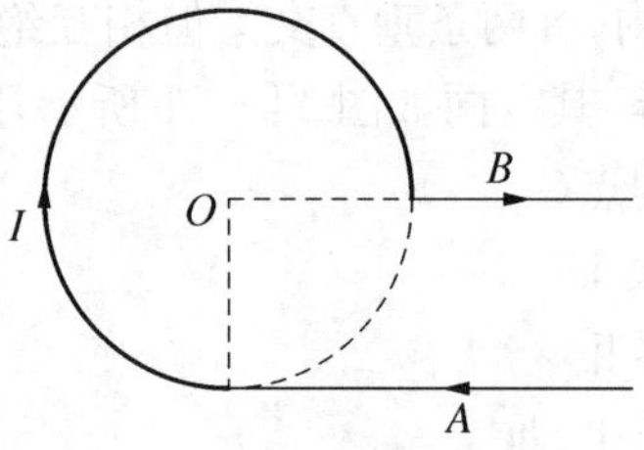

图 11-15

9. 一无限长载流导线弯成如图 11-15 的形状,则在圆心处的磁感应强度大小为(　　)

(A) $\dfrac{\mu_0 I}{4\pi R}$　(B) $\dfrac{\mu_0 I}{4\pi R}+\dfrac{3\mu_0 I}{8R}$　(C) $\dfrac{\mu_0 I}{4\pi R}-\dfrac{\mu_0 I}{8R}$　(D) 0

10. 取一闭合积分回路 L,使 3 根载流导线穿过它所包围成的面,现改变 3 根导线之间的相互间隔,但不越出积分回路,则(　　)

(A) 回路内的 $\sum I$ 不变,L 上各点的 $\boldsymbol{B}$ 不变

(B) 回路内的 $\sum I$ 不变,L 上各点的 $\boldsymbol{B}$ 改变

(C) 回路内的 $\sum I$ 改变,L 上各点的 $\boldsymbol{B}$ 不变

(D) 回路内的 $\sum I$ 改变,L 上各点的 $\boldsymbol{B}$ 改变

11. 如图 11-16 所示,在一圆形电流 I 所在的平面内,选取一个同心圆形闭合回路 L,则由安培环路定理可知(　　)

(A) $\oint_L \boldsymbol{B} \cdot d\boldsymbol{l} = 0$,且环路上任意一点 $B=0$

(B) $\oint_L \boldsymbol{B} \cdot d\boldsymbol{l} = 0$,且环路上任意一点 $B\neq 0$

(C) $\oint_L \boldsymbol{B} \cdot d\boldsymbol{l} \neq 0$,且环路上任意一点 $B\neq 0$

(D) $\oint_L \boldsymbol{B} \cdot d\boldsymbol{l} \neq 0$,且环路上任意一点 $B=$常量

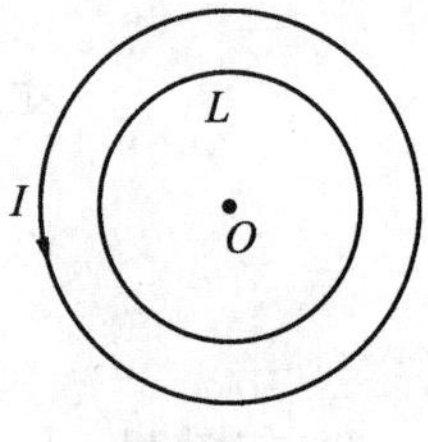

图 11-16

12. 一带电粒子垂直射入均匀磁场，如果粒子质量增大到 2 倍，入射速度增大到 2 倍，磁场的磁感应强度增大到 4 倍，则通过粒子运动轨道所包围的区域内的磁通量增大到原来的(　　)倍.

(A) 2　　(B) 4 倍　　(C) $\frac{1}{2}$倍　　(D) $\frac{1}{4}$倍

13. 两根平行的金属线载有沿同一方向流动的电流，这两根导线将(　　)

(A) 互相吸引　　(B) 互相排斥　　(C) 先排斥后吸引　　(D) 先吸引后排斥

14. 一电荷为 q 的粒子在均匀磁场中运动，下列说法中正确的是(　　)

(A) 只要速度大小相同，粒子所受的洛伦兹力就相同

(B) 在速度不变的前提下，若电荷 q 变为 $-q$，则粒子受力反向，数值不变

(C) 粒子进入磁场后，其动能和动量都不变

(D) 洛伦兹力与速度方向垂直，所以带电粒子运动的轨迹必定是圆

15. 如图 11－17 所示，六根无限长直导线相互绝缘，通过的电流均为 I，区域Ⅰ、Ⅱ、Ⅲ和Ⅳ均为面积相等的正方形，哪个区域指向垂直纸面向里的磁通量最大(　　)

(A) Ⅰ区域

(B) Ⅱ区域

(C) Ⅲ区域

(D) Ⅳ区域

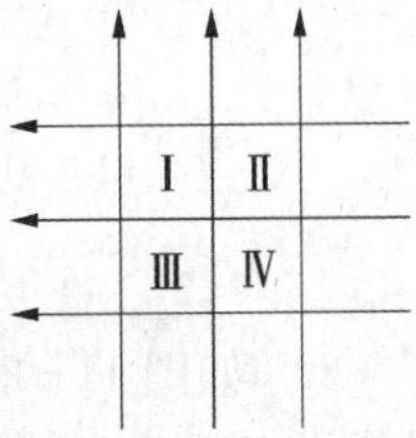

图 11－17

16. A、B 两个电子都垂直于磁场方向射入一均匀磁场而作圆周运动. A 电子的速率是 B 电子速率的两倍. 设 R_A，R_B 分别为 A 电子与 B 电子的轨道半径；T_A，T_B 分别为它们圆周运动的周期. 则(　　)

(A) $R_A:R_B=2, T_A:T_B=2$　　(B) $R_A:R_B=1, T_A:T_B=1$

(C) $R_A:R_B=2, T_A:T_B=1$　　(D) $R_A:R_B=1, T_A:T_B=2$

17. 如图 11－18 所示，一电子以速度 $\boldsymbol{v}$ 垂直地进入磁感应强度为 $\boldsymbol{B}$ 的均匀磁场中，此电子在磁场中运动轨道所围的面积内的磁通量将(　　)

(A) 正比于 B，反比于 v^2　　(B) 反比于 B，正比于 v^2

(C) 正比于 B，反比于 v　　(D) 反比于 B，反比于 v

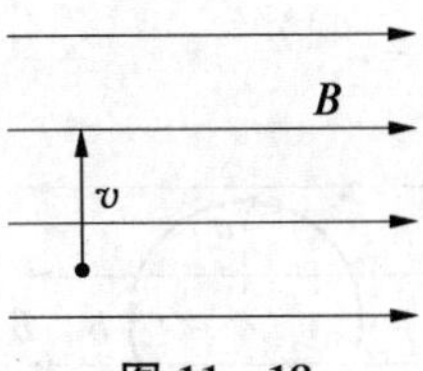

图 11－18

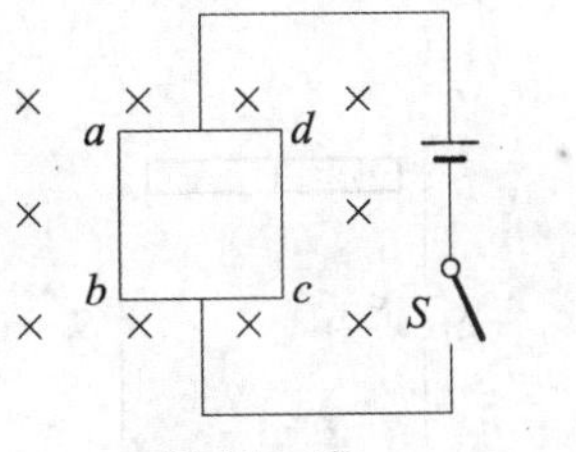

图 11－19

18. 如图 11－19 所示，一块金属导体 $abcd$ 和电源连接，处于垂直于金属平面的匀强磁场中，当接通电源有电流流过金属导体时，以下说法正确的是(　　)

(A) 导体受自右向左的安培力作用

(B) 导体内部定向移动的自由电子受自右向左的洛伦兹力作用

(C) 在导体的 a、d 两侧存在电势差，且 a 点电势低于 d 点电势

(D) 在导体的 a、d 两侧存在电势差，且 a 点电势高于 d 点电势

19. 图 11－20 为 4 个带电粒子在点 O 沿相同方向垂直于磁感线射入均匀磁场的偏转轨迹的照片.磁场方向垂直纸面向外，轨迹所对应的 4 个粒子的质量相等，电荷大小也相等，则其中动能最大的带负电的粒子的轨迹是(　　)

(A) Oa　　(B) Ob　　(C) Oc　　(D) Od

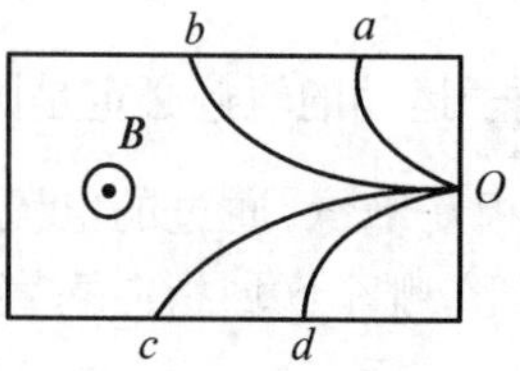

图 11－20

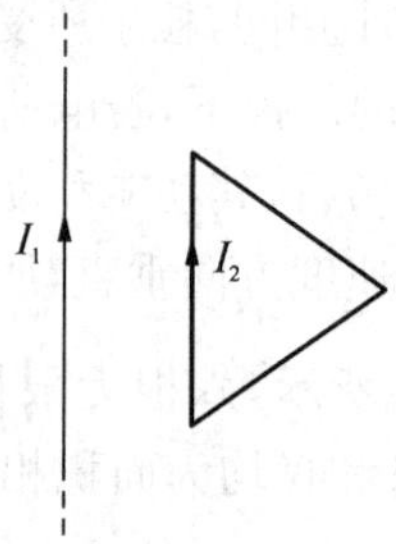

图 11－21

20. 如图 11－21 所示，一无限长载流直导线与正三角形载流线圈在同一平面内，若长直导线固定不动，则载流线圈将(　　)

(A) 向长直导线平移　　(B) 离开长直导线

(C) 转动　　(D) 不动

21. 有一 N 匝细导线绕成的平面正三角形线圈，边长为 a，通有电流 I，置于均匀外磁场 $\boldsymbol{B}$ 中，当线圈平面的法向与外磁场同向时，该线圈所受的磁力矩 $\boldsymbol{M}_m$ 值为(　　)

(A) $\frac{\sqrt{3}}{2}Na^2IB$　　(B) $\frac{\sqrt{3}}{4}Na^2IB$　　(C) $\sqrt{3}Na^2IB\sin 60°$　　(D) 0

22. 平行板电容器的二极板，A_1 为正极，A_2 为负极，电子沿水平方向射入小孔 S_1，要使电子能由小孔 S_2 穿出，如图 11－22 所示，所加磁场的大小及方向应为(　　)

(A) $B=\frac{E}{v}$，方向垂直纸面向里　　(B) $B=\frac{eE}{v}$，方向垂直纸面向里

(C) $B=\frac{E}{v}$，方向垂直纸面向外　　(D) $B=\frac{eE}{v}$，方向垂直纸面向外

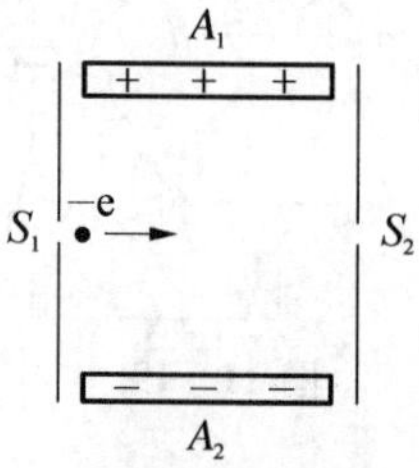

图 11－22

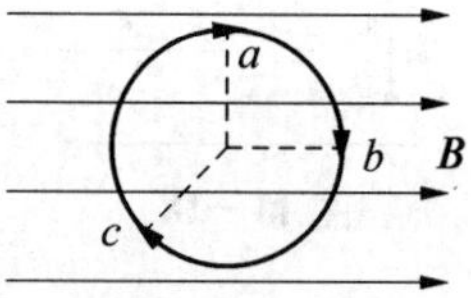

图 11－23

23. 如图 11－23 所示，在磁感应强度为 $\boldsymbol{B}$ 的均匀磁场中，有一圆形载流导线，a、b、c 是其上三个长度相等的电流元，则它们所受安培力大小的关系为(　　)

(A) $F_a>F_b>F_c$　(B) $F_a<F_b<F_c$　(C) $F_b>F_c>F_a$　(D) $F_a>F_c>F_b$

二、填空题

24. 如图 11－24 所示，矩形线圈 $abcd$ 放在匀强磁场中，线圈面积为 0.05 m^2，磁感应强度为 0.06 T.

(1) 当线圈平面与磁场方向垂直时，穿过线圈的磁通量为________.

(2) 将线圈平面绕 OO' 轴转过 60°时，穿过线圈的磁通量为________.

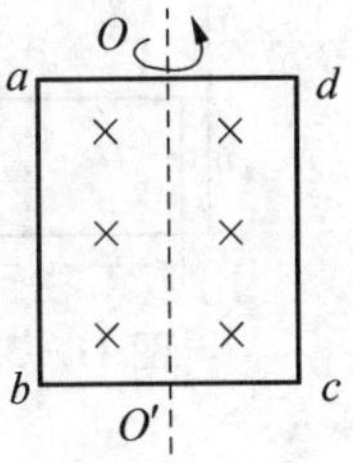

图 11－24

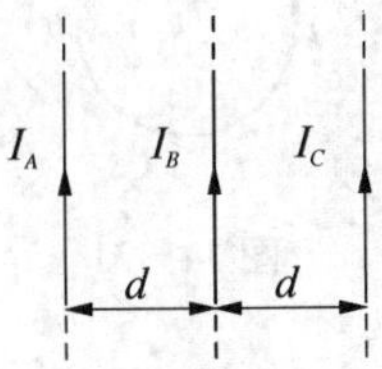

图 11－25

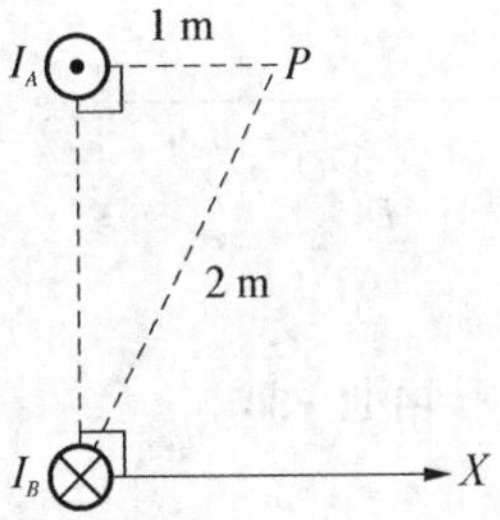

图 11－26

*25. 如图 11－25 所示，A、B、C 为 3 根共面的长直导线，各通有 10 A 的同方向电流，导线间距 $d=10$ cm，那么每根导线每厘米所受力的大小为 $\frac{dF_A}{dl}=$________，$\frac{dF_B}{dl}=$________，$\frac{dF_C}{dl}=$________.

26. 两根平行的金属导线载有沿同一方向流动的电流，这两根导线将相互________(填“吸引”或“排斥”).

27. 已知两长直细导线 A、B 通有电流 $I_A=1$ A，$I_B=2$ A，电流流向和放置位置如图 11－26 所示.设 I_A 与 I_B 在 P 点产生的磁感应强度的大小分别为 B_A 和 B_B，则 B_A 与 B_B 之比为________，此时 P 点处总磁感应强度的方向与 x 轴夹角为________.

28. 如图 11－27 所示，均匀磁场 $\boldsymbol{B}$ 中有一边长为 l 的等边三角形线框，线框中通有电流 I，并可绕 OO' 轴转动，则在图中所示位置时，线框所受磁力矩大小为________，方向为________.

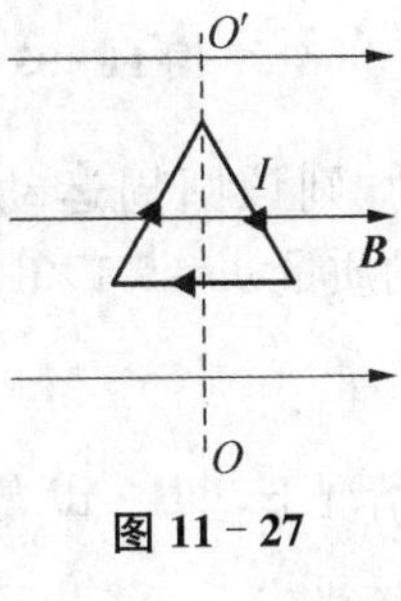

图 11－27

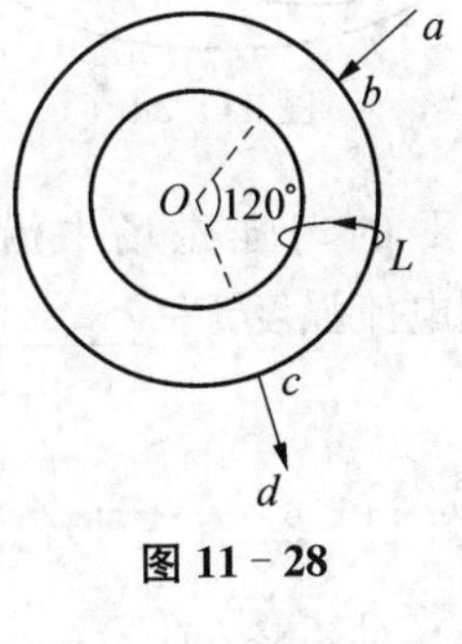

图 11－28

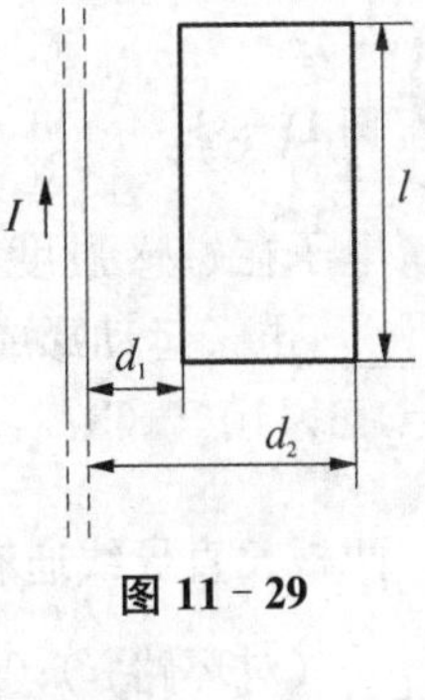

图 11－29

*29. 如图 11－28 所示，两根直导线 ab 和 cd 沿半径方向被接到一个截面处处相等的铁环上，稳恒电流 I 从 a 端流入，从 d 端流出，则磁感应强度 $\boldsymbol{B}$ 沿图中闭合路径 L 的环流为________.

30. 如图 11－29 所示，载流长直导线的电流为 I，矩形线圈与直导线共面，则通过矩形线圈面积的磁通量为________.

31. 两根长直导线交叉放置，互相绝缘，AB 固定不动，CD 可绕 O 点在纸面上转动. 当电流方向如图 11－30 所示时，CD 应沿________转动（填“顺时针”或“逆时针”）.

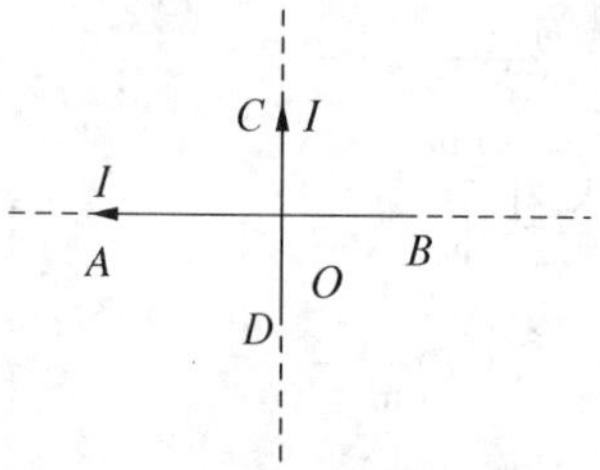

图 11－30

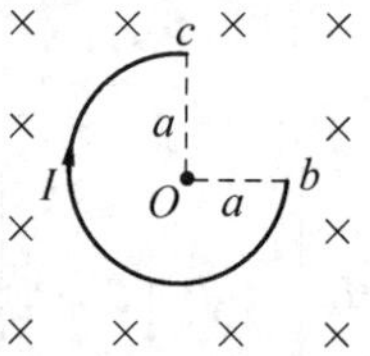

图 11－31

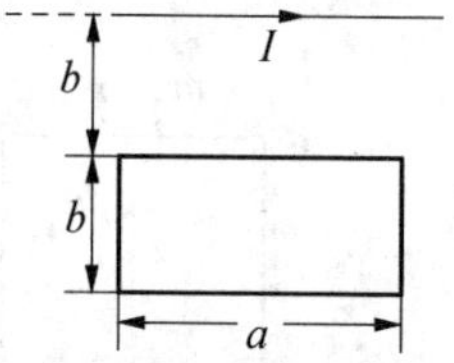

图 11－32

32. 如图 11－31 所示，在真空中有一半径为 a 的$\frac{3}{4}$圆弧形的导线，通以稳恒电流 I，导线置于均匀外磁场 $\boldsymbol{B}$ 中，且 $\boldsymbol{B}$ 与导线所在平面垂直. 则该载流导线 bc 所受的磁场力大小为________.

33. 在一根通有电流 I 的长直导线旁，与之共面地放着一个长、宽各为 a 和 b 的矩形线框，线框的长边与载流长直导线平行，且二者相距为 b，如图 11－32 所示. 在此情形中，线框内的磁通量为________.

34. 如图 11－33 所示，在无限长直载流导线的右侧有面积为 S_1 和 S_2 的两个矩形回路. 两个回路与长直载流导线在同一平面，且矩形回路的一边与长直载流导线平行. 则通过面积为 S_1 的矩形回路的磁通量与通过面积为 S_2 的矩形回路的磁通量之比为________.

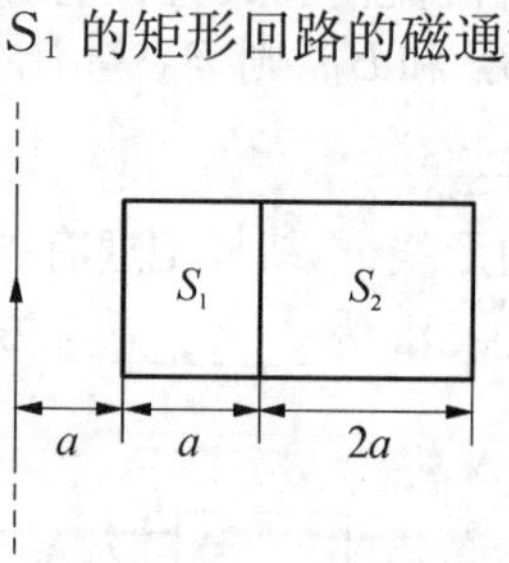

图 11－33

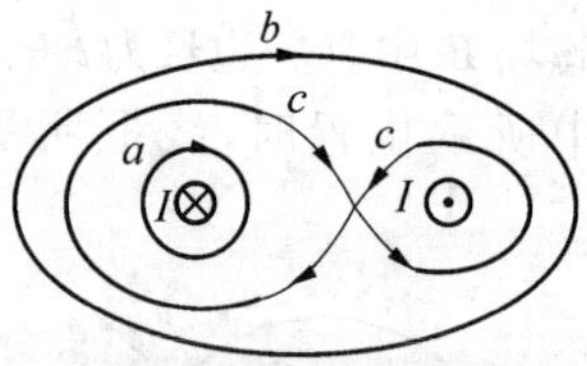

图 11－34

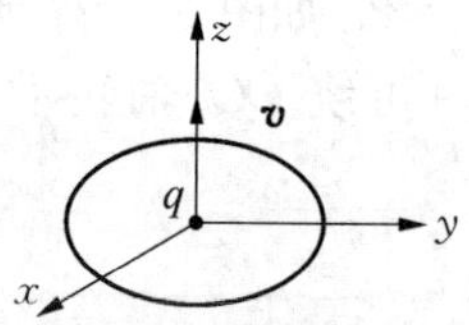

图 11－35

35. 电子在磁感强度 $B=0.1$ T 的匀强磁场中沿圆周运动，则该圆周运动的周期为________，电子运动形成的等效圆电流强度 $I=$________（电子的质量 $m=9.1\times10^{-31}$ kg，电荷 $e=1.6\times10^{-19}$ C）.

36. 两根长直导线通有电流 I，图 11－34 有三种环路，在每种情况下，$\oint \boldsymbol{B}\cdot \mathrm{d}\boldsymbol{l}$ 等于：

① ________（对环路 a）；② ________（对环路 b）；③ ________（对环路 c）.

37. 如图 11－35 所示，一半径为 R，通有电流为 I 的圆形回路，位于 Oxy 平面内，圆心为 O.一带正电荷为 q 的粒子，以速度 $\boldsymbol{v}$ 沿 z 轴向上运动，当带正电荷的粒子恰好通过 O 点时，作用于圆形回路上的力为________，作用在带电粒子上的力为________.

38. 如图 11－36 所示，边长为 $2a$ 的等边三角形线圈，通有电流 I，则线圈中心处点 O 的磁感应强度的大小为________方向为________(填"⊙"或"⊗").

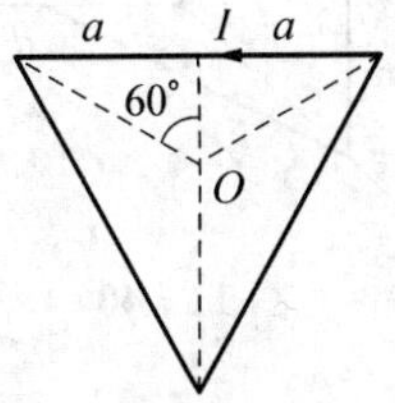

图 11－36

39. 一带电粒子以速度 $\boldsymbol{v}$ 垂直进入匀强磁场，在磁场中的运动轨迹是半径为 R 的圆，若要使运动半径变为 $\dfrac{R}{2}$，磁感应强度 $\boldsymbol{B}$ 的大小应为原来的________倍.

40. 电子质量 m，电荷 e，以速度 $\boldsymbol{v}$ 飞入磁感应强度为 $\boldsymbol{B}$ 的匀强磁场中，已知 $\boldsymbol{B}$ 与 $\boldsymbol{v}$ 的夹角为 θ，电子作螺旋运动，则螺旋线的螺距 d 为________，横截面上圆周运动的半径 R 为________.

三、计算题

*41. 如图 11－37 所示，一无限长直导线通有电流 I_1，其旁放有一直角形回路，回路中通有电流 I_2，回路与长直导线在同一平面内，求：

(1) 电流 I_1 的磁场分别作用在回路各段上的安培力；

(2) 通过三角形回路的磁通量.

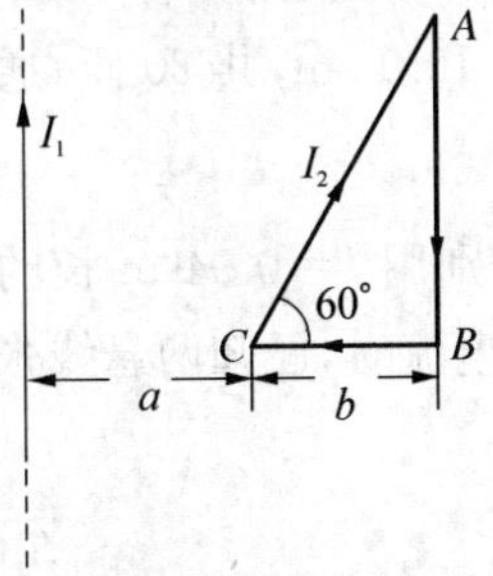

图 11－37

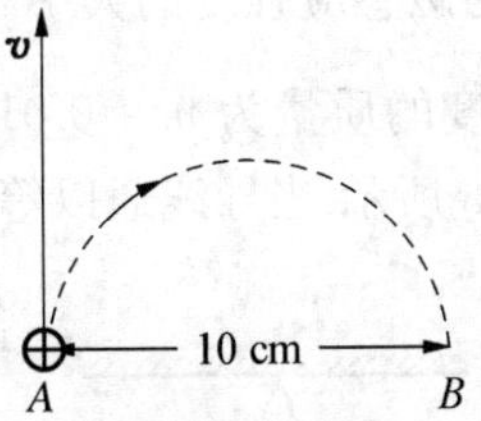

图 11－38

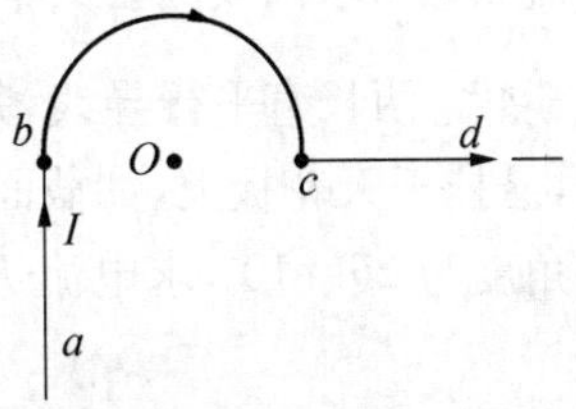

图 11－39

42. 图 11－38 中的 A 点处，有一电子以速度 $\boldsymbol{v}_0$ 运动，$v_0=10^7$ m/s，求：

(1) 欲使该电子沿着半圆周的轨迹从 A 点运动到 B 点，所需的磁场的大小和方向；

(2) 该电子从 A 点运动到 B 点所需的时间.

43. 将通有电流 $I=5.0$ A 的无限长直导线折成如图 11－39 所示的形状，已知半圆环的

半径 $R=0.10$ m.求圆心点 O 处的磁感应强度的大小并说明方向.($\mu_0=4\pi\times10^{-7}$ N·A^{-2})

44. 如图 11-40 所示,已知均匀磁场,其磁感应强度的大小为 $B=2.0$ Wb·m^{-2},方向沿 x 轴正向,求:

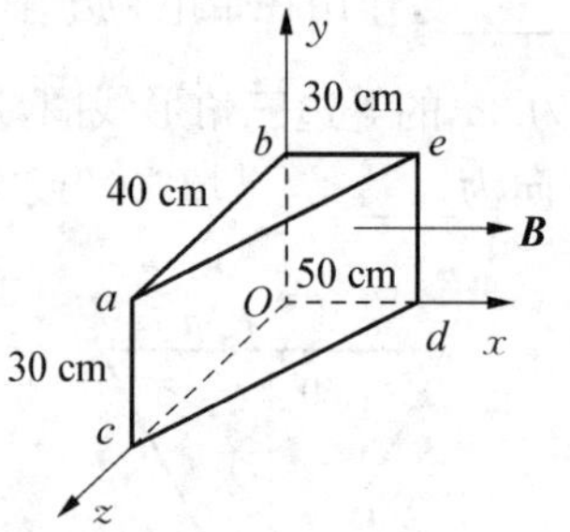

图 11-40

(1) 通过图中 $abOc$ 面的磁通量;

(2) 通过图中 $bedO$ 面的磁通量;

(3) 通过图中 $acde$ 面的磁通量.

45. 如图 11-41 所示,一个带有正电荷 q 的粒子,以速度 $\boldsymbol{v}$ 平行于一均匀带电的长直导线运动,该导线的线电荷密度为 λ,并载有传导电流 I.试问粒子要以多大的速度值运动,才能使其保持在一条与导线距离为 r 的平行直线上运动?

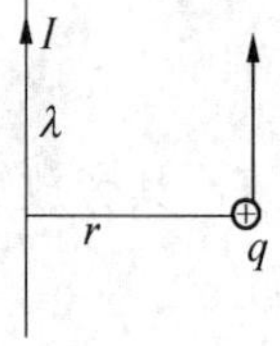

图 11-41

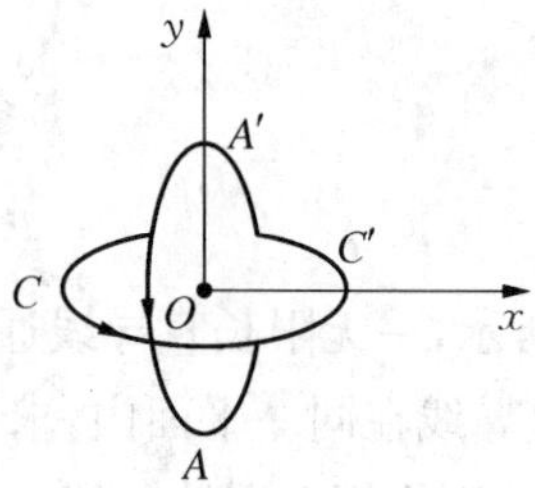

图 11-42

46. 如图 11-42 所示,AA' 和 CC' 为两个正交地放置的圆形线圈,其圆心相重合.AA' 线圈半径为 20.0 cm,共 10 匝,通有电流 10.0 A;而 CC' 线圈的半径为 10.0 cm,共 20 匝,通有电流 5.0 A.求两线圈公共中心 O 点的磁感应强度的大小和方向.

47. 两长直平行导线,每单位长度的质量为 $m=0.01$ kg/m,分别用 $l=0.04$ m 长的轻绳,悬挂于天花板上,如截面图 11-43 所示.当导线通以等值反向的电流时,已知两悬线张开的角度为 $2\theta=10°$,求电流 I.

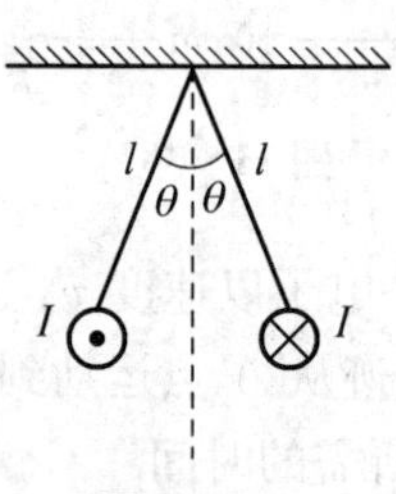

图 11-43

48. 如图 11－44 所示，电流 I 均匀地流过半径为 R 的实心圆形长直导线，利用安培环路定理求得导线内外磁感应强度的大小，并计算通过图中所示阴影面积（长为 l）的磁通量.

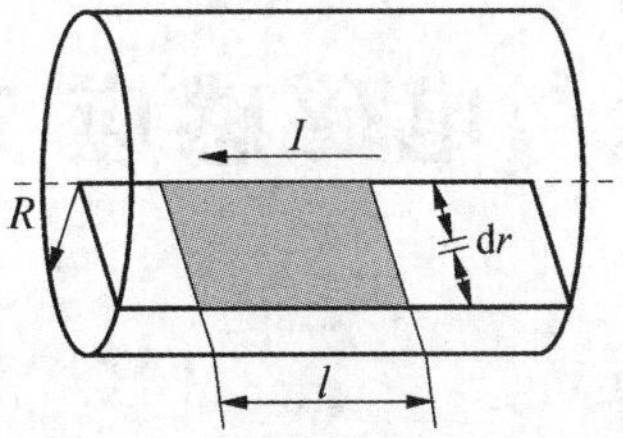

图 11－44

49. 如图 11－45 所示，两平行长直导线相距 40 cm，每条通有电流 $I=200$ A，求：

(1) 两导线所在平面内与该两导线等距的一点 A（图中未标）处的磁感应强度值；

(2) 通过图中斜线所示矩形面积内的磁通量.已知 $r_1=r_3=10$ cm，$r_2=20$ cm，$l=25$ cm.

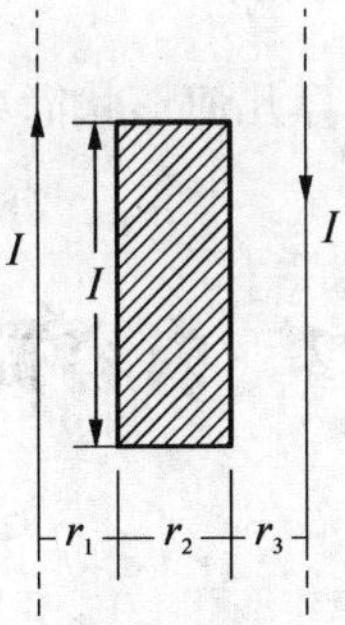

图 11－45

第 12 章　电磁感应　电磁场

12.1　基本要求

一、掌握并能熟练应用法拉第电磁感应定律来计算感应电动势,并判明其方向.

二、理解动生电动势和感生电动势的本质,能计算一些简单情况下的动生电动势.了解有旋电场的概念.

三、了解自感和互感的现象,会计算几何形状简单的导体的自感和互感.

12.2　内容提要

一、电磁感应的两条基本定律

1. 电磁感应现象

当穿过一闭合导体回路的磁通量发生变化时,在此导体回路中引起电流的现象称为电磁感应.这种电流称为感应电流,形成感应电流的电动势称为感应电动势.

2. 楞次定律

闭合导体回路中感应电流的方向,总是企图使感应电流本身激发的磁场反抗引起感应电流的磁通量的变化.

3. 法拉第电磁感应定律

不论何种原因使通过回路面积的磁通量发生变化时,回路中产生的感应电动势正比于磁通量对时间的变化率的负值,即

$$\varepsilon_i = -\frac{\mathrm{d}\Phi_\mathrm{m}}{\mathrm{d}t}$$

式中负号为楞次定律的数学表示.当导体回路由 N 匝紧密排列的相同的线圈组成时,有

$$\varepsilon_i = -\frac{\mathrm{d}\Psi_m}{\mathrm{d}t}$$

式中，$\Psi_m = N\Phi_m$ 称为磁链.

二、动生电动势和感生电动势

1. 动生电动势

仅由于导体在磁场中运动而产生的感应电动势称为动生电动势.产生动生电动势的非静电力为洛伦兹力.计算动生电动势的公式

$$\varepsilon_i = \int_{OP} (\boldsymbol{v} \times \boldsymbol{B}) \cdot \mathrm{d}\boldsymbol{l}$$

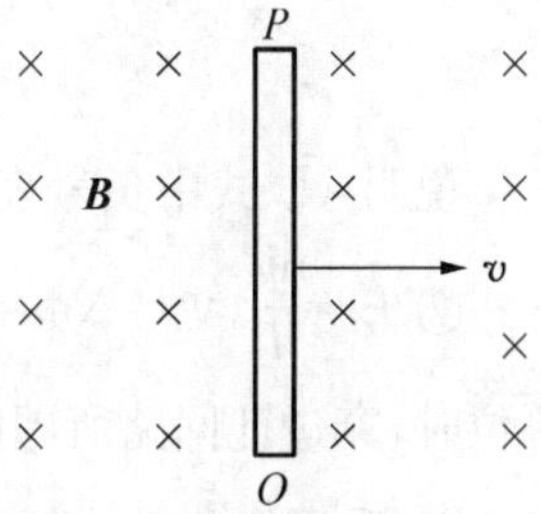

图 12－1

说明：① 式中 O、P 是产生动生电动势的那段导体的两端；

② 动生电动势的方向与 $\boldsymbol{v} \times \boldsymbol{B}$ 在运动导体方向的分矢量方向一致.

特别地，如图 12－1 所示，在均匀磁场 $\boldsymbol{B}$ 中，若 $\boldsymbol{v}$、$\boldsymbol{B}$ 与长为 l 的运动导体三者相互垂直，则 $\varepsilon_i = vBl$，且 O 端为负极，P 端为正极，电动势的方向由点 O 指向点 P.若线圈形状不变，在均匀磁场 $\boldsymbol{B}$ 中以角速度 ω 绕固定轴 OO' 转动，且 OO' 与 $\boldsymbol{B}$ 垂直如图 12－2 所示，则线圈中的感应电动势为

$$\varepsilon_i = NBS\omega \sin \omega t = \varepsilon_0 \sin \omega t$$

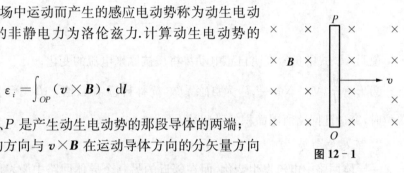

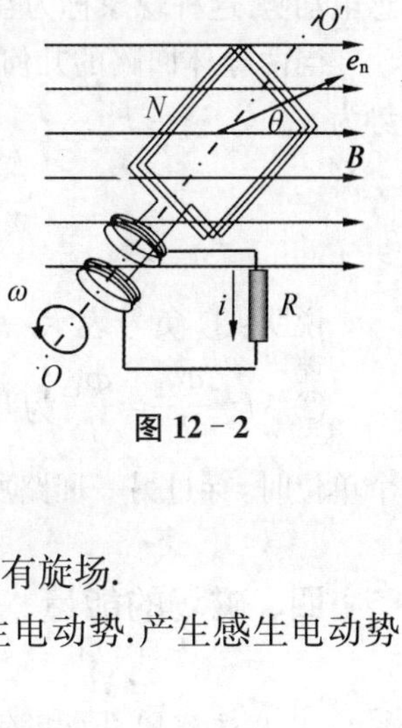

图 12－2

式中，S 为线圈面积，N 为线圈匝数，ε_0 为该交变电动势的幅值.

2. 感生电动势

(1) 感生电场(涡旋电场)：由变化的磁场激发的电场称为感生电场.静电场由静止电荷产生，是无旋(或保守)场，而感生电场是有旋场.

(2) 感生电动势：仅由磁场变化而产生的感应电动势称为感生电动势.产生感生电动势的非静电性场强为感生电场场强 $\boldsymbol{E}_k$.计算感生电动势的公式为

$$\varepsilon_i = \oint_L \boldsymbol{E}_k \cdot \mathrm{d}\boldsymbol{l} = -\frac{\mathrm{d}\Phi}{\mathrm{d}t}$$

说明：① 式中 Φ 是穿过任意闭合回路 L 所围面积 S 的磁通量；

② 上式表明感生电场有别于静电场，它是有旋场，不是保守场.

特别地，若回路静止且 S 不随时间变化，则

$$\varepsilon_i = \oint_L \boldsymbol{E}_k \cdot \mathrm{d}\boldsymbol{l} = -\int_S \frac{\mathrm{d}\boldsymbol{B}}{\mathrm{d}t} \cdot \mathrm{d}\boldsymbol{S}$$

式中负号表示 $-\frac{\mathrm{d}\boldsymbol{B}}{\mathrm{d}t}$ 与 $\boldsymbol{E}_k$ 在方向上形成右手螺旋关系.

三、自感和互感

1. 自感电动势

由于导体回路自身电流产生的磁通量发生变化，而在回路中激发的感应电动势称为自感电动势.这种现象称为自感现象.

当导体回路的几何形状、大小和周围空间的磁介质不变时，自感电动势为

$$\varepsilon_L=-L\frac{\mathrm{d}I}{\mathrm{d}t}$$

说明：① 式中负号表明自感电动势将反抗原来电流的变化；

② $L=\dfrac{\Psi}{I}$（$\Psi=N\Phi=LI$）为自感系数，简称自感.在数值上 L 等于回路中的电流为一个单位时，穿过此回路所围面积的磁通量.

2. 互感电动势

一导体回路中电流发生变化，而在邻近的另一个导体回路中激发的感应电动势称为互感电动势.这种现象称为互感现象.

当两导体回路的几何形状、大小、匝数、相对位置和周围空间的磁介质不变时，互感电动势为

$$\varepsilon_{21}=-M\frac{\mathrm{d}I_1}{\mathrm{d}t},\varepsilon_{12}=-M\frac{\mathrm{d}I_2}{\mathrm{d}t}$$

说明：① 负号表示一个回路中所引起的互感电动势将反抗另一个回路中电流的变化；

② $M=\dfrac{\Phi_{21}}{I_1}=\dfrac{\Phi_{12}}{I_2}$为互感系数，简称互感.在数值上 M 等于其中一个回路中的电流为一个单位时，穿过另一回路所围面积的磁通量.

四、磁场的能量

1. 载流线圈自感磁能

载流线圈在通电的过程中，电源克服线圈上的自感电动势做功，转换为线圈具有的能量.

$$W_{\mathrm{m}}=\frac{1}{2}LI^2$$

2. 磁场能量

线圈中电流建立的过程就是磁场建立的过程，能量实际上是贮存在磁场空间中的.对于均匀各向同性介质

(1) 磁能密度:单位体积中的磁能称为磁能密度,即

$$w_m=\frac{W_m}{V}=\frac{1}{2}\frac{B^2}{\mu}=\frac{1}{2}\mu H^2=\frac{1}{2}BH$$

(2) 磁场总能量

$$W_m=\int_V \omega_m \mathrm{d}V=\frac{1}{2}\int_V BH\mathrm{d}V$$

其中,B 为磁感应强度的大小,H 为磁场强度的大小.

12.3　典型例题

例 1　如图 12-3(a)所示,有两根相距为 d 的无限长平行直导线,它们通以大小相等、流向相反的电流,且电流均以$\frac{\mathrm{d}I}{\mathrm{d}t}$的变化率增长.若有一边长为 d 的正方形线圈与两导线处于同一平面内,求线圈中的感应电动势.

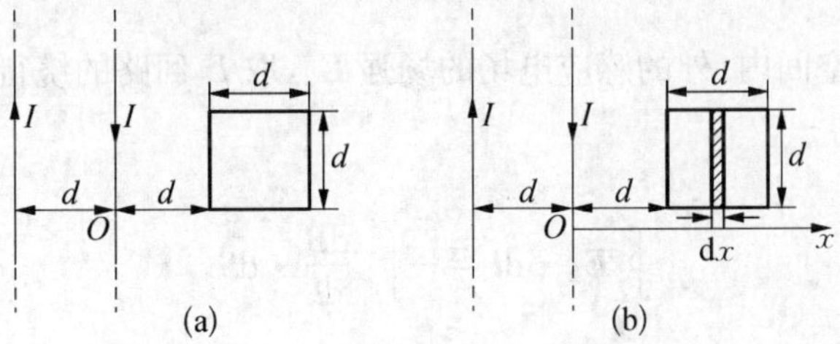

图 12-3

解　由于回路处于非均匀磁场中,因此,先由 $\Phi=\int_S \boldsymbol{B}\cdot \mathrm{d}\boldsymbol{S}$ (这里的磁感应强度 $\boldsymbol{B}$ 为两无限长直电流单独存在时产生的磁感应强度之和)求出磁通量 Φ,再由法拉第电磁感应定律求出感应电动势.

建立如图 12-3(b)所示的坐标系,距 O 点 x 处,在矩形线圈中取一宽度为 $\mathrm{d}x$ 很窄的面积元 $\mathrm{d}S=d\,\mathrm{d}x$,在该面积元内可近似认为 $\boldsymbol{B}$ 的大小和方向不变.由无限长载流导线在空间一点产生的磁感应强度的大小可得,穿过该面积元的磁通量为:

$$\mathrm{d}\Phi=\boldsymbol{B}\cdot \mathrm{d}\boldsymbol{S}=(\boldsymbol{B}_1+\boldsymbol{B}_2)\cdot \mathrm{d}\boldsymbol{S}=\frac{\mu_0 I}{2\pi(x+d)}\cdot d\,\mathrm{d}x-\frac{\mu_0 I}{2\pi x}\cdot d\,\mathrm{d}x$$

则穿过线圈的总磁通量为

$$\Phi=\int \mathrm{d}\Phi=\int_d^{2d}\frac{\mu_0 I}{2\pi(x+d)}\cdot d\,\mathrm{d}x-\int_d^{2d}\frac{\mu_0 I}{2\pi x}\cdot d\,\mathrm{d}x=\frac{\mu_0 I\mathrm{d}}{2\pi}\ln\frac{3}{4}$$

再由法拉第电磁感应定律可得

$$\varepsilon_i=-\frac{d\Phi}{dt}=-\left(\frac{\mu_0 d}{2\pi}\ln\frac{3}{4}\right)\frac{dI}{dt}$$

例 2 如图 12-4(a)所示，在半径为 R 的圆柱形空间中存在着均匀磁场，今有一长为 $2R$ 的金属棒 AB，一半处在磁场内，一半处在磁场外．如果磁场 $B=B_0 t$（B_0 为正的常数)，求金属棒的感应电动势．

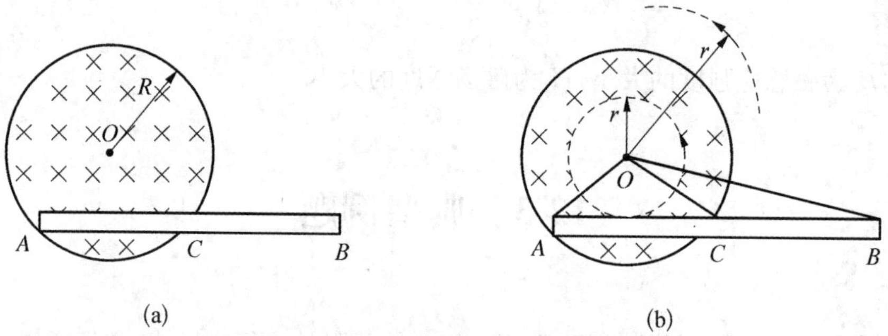

图 12-4

解 首先应明确，在圆柱形空间内、外都存在了由变化的磁场引起的感生电场．由于对称性，涡旋电场的电场线是以 O 为圆心的一系列同心圆环，绕行的方向为逆时针方向．

(1) 先求圆柱形空间内、外的感应电场的场强 $\boldsymbol{E}_k$，取 L 回路的绕行方向为逆时针，得

$r<R$：

$$\oint_L \boldsymbol{E}_k\cdot d\boldsymbol{l}=-\int_S\frac{d\boldsymbol{B}}{dt}\cdot d\boldsymbol{S}$$

$$E_k\cdot 2\pi r=-\int\frac{\partial B}{\partial t}ds=-B_0\pi r^2$$

所以
$$E_k=-\frac{r}{2}B_0$$

$r>R$：
$$E_k\cdot 2\pi r=-B_0\pi R^2$$

得

$$E_k=-\frac{1}{2}B_0\frac{R^2}{r}$$

(2) $\varepsilon_{AB}=\varepsilon_{AC}+\varepsilon_{CB}$．为了求出 ε_{AC} 和 ε_{CB}，作辅助线 OA、OC 和 OB，这样就“造”出了两个闭合回路，如图 12-4(b)所示．

在三角形回路 AOC 中，$\boldsymbol{E}_k$ 与 $\overrightarrow{OA}$、$\overrightarrow{OC}$ 垂直，因此

$$\varepsilon_{OA}=\varepsilon_{OC}=\int\boldsymbol{E}_k\cdot d\boldsymbol{l}=0$$

对回路 AOC 有

$$\varepsilon=\varepsilon_{OA}+\varepsilon_{OC}+\varepsilon_{AC}=\varepsilon_{AC}=-\int\frac{d\boldsymbol{B}}{dt}\cdot d\boldsymbol{S}=-\frac{dB}{dt}\cdot S=-B_0\frac{\sqrt{3}}{4}R^2$$

方向由 $A\to C$，电势 $V_C>V_A$.

在三角形 COB 中，由于同样的道理，$\varepsilon_{OB}=\varepsilon_{OC}=0$，于是

$$\varepsilon_{CB}=\varepsilon=-\int\frac{d\boldsymbol{B}}{dt}\cdot d\boldsymbol{S}=-B_0\frac{1}{2}R^2\theta=-\frac{R^2}{12}\pi B_0$$

方向由 $C\to B$，电势 $V_B<V_C$.

故

$$\varepsilon_{AB}=\varepsilon_{AC}+\varepsilon_{CB}=-B_0\frac{\sqrt{3}}{4}R^2-\frac{R^2}{12}\pi B_0=-\left(\frac{\sqrt{3}}{4}+\frac{\pi}{12}\right)R^2B_0$$

方向由 $A\to B$.

例 3　无限长直导线旁有一个与其共面的矩形线圈，直导线中通有电流 I，将此直导线与线圈共同置于随时间而变化的空间分布均匀的磁场 $\boldsymbol{B}$ 中，设 $\frac{dB}{dt}>0$，当线圈以速度 $\boldsymbol{v}$ 垂直于长直导线向右运动时，求线圈在如图 12-5 所示位置时的感应电动势.

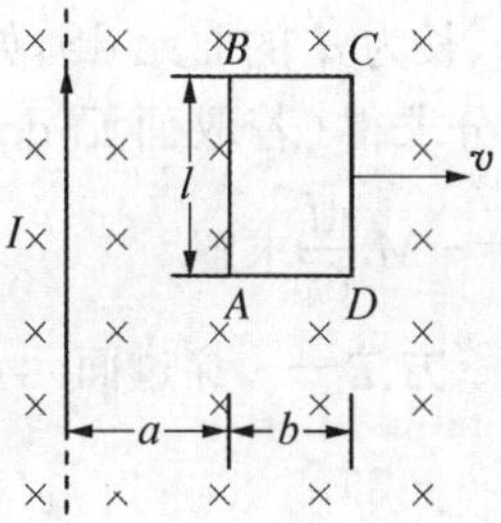

图 12-5

解　线圈是在两个磁场中运动，线圈中既有动生电动势也有感生电动势.

先考虑动生电动势 ε_1. 假定磁场不变，由于长直导线产生的磁场是不均匀的，因此在线圈运动过程中这部分磁场在线圈中引起的磁通量发生了改变.

长直导线在线圈的 AB 边所在位置产生的磁感应强度是 $B_1=\frac{\mu_0 I}{2\pi a}$，在 CD 边所在位置产生的磁感应强度是 $B_2=\frac{\mu_0 I}{2\pi(a+b)}$，因此

$$\varepsilon_1=B_1lv-B_2lv=\frac{\mu_0 I}{2\pi}vl\left(\frac{1}{a}-\frac{1}{a+b}\right)=\frac{\mu_0 Ilvb}{2\pi a(a+b)}$$

方向为顺时针绕向.

再考虑感生电动势 ε_2，假设线圈不动，则由均匀分布的随时间而变化的磁场 $\boldsymbol{B}$ 在线圈中引起的感生电动势为

$$\varepsilon_2=-\int\frac{d\boldsymbol{B}}{dt}\cdot d\boldsymbol{S}=-\frac{dB}{dt}bl$$

方向为逆时针绕向.

故总的感应电动势为

$$\varepsilon=\varepsilon_1+\varepsilon_2=\frac{\mu_0 Ivlb}{2\pi a(a+b)}-lb\frac{dB}{dt}=\left[\frac{\mu_0 Iv}{2\pi a(a+b)}-\frac{dB}{dt}\right]lb$$

12.4 习题选讲

12-7 载流长直导线中的电流以$\frac{dI}{dt}$的变化率增长.若有一边长为d的正方形线圈与导线处于同一平面内,如图12-6所示.求线圈中的感应电动势.

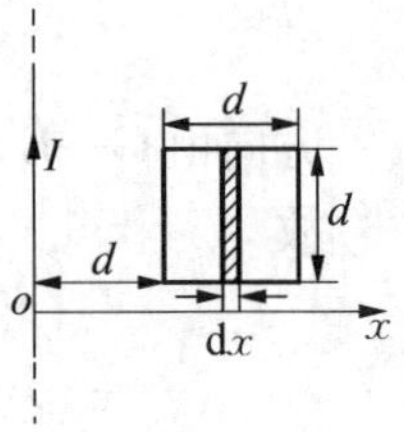

图 12-6

解 由于回路处在非均匀磁场中,磁通量需用$\Phi=\int_S \boldsymbol{B}\cdot d\boldsymbol{S}$来计算,然后用法拉第电磁感应定律求电动势$\varepsilon=-\frac{d\Phi}{dt}$.为计算磁通量,建如图12-6所示的坐标系.由于$B$仅与$x$有关,即$B=B(x)$,故取一个平行于长直导线的宽为$dx$、长为$d$的面元$dS$,如图12-6中阴影部分所示,则$dS=d\,dx$,所以,总磁通量可通过线积分求得(若取面元$dS=dx\,dy$,则上述积分实际上为二重积分).本题也可用互感公式$\varepsilon=-M\frac{dI}{dt}$求解.

方法一 穿过面元dS的磁通量为

$$d\Phi=\boldsymbol{B}\cdot d\boldsymbol{S}=\frac{\mu_0 I}{2\pi x}d\,dx$$

因此穿过线圈的磁通量为

$$\Phi=\int d\Phi=\int_d^{2d}\frac{\mu_0 Id}{2\pi x}dx=\frac{\mu_0 Id}{2\pi}\ln 2$$

再由法拉第电磁感应定律,有

$$\varepsilon=-\frac{d\Phi}{dt}=\left(\frac{\mu_0 d}{2\pi}\ln\ \frac{1}{2}\right)\frac{dI}{dt}$$

方法二 当两长直导线有电流I通过时,穿过线圈的磁通量为

$$\Phi=\frac{\mu_0 dI}{2\pi}\ln 2$$

线圈与两长直导线间的互感为

$$M=\frac{\Phi}{I}=\frac{\mu_0 d}{2\pi}\ln 2$$

当电流以$\frac{dI}{dt}$变化时,线圈中的互感电动势为

$$\varepsilon=-M\frac{dI}{dt}=\left(\frac{\mu_0 d}{2\pi}\ln\frac{1}{2}\right)\frac{dI}{dt}$$

12-10 如图12-7(a)所示，把一半径为R的半圆形导线OP置于磁感应强度为$\boldsymbol{B}$的均匀磁场中，当导线以速率v水平向右平动时，求导线中感应电动势ε的大小，哪一端电势较高？

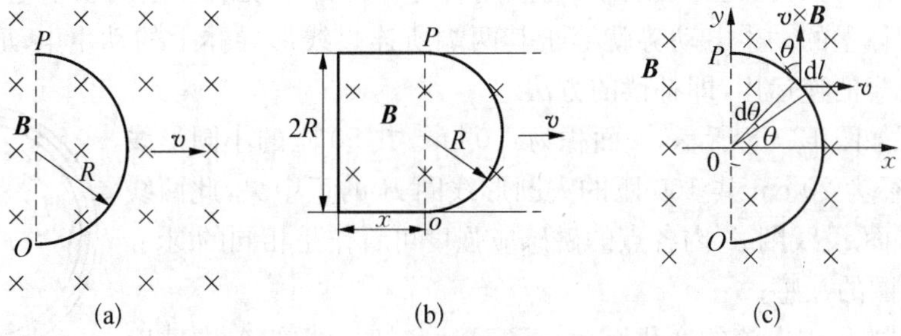

图12-7

解 本题电动势为动生电动势，可直接用公式$\varepsilon=\int_L(\boldsymbol{v}\times\boldsymbol{B})\cdot \mathrm{d}\boldsymbol{l}$求解，也可由$\varepsilon=-\dfrac{\mathrm{d}\Phi}{\mathrm{d}t}$求解（必须设法构造一个闭合回路）.在用后一种方法求解时，应注意导体上任一导线元$\mathrm{d}l$上的动生电动势$\mathrm{d}\varepsilon=(\boldsymbol{v}\times\boldsymbol{B})\cdot\mathrm{d}\boldsymbol{l}$.在一般情况下，上述各量可能是$\mathrm{d}l$所在位置的函数.矢量$\boldsymbol{v}\times\boldsymbol{B}$的方向就是导线中电势升高的方向.

方法一 如图12-7(b)所示，假想半圆形导线OP在宽为$2R$的静止矩形导轨上滑动，两者之间形成一个闭合回路.设顺时针方向为回路正方向，任一时刻端点O或端点P距导轨左侧距离为x，则

$$\Phi=\left(2Rx+\frac{1}{2}\pi R^2\right)B$$

即

$$\varepsilon=-\frac{\mathrm{d}\Phi}{\mathrm{d}t}=-2RB\frac{\mathrm{d}x}{\mathrm{d}t}=-2RvB$$

由于静止的矩形导轨上的电动势为零，则$\varepsilon=-2RvB$.式中负号表示电动势的方向为逆时针，对OP段来说端点P的电势较高.

方法二 建立如图12-7(c)所示的坐标系，在导体上任意处取导体元$\mathrm{d}l$，则

$$\mathrm{d}\varepsilon=(\boldsymbol{v}\times\boldsymbol{B})\cdot\mathrm{d}\boldsymbol{l}=vB\sin 90^\circ\cos\theta\,\mathrm{d}l=vB\cos\theta R\,\mathrm{d}\theta$$

$$\varepsilon=\int\mathrm{d}\varepsilon=vBR\int_{-\frac{\pi}{2}}^{\frac{\pi}{2}}\cos\theta d\theta=2RvB$$

由矢量$\boldsymbol{v}\times\boldsymbol{B}$的指向可知，端点$P$的电势较高.

方法三 连接OP使导线构成一个闭合回路.由于磁场是均匀的，在任意时刻，穿过回路的磁通量$\Phi=BS=$常数.由法拉第电磁感应定律$\varepsilon=-\dfrac{\mathrm{d}\Phi}{\mathrm{d}t}$可知，$\varepsilon=0$.

又因

$$\varepsilon=\varepsilon_{OP}+\varepsilon_{PO}$$

即

$$\varepsilon_{OP}=-\varepsilon_{PO}=2RvB$$

由上述结果可知,在均匀磁场中,任意闭合导体回路平动所产生的动生电动势为零;而任意曲线形导体上的动生电动势就等于其两端所连直线形导体上的动生电动势.上述求解方法是叠加思想的逆运用,即补偿的方法.

12－20 如图 12－8 所示,一面积为 4.0 cm^2 共 50 匝的小圆形线圈 A,放在半径为 20 cm 共 100 匝的大圆形线圈 B 的正中央,此两线圈同心且同平面.设线圈 A 内各点的磁感应强度可看作是相同的.求:

(1) 两线圈的互感;

(2) 当线圈 B 中电流的变化率为 $-50\ A\cdot s^{-1}$ 时,线圈 A 中感应电动势的大小和方向.

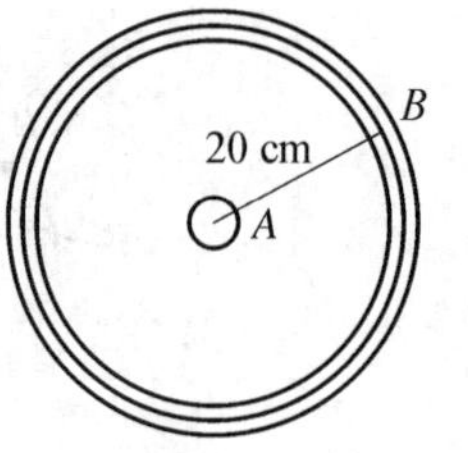

图 12－8

解 对于同一个物理量的求解问题,很多情况下,不同途径所涉及的计算难易程度会有很大的不同.以本题为例,如设线圈 B 中有电流 I 通过,则在线圈 A 中心处的磁感强度很易求得.由于线圈 A 很小,其所在处的磁场可视为均匀的,因而穿过线圈 A 的磁通量 $\Phi\approx BS$.反之,如设线圈 A 通有电流 I,其周围的磁场分布是变化的,且难以计算,因而穿过线圈 B 的磁通量也就很难求得.由此可见,计算互感一定要善于选择方便的途径.

(1) 设线圈 B 有电流 I 通过,它在圆心处产生的磁感应强度 $B_0=N_B\dfrac{\mu_0 I}{2R}$,穿过小线圈 A 的磁链近似为

$$\Psi_A=N_AB_0S_A=N_AN_B\frac{\mu_0 I}{2R}S_A$$

则两线圈的互感为

$$M=\frac{\Psi_A}{I}=N_AN_B\frac{\mu_0 S_A}{2R}=6.28\times10^{-6}\ \text{H}$$

(2) 线圈 A 中感应电动势的大小为

$$\varepsilon_A=-M\frac{\mathrm{d}I}{\mathrm{d}t}=3.14\times10^{-4}\ \text{V}$$

互感电动势的方向和线圈 B 中的电流方向相同.

12.5 综合训练

一、选择题

1. 在无限长的载流直导线附近放置一矩形闭合线圈,开始时线圈与导线在同一平面内,且线圈中两条边与导线平行,当线圈以相同的速率作如图 12－9 所示的 3 种不同方向的

平动时，线圈中的感应电流( )

(A) 以情况Ⅰ中为最大　　　(B) 以情况Ⅱ中为最大

(C) 以情况Ⅲ中为最大　　　(D) 在情况Ⅰ和Ⅱ中相同

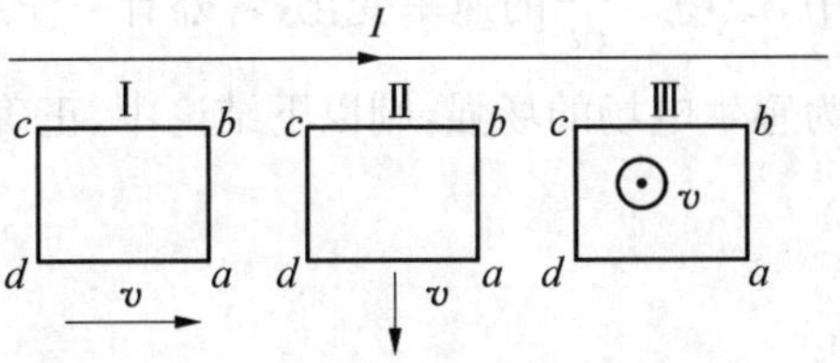

图 12-9

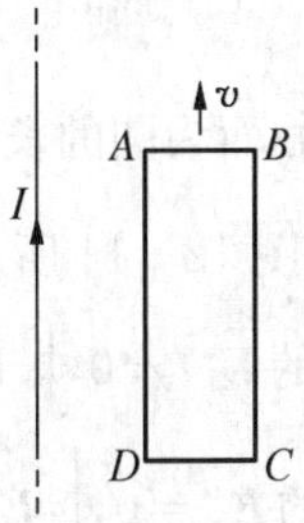

图 12-10

2. 如图 12-10 所示，当闭合线圈 $ABCD$ 以速度 $\boldsymbol{v}$ 平行长直导线运动时，下列说法中正确的是( )

(A) 线圈的磁通量不变，线圈上电势处处相等，故无电流

(B) AB、CD 切割磁感线，线圈的动生电动势不为零，线圈中存在感应电流

(C) 线圈中 AB、CD 存在动生电动势，但线圈总的动生电动势为零，故无感应电流

(D) 以上说法都不对

3. 如图 12-11 所示，一载流螺线管的旁边有一圆形线圈，欲使线圈产生图示方向的感应电流，下列做法正确的是( )

(A) 载流螺线管向线圈靠近

(B) 载流螺线管离开线圈

(C) 载流螺线管中增大电流

(D) 载流螺线管中插入铁芯

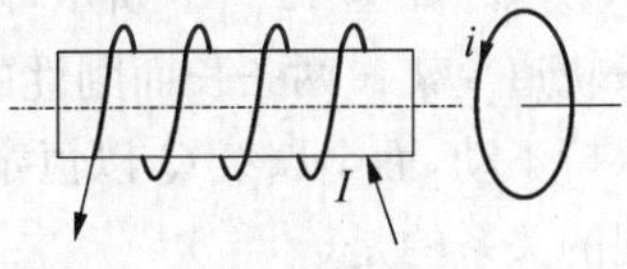

图 12-11

4. 如图 12-12 所示，一矩形线框边长为 a，宽为 b，置于均匀磁场中，线框绕 OO' 轴以匀角速度 ω 旋转. 设 $t=0$ 时，线框平面处于纸面内，则任一时刻感应电动势的大小为( )

(A) $2abB\omega|\cos\omega t|$　　　(B) $abB\omega$

(C) $\frac{1}{2}abB\omega|\cos\omega t|$　　　(D) $abB\omega|\cos\omega t|$

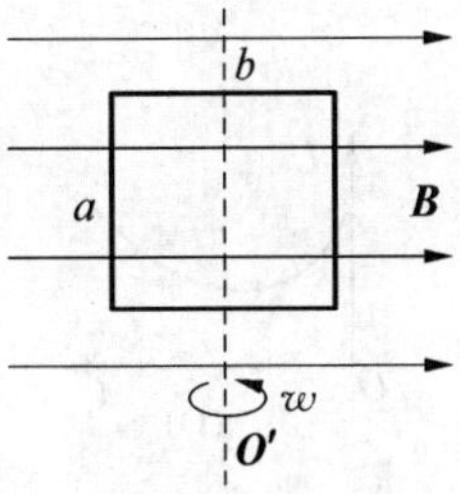

图 12-12

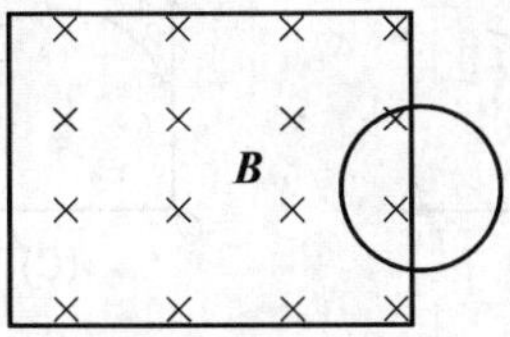

图 12-13

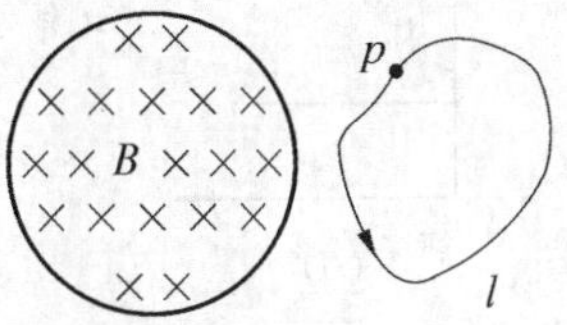

图 12-14

5. 如图 12-13 所示，一个圆形线环，它的一半放在一分布在方形区域的匀强磁场 $\boldsymbol{B}$

中，$\boldsymbol{B}$ 的方向垂直指向纸内，另一半位于磁场之外.欲使圆线环中产生顺时针方向的感应电流，应使(　　)

(A) 线环向右平移　　(B) 线环向上平移

(C) 线环向左平移　　(D) 线环向下平移

*6. 在横截面为圆的长直螺线管中，磁场以$\frac{\mathrm{d}B}{\mathrm{d}t}$的速率变化，管外有一任意回路 l，l 上有任意一点 p，如图 12－14 所示，设 $\boldsymbol{E}_{\mathrm{k}}$ 为感生电场的场强，则以下结论中，正确的是(　　)

(A) p 点的 $\boldsymbol{E}_{\mathrm{k}} \neq 0, \oint_L \boldsymbol{E}_{\mathrm{k}} \cdot \mathrm{d}\boldsymbol{l} = 0$

(B) p 点的 $\boldsymbol{E}_{\mathrm{k}} = 0, \oint_L \boldsymbol{E}_{\mathrm{k}} \cdot \mathrm{d}\boldsymbol{l} \neq 0$

(C) p 点的 $\boldsymbol{E}_{\mathrm{k}} = 0, \oint_L \boldsymbol{E}_{\mathrm{k}} \cdot \mathrm{d}\boldsymbol{l} = 0$

(D) p 点的 $\boldsymbol{E}_{\mathrm{k}} \neq 0, \oint_L \boldsymbol{E}_{\mathrm{k}} \cdot \mathrm{d}\boldsymbol{l} \neq 0$

7. 一交变磁场被限制在一半径为 R 的圆柱体中，在柱内、外分别有两个静止点电荷 q_a 和 q_b，则(　　)

(A) q_a 受力，q_b 不受力　　(B) q_a、q_b 都受力

(C) q_a、q_b 都不受力　　(D) q_a 不受力、q_b 受力

*8. 如图 12－15 所示，两条金属轨道放在均匀磁场中，磁场方向垂直纸面向里.在这两条轨道上架设两条长而刚性的裸导线 P 和 Q.金属线 P 中接入一个高阻伏特计，令金属线 P 保持不动，而金属线 Q 以恒定速度水平向右运动，以下各图中正确表示伏特计电压 U 与 t 时间的关系的是(　　)

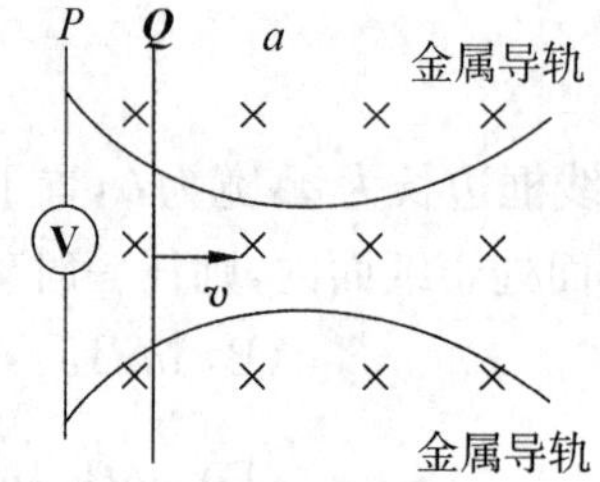

图 12－15

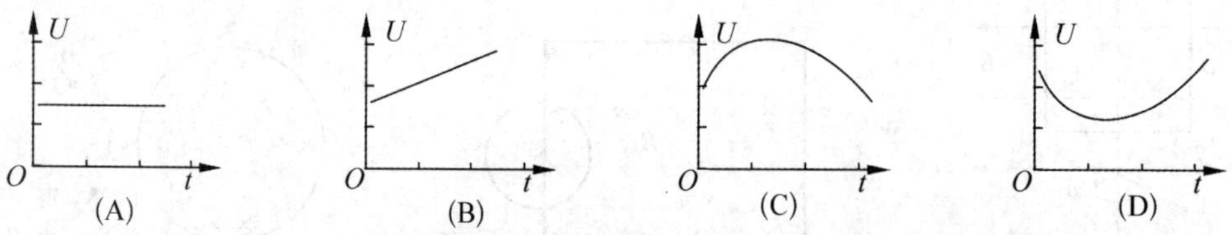

9. 如图 12－16 所示，长度为 l 的直导线 ab 在均匀磁场 $\boldsymbol{B}$ 中以速度 $\boldsymbol{v}$ 移动，直导线 ab 中的电动势为(　　)

(A) Blv　　(B) $Blv\sin\alpha$　　(C) $Blv\cos\alpha$　　(D) 0

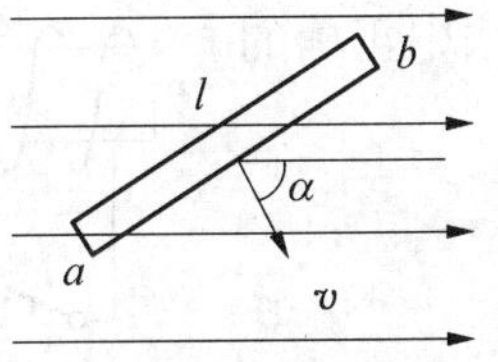

图 12－16

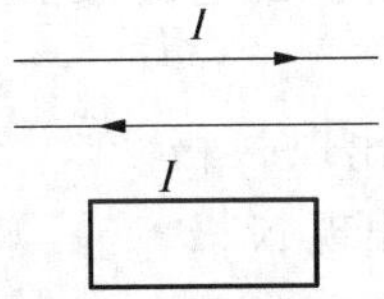

图 12－17

10. 如图 12－17 所示，两根无限长平行直导线载有大小相等方向相反的电流 I，并各以 $\frac{\mathrm{d}I}{\mathrm{d}t}$ 的变化率增长，一矩形线圈位于导线平面内，则(　　)

(A) 线圈中无感应电流　　(B) 线圈中感应电流为顺时针方向

(C) 线圈中感应电流为逆时针方向　　(D) 线圈中感应电流方向不确定

11. 如图 12－18 所示，一矩形线圈，以匀速自无场区平移进入均匀磁场区，又平移穿出.则线圈中的电流随时间的变化关系(取逆时针指向为电流正方向，且不计线圈的自感)(　　)

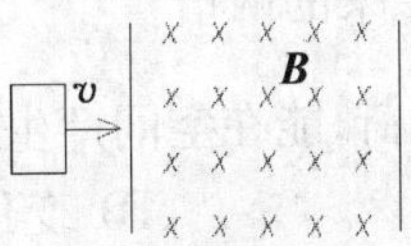

图 12－18

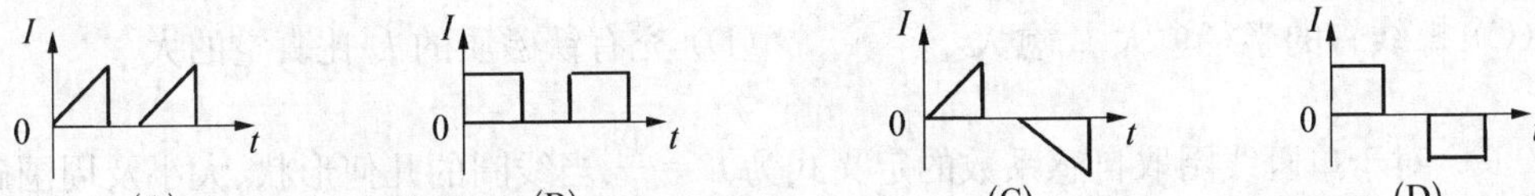

(A)　　(B)　　(C)　　(D)

12. 下列说法中正确的是(　　)

(A) 变化着的电场所产生的磁场，一定随时间而变化

(B) 变化着的磁场所产生的电场，一定随时间而变化

(C) 有电流就有磁场，没电流就一定没有磁场

(D) 变化着的电场所产生的磁场，不一定随时间而变化

13. 利用公式 $\varepsilon_i = vBL$ 计算动生电动势的条件，下列叙述中错误的是(　　)

(A) 直导线 L 不一定是闭合回路中的一段

(B) 切割速度 v 不一定必须(对时间)是常量

(C) 导线 L 不一定在匀强磁场中

(D) B，L 和 v 三者必须互相垂直

14. 尺寸相同的铁环和铜环所包围的面积中，通以相同变化的磁通量，当不计环的自感时，环中(　　)

(A) 感应电动势不同，感应电流不同　　(B) 感应电动势相同，感应电流相同

(C) 感应电动势不同，感应电流相同　　(D) 感应电动势相同，感应电流不同

15. 如图 12 - 19 所示，M、P 和 O 是由软磁材料制成的棒，三者在同一平面内，当电键 K 闭合后，以下说法中正确的是(　　)

(A) M 的左端出现 N 极

(B) P 的左端出现 N 极

(C) O 的右端出现 N 极

(D) P 的右端出现 N 极

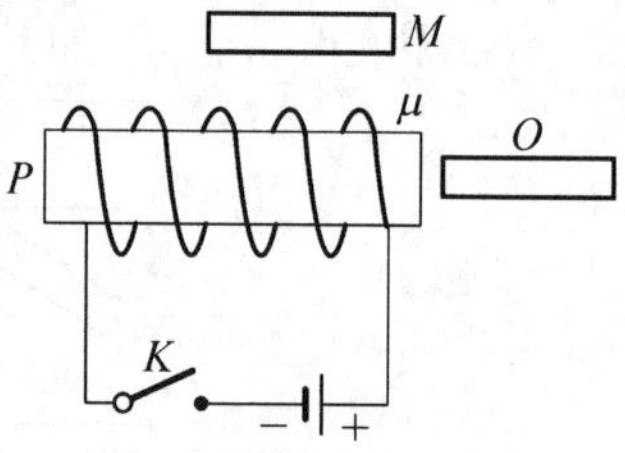

图 12 - 19

16. 如图 12 - 20 所示，一闭合正方形线圈放在均匀磁场中，绕通过其中心且与一边平行的转轴 OO' 转动，转轴与磁场方向垂直，转动角速度为 ω. 在导线的电阻不能忽略的情况下，用下列哪种办法可以使线圈中的感应电流的幅值增加到原来的两倍(　　)

(A) 把线圈的匝数增加到原来的两倍

(B) 把线圈的边长增大，使得正方形面积增加到原来的两倍

(C) 把线圈切割磁感线的两条边的长度增长到原来的两倍

(D) 把线圈的角速度 ω 增大到原来的两倍

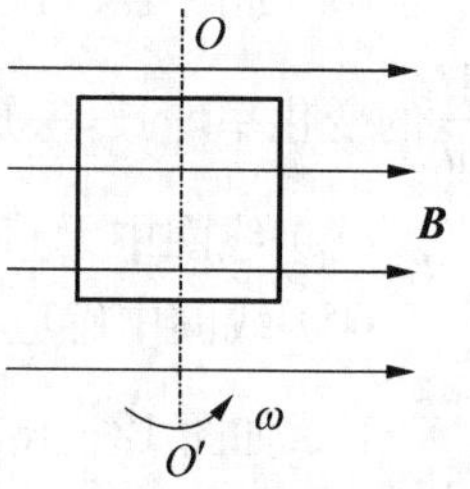

图 12 - 20

17. 一个作匀速直线运动的点电荷，能在空间产生(　　)

(A) 静电场　　(B) 变化的电场和变化的磁场

(C) 稳恒磁场　　(D) 变化的电场和稳恒磁场

△18. 关于一个细长密绕螺线管的自感系数 L 的值，下列说法中错误的是(　　)

(A) 通过电流 I 的值愈大 L 愈大　　(B) 单位长度的匝数愈多 L 愈大

(C) 螺线管的半径愈大 L 愈大　　(D) 充有铁磁质的 L 比真空的大

△19. 对于单匝线圈取自感系数的定义式为 $L=\frac{\Phi}{I}$. 当线圈的几何形状、大小及周围磁介质分布不变，且无铁磁性物质时，若线圈中的电流强度变小，则线圈的自感系数 L(　　)

(A) 变大，与电流成反比关系　　(B) 变小

(C) 不变　　(D) 变大，但与电流不成反比关系

△20. 真空中一根“无限长”直细导线上通电流 I，则距导线垂直距离为 a 的空间某点处的磁能密度为(　　)

(A) $\frac{1}{2}\mu_0\left(\frac{\mu_0 I}{2\pi a}\right)^2$　　(B) $\frac{1}{2\mu_0}\left(\frac{\mu_0 I}{2\pi a}\right)^2$

(C) $\frac{1}{2}\left(\frac{2\pi a}{\mu_0 I}\right)^2$　　(D) $\frac{1}{2\mu_0}\left(\frac{\mu_0 I}{2a}\right)^2$

二、填空题

*21. 如图 12 - 21 所示，在通有电流为 I 的长直导线近旁有一导线段 ab 长 l，离长直导线距离 d，当它沿平行于长直导线的方向以速度 $\boldsymbol{v}$ 平移时，导线中的电动势的大小 $\varepsilon_i=$________.

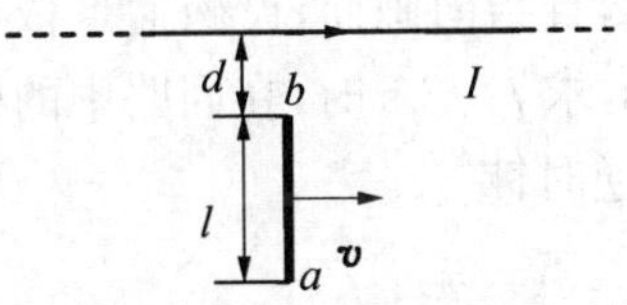

图 12-21

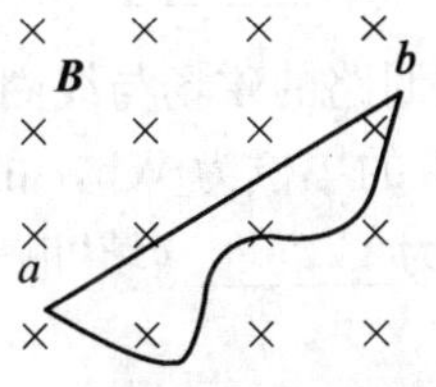

图 12-22

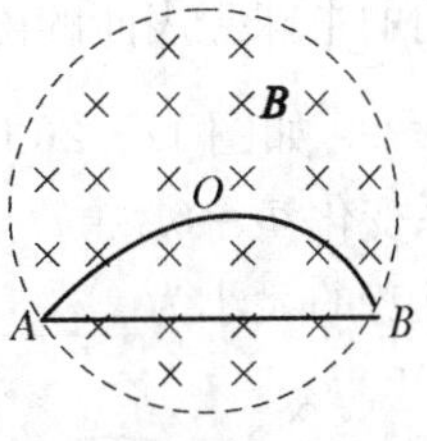

图 12-23

22. 如图 12-22 所示，把一根导线弯曲成平面曲线放在均匀磁场 $\boldsymbol{B}$ 中，ab 的直线长度为 L，绕其一端 a 以角速度 ω 逆时针方向旋转，转轴与 $\boldsymbol{B}$ 方向平行，则整个回路电动势为________，ab 两端的电动势为________，a 点的电势比 b 点的电势________（填“高”或“低”）.

23. 如图 12-23 所示，均匀磁场限制在圆柱形空间中，且 $\frac{\mathrm{d}B}{\mathrm{d}t}$ 不等于零.磁场中 A，B 两点用直导线 AB 和弧导线 AOB 连接，则________导线中感应电动势较大（填“直”或“弧”）.

24. 如图 12-24 所示，AB 和 BC 两段导线，其长均为 10 cm，在 B 处相接成 30°角，若使导线在均匀磁场中以速率 $v=1.5$ m/s 运动，磁场方向垂直纸面向内，磁感应强度大小为 $B=2.5\times10^{-2}$ T.则 A、C 两端之间的电势差为________，________端电势高.

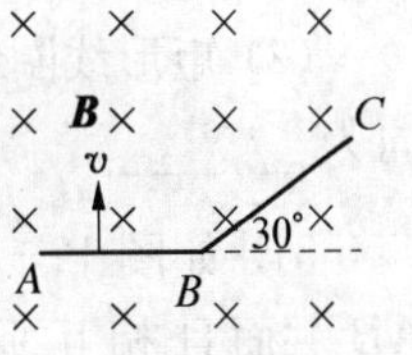

图 12-24

25. 如图 12-25 所示，长为 $l=0.60$ m 的金属棒，绕垂直于棒的 $O'O$ 轴在水平面内以每秒 10 圈的转速旋转，已知 bc 长为整根棒长的 $\frac{3}{4}$，磁场在竖直方向上的分量 $B=0.45\times10^{-4}$ T，则 $\varepsilon_{ac}=$________，$\varepsilon_{cb}=$________，$\varepsilon_{ab}=$________.

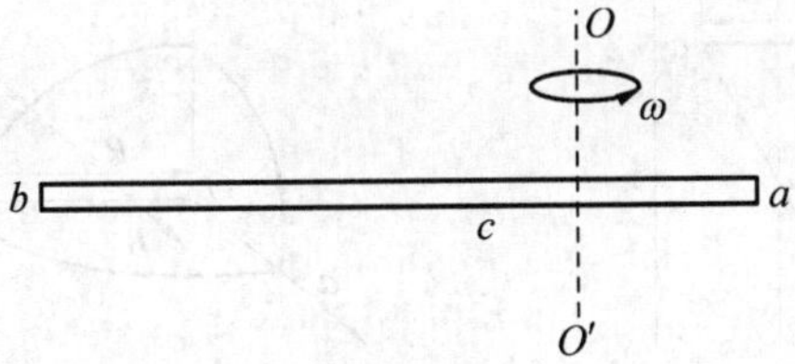

图 12-25

26. 一铁芯上绕有线圈 N 匝，已知铁芯中磁通量与时间的关系为 $\Phi=A\sin 100\pi t$ Wb，则在 $t=1.0\times10^{-2}$ s 时线圈中的感应电动势为________.

*27. 一密绕长直螺线管单位长度上的匝数为 n，螺线管的半径为 R，设螺线管中的电流 I 以恒定的速率 $\frac{\mathrm{d}I}{\mathrm{d}t}=k$ 增加，则位于距轴线 $\frac{R}{2}$ 处的电子的加速度 $a_1=$________；位于轴线上的电子的加速度 $a_2=$________（设电子的质量为 m_e，电荷为 e）.

28. 一磁场的磁感应强度为 $\boldsymbol{B}=ab\boldsymbol{i}+bc\boldsymbol{j}+ca\boldsymbol{k}$(SI)，则通过一半径为 R，开口向 z 轴正

方向的半球壳表面的磁通量的大小为________WB.

29. 如图 12－26 所示，通过回路的磁场与线圈平面垂直，且指向画面，设磁通量依如下关系变化 $\Phi=6t^2+7t+1$ 式中 Φ 的单位为 Wb，t 的单位为 s，求 $t=2$ s 时，在回路中的感生电动势的大小为________，方向为________（填“顺时针”或“逆时针”）.

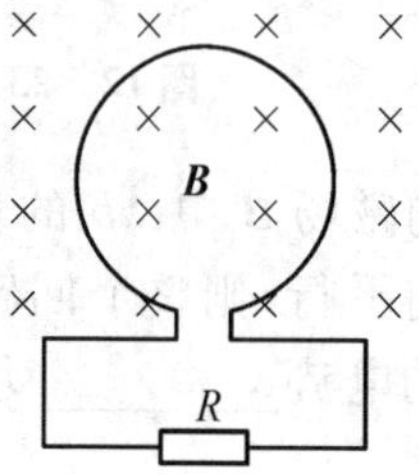

图 12－26

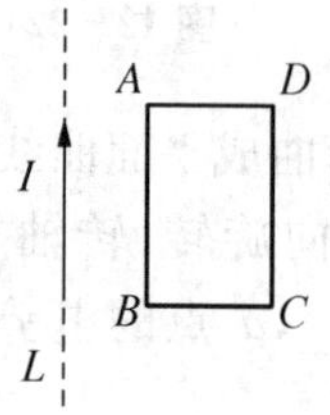

图 12－27

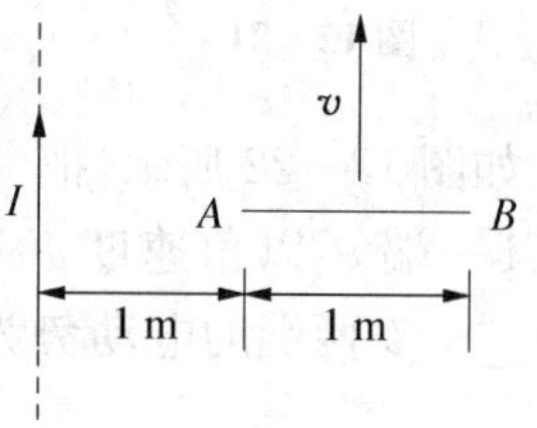

图 12－28

30. 如图 12－27 所示，在一长直导线 L 中通有流 I，$ABCD$ 为一矩形线圈，它与 L 皆在纸面内，且 AB 边与 L 平行.

(1) 矩形线圈在纸面内向右平移时，线圈中感应电流方向为________.

(2) 矩形线圈绕 AD 边旋转，当 BC 边已离开纸面正向外运动时，线圈中感应电流的方向为________.

31. 如图 12－28 所示，金属杆 AB 以匀速 $v=2$ m/s 平行于长直载流导线运动，导线与 AB 共面且相互垂直. 已知导线载有电流 $I=40$ A，则此金属杆中的感应电动势 $\varepsilon=$________，电势较高端为________.（$\ln 2=0.69$）

32. 如图 12－29 所示，直角三角形金属框架 abc 放在均匀磁场中，磁场 $\boldsymbol{B}$ 平行于 ab 边，bc 的长度为 l. 当金属框架绕 ab 边以匀角速度 ω 转动时，回路中的感应电动势 $\varepsilon=$________.

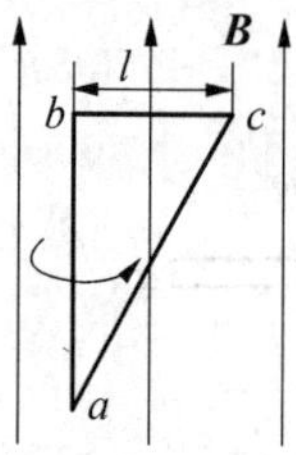

图 12－29

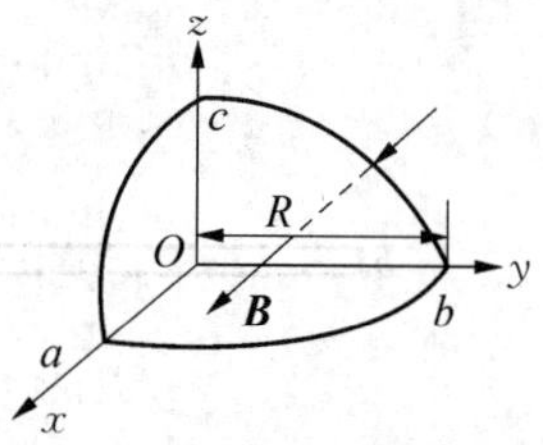

图 12－30

*33. 如图 12－30 所示，一段导线被弯成圆心在 O 点、半径为 R 的三段圆弧 ab、bc 和 ca，它们构成了一个闭合回路，ab 位于 xOy 平面内，bc 和 ca 分别位于另两个坐标面中. 均匀磁场 $\boldsymbol{B}$ 沿 x 轴正方向穿过圆弧 bc 与坐标轴所围成的平面. 设磁感强度随时间的变化率为 $B=kt(k>0)$，则闭合回路 $abca$ 中感应电动势的数值为________；圆弧 bc 中感应电流的方向是________.

△34. 在长为 $l=0.6$ m，直径 $d=0.05$ m 的圆纸筒上，密绕________匝线圈才能获得 6.0×10^{-3} H 自感（忽略端部效应）.

三、计算题

35. 电阻为 R 的闭合线圈折成半径分别为 a 和 $2a$ 的两个圆，如图 12－31 所示，将其置于与两圆平面垂直的匀强磁场内，磁感应强度按 $B=B_0\sin\omega t$ 的规律变化，已知 $a=10$ cm，$B_0=2\times10^{-2}$ T，$\omega=50$ rad/s，$R=10\ \Omega$，求线圈中感应电流的最大值.

图 12－31

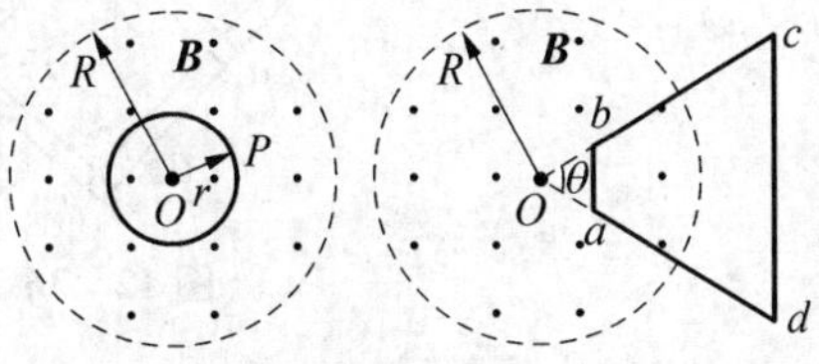

图 12－32

36. 如图 12－32 所示，在半径 $R=0.10$ m 的区域内有均匀磁场 $\boldsymbol{B}$，方向垂直于纸面向外，设磁场以 $\frac{\mathrm{d}B}{\mathrm{d}t}=100$ T/s 的速率增加.已知 $\theta=\frac{\pi}{3}$，$oa=ob=r=0.04$ m，试求：

(1) 半径为 r 的导体圆环中的感应电动势 ε_1，点 P 处涡旋电场 E_k 的大小；

(2) 等腰梯形导线框 $abcd$ 中的感应电动势 ε_2，并指出感应电流的方向（“顺时针”或“逆时针”）.

37. 电流为 I 的无线长直导线旁有一弧形导线，圆心角为 120°，几何尺寸及位置如图 12－33所示.求当圆弧形导线以速度 $\boldsymbol{v}$ 平行于长直导线方向运动时，弧形导线中的动生电动势.

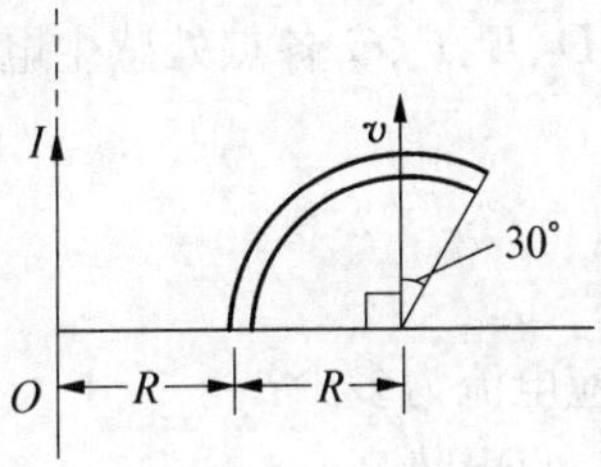

图 12－33

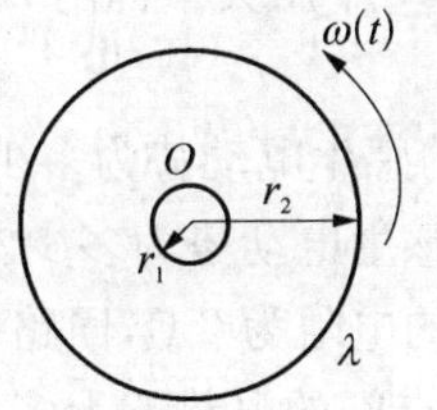

图 12－34

*38. 如图 12－34 所示，一半径为 r_2、电荷线密度为 λ 的均匀带电圆环，里边有一半径为 r_1、总电阻为 R 的导体环，两环共面同心（$r_2>>r_1$），当大环以变角速度 $\omega(t)$ 绕垂直于环面的中心轴旋转时，求小环中的感应电流及方向.

39. 如图 12－35 所示，无限长导线中通有变化率为 2 A · s^{-1} 稳定增长的电流，若某时刻导线中的电流为 $I=10$ A，求：

(1) 边长为 20 cm 的正方形回路的磁通量 Φ_m 为多少？该回路与长直导线共面；

(2) 正方形回路的感应电动势多大？感应电流的方向如何？($\ln 2=0.69$)

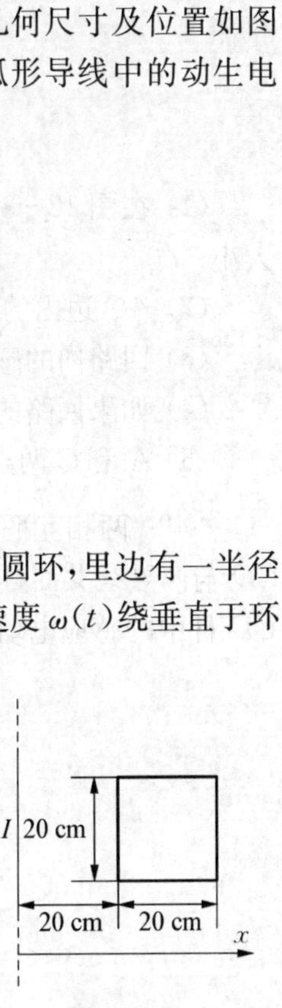

图 12－35

*40. 一根长为 l、质量为 m、电阻为 R 的导线 ab 沿两平行的导

电轨道无摩擦下滑，如图 12 - 36 所示.轨道平面的倾角为 θ，导线 ab 与轨道组成矩形闭合导电回路 $abcd$.整个系统处在竖直向上的均匀磁场 $\boldsymbol{B}$ 中，忽略轨道电阻.求 ab 导线下滑所达到的稳定速度.

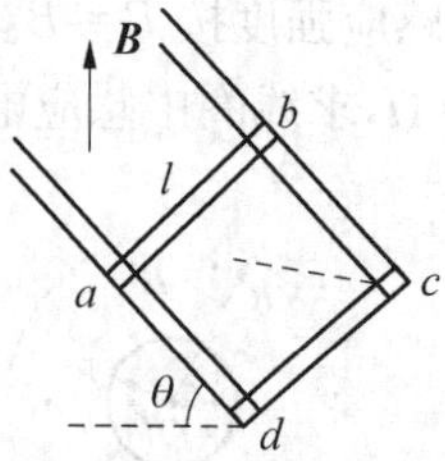

图 12 - 36

41. 如图 12 - 37 所示，边长为 20 cm 的正方形导体回路，放置在圆柱形空间的均匀磁场中，已知磁感应强度的量值 0.5 T，方向垂直于导体回路所围平面，若磁场以 0.1 T/s 的变化率减小，AC 边沿圆柱体直径，B 点在磁场的中心，D 为 CE 的中点.

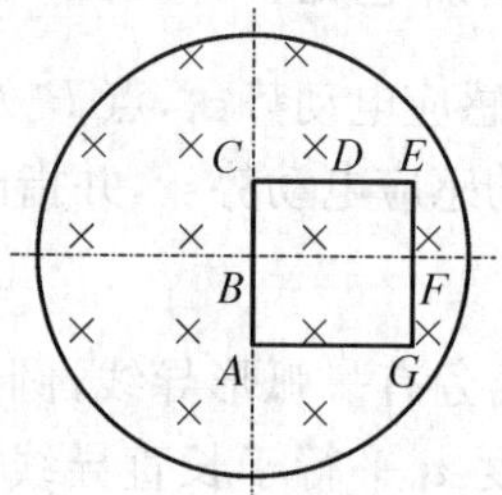

图 12 - 37

(1) 在图 12 - 37 中用矢量标出 A、B、C、D、E、F、G 各点处感生电场 $\boldsymbol{E}_k$ 的方向并求其大小；

(2) AC 边内的感生电动势为多少？

(3) 回路内的感生电动势为多少？

(4) 如果回路的电阻为 2 Ω，回路中的感应电流为多少？

(5) A 和 C 两点间的电势差为多少？哪一点电势高.

*42. 两相互平行无限长的直导线载有大小相等方向相反的电流，长度为 b 的金属杆 CD 与两导线共面且垂直，相对位置如图 12 - 38 所示.CD 杆以速度 $\boldsymbol{v}$ 平行直线电流运动，求 CD 杆中的感应电动势，并判断 C、D 两端哪端电势较高？

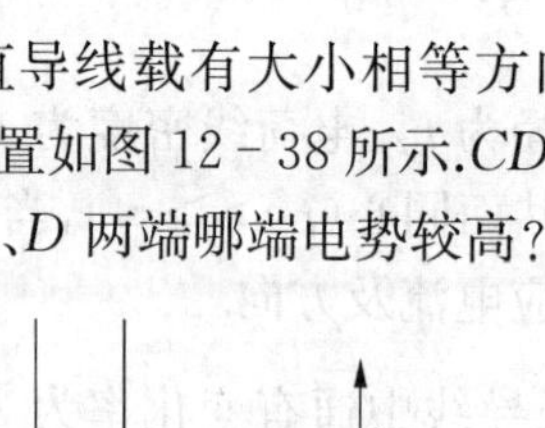

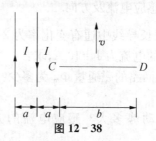

图 12 - 38

*43. 如图 12－39 所示，一长为 L 的金属棒 OA 与载有电流 I 的无限长直导线共面，金属棒可绕端点 O 在平面内以角速度 ω 匀速转动. 试求当金属棒转至图示位置时(即棒垂直于长直导线)，棒内的感应电动势.

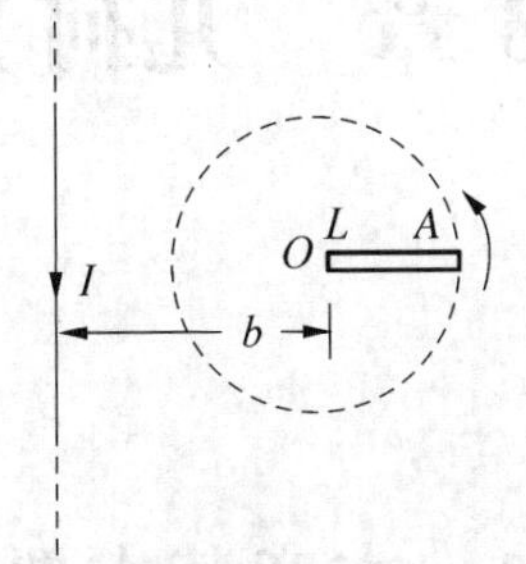

图 12－39

44. 如图 12－40 所示，一根长度为 l 的铜棒，在磁感应强度为 $\boldsymbol{B}$ 的均匀磁场中，以角速度 ω 在与磁场方向垂直的平面上绕棒的 $\frac{1}{3}l$ 处绕顺时针方向匀速转动. 求：ε_{ab} 并说明 a、b 两点中哪一端电势高.

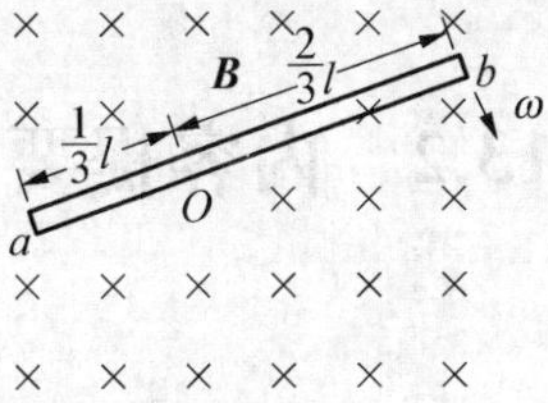

图 12－40

第 13 章　几何光学

13.1　本章基本要求

一、理解掌握全反射.
二、掌握光在球面上的反射和折射成像.
三、会应用薄透镜成像公式.
四、了解显微镜、望远镜和照相机原理.

13.2　内容提要

一、反射和折射定律

1. 反射定律

$$i_1' = i_1$$

2. 折射定律

$$\frac{\sin i_1}{\sin i_2} = \frac{n_2}{n_1} = n_{12}$$

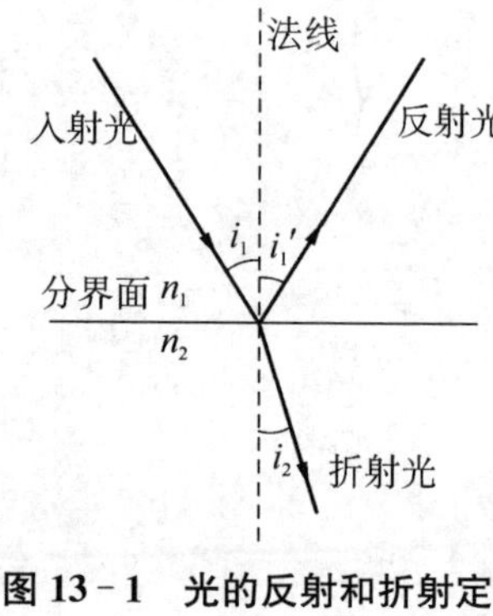

图 13 - 1　光的反射和折射定律

3. 全反射

光从光密介质 n_1 入射到光疏介质 n_2 的界面上，折射角 $i_2 = \frac{\pi}{2}$ 时所对应的入射角 i_c 称作全反射临界角.

$$i_c = \arcsin\left(\frac{n_2}{n_1}\right)$$

发生全反射的两个条件

(1) 光从光密介质 n_1 入射到光疏介质 n_2，即 $n_1>n_2$.

(2) 入射角 $i_1>i_c$.

二、光在平面上的反射和折射成像

1. 光在平面上的反射成像

光照射在平面镜上形成的反射光的反向延长线能获得"完善"的点像，但为虚像.

2. 光在平面上的折射成像

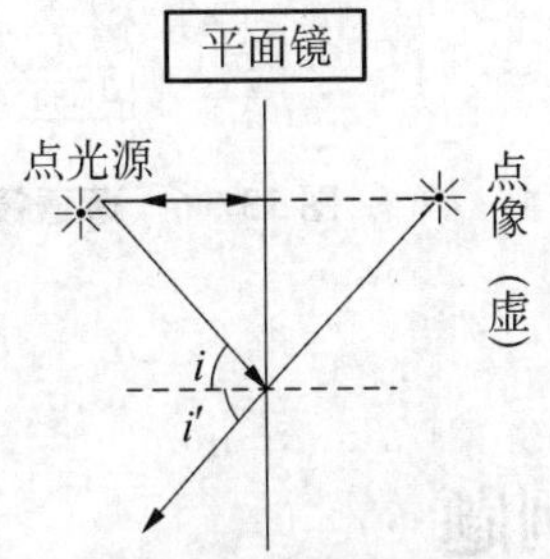

图 13-2 点光源反射成像的光路图

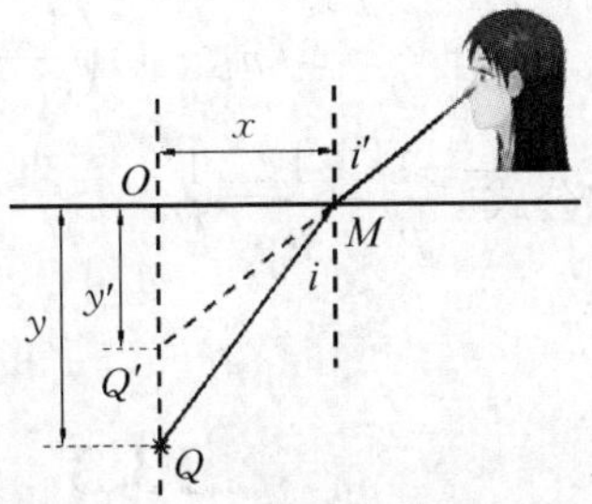

图 13-3 眼睛看水中的物体

点光源的折射光的反向延长线一般不会相交于同一点，折射不能形成"完善"的像.

三、光在球面上的反射和折射成像

1. 球面反射成像公式

凹面镜焦距 $f<0$；凸面镜焦距 $f>0$.

球面反射成像公式$\frac{1}{p}+\frac{1}{p'}=\frac{1}{f}$

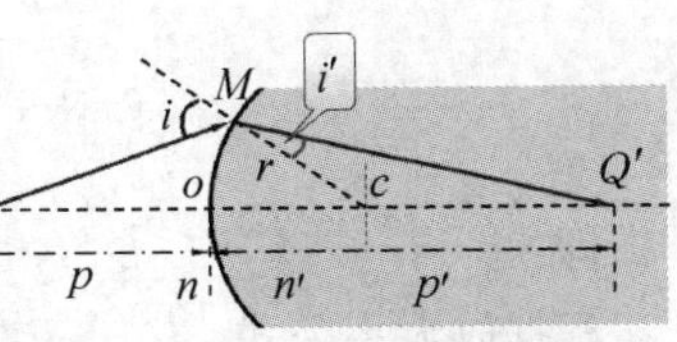

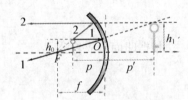

图 13-4 球面反射成像光路图

2. 球面上的折射成像公式

物方焦距 $f=-\frac{nr}{n'-n}$

像方焦距 $f'=\frac{n'r}{n'-n}$

球面折射成像公式 $\frac{n'}{p'}-\frac{n}{p}=\frac{n'-n}{r}$

或 $\frac{f'}{p'}+\frac{f}{p}=1$

图 13-5 球面折射成像光路图

四、薄透镜成像公式

物方焦距 $f=\dfrac{n_0}{\dfrac{n_L-n_0}{r_1}+\dfrac{n_i-n_L}{r_2}}$

像方焦距 $f'=\dfrac{n_i}{\dfrac{n_L-n_0}{r_1}+\dfrac{n_i-n_L}{r_2}}$

磨镜者公式 $f'=-f=\dfrac{1}{(n_L-1)\left(\dfrac{1}{r_1}-\dfrac{1}{r_2}\right)}$

薄透镜成像公式 $\dfrac{1}{p'}-\dfrac{1}{p}=\dfrac{1}{f'}$

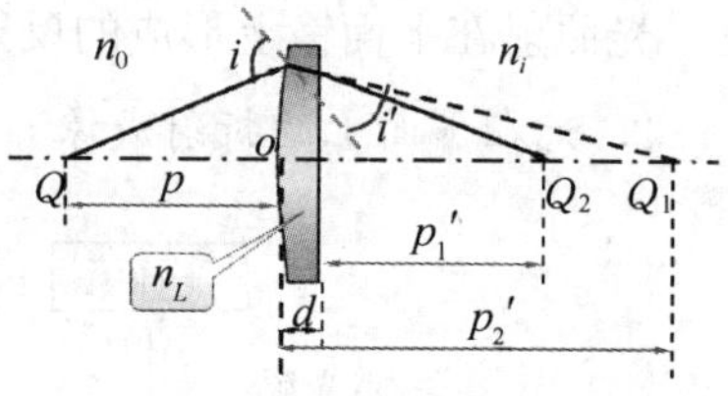

图 13-6 薄透镜成像光路图

13.3 典型例题

例 1 高 5 cm 的物体距凹面镜的焦距顶点 12 cm，凹面镜的焦距是 10 cm，求像的位置及高度.

解 根据凹面镜成像的原理和公式求解，弄清公式中各值代表的物理意义即可求解本题，注意确定物距、像距和焦距的符号.由题意得

$$f'=-10\ \text{cm},\ p=-12\ \text{cm}$$

根据凹面镜成像公式

$$\frac{1}{p}+\frac{1}{p'}=\frac{1}{f}$$

得

$$-\frac{1}{12}+\frac{1}{p'}=-\frac{1}{10}$$

即 $$p'=-60\ \text{cm}$$

根据放大率公式

$$V=-\frac{y'}{y}=\frac{p'}{p}$$

得

$$y'=-25\ \text{cm}$$

即像在镜前 60 cm 处，像高为 25 cm.

例 2　全反射传导光信号的装置如图 13－7 所示，纤维内芯材料的折射率为 1.3，外层材料的折射率为 1.2.试求入射角在什么范围内的光线才可在纤维内传递？

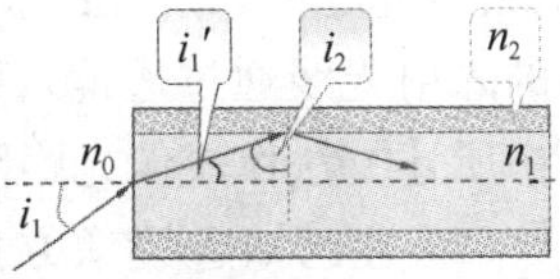

图 13－7

解　此题考察的是光的全反射内容.光发生全反射的条件是光从光密介质射向光疏介质，且入射角大于全反射临界角.求出全反射临界角后，再根据折射定律求出入射角.

用 i_c 表示光导纤维内芯和外层材料之间的临界角，则有

$$\sin i_c = \frac{n_2}{n_1}$$

要把光线限制在光导纤维内传播，应满足 $i_2 > i_c$，由几何关系可知 $i_1' + i_2 = 90°$，根据折射定律

$$\frac{\sin i_1}{\sin i_1'} = n_1$$

得

$$i_1 < 30°$$

13.4　习题选讲

13－4　一平行超声波束入射于水中的平凸有机玻璃透镜的平的一面，球面的曲率半径为 10 cm，试求在水中时透镜的焦距.假设超声波在水中的速度为 $u_1 = 1\,470\ \mathrm{m \cdot s^{-1}}$，在有机玻璃中的速度为 $u_2 = 2\,680\ \mathrm{m \cdot s^{-1}}$.

解　薄透镜的像方焦距公式为 $f' = \dfrac{n_i}{\dfrac{n_L - n_0}{r_1} + \dfrac{n_i - n_L}{r_2}}$，弄清公式中各值代表的物理意义即可求解本题.

n_0、n_i 分别为透镜前后介质的折射率，由题意透镜前后介质均为水，故 $n_1 = n_0 = n_i = n_{水}$；$n_2 = n_L$ 为透镜的折射率；r_1 为透镜平的一面的曲率半径，即 $r_1 = \infty$；r_2 为透镜凸的一面的曲率半径，即 $r_2 = -10$ cm.

由上述分析可得

$$f' = \frac{n_i}{\dfrac{n_2 - n_1}{r_1} + \dfrac{n_1 - n_2}{r_2}} = \frac{r_2}{1 - \dfrac{n_2}{n_1}} = \frac{r_2}{1 - \dfrac{u_1}{u_2}} = -22.1\ \mathrm{cm}$$

13－5　将一根短金属丝置于焦距为 35 cm 的会聚透镜的主轴上，离开透镜的光心为 50 cm处，如图 13－8 所示.(1) 试绘出成像光路图；(2) 求金属丝的成像位置.

解　(1) 凸透镜的成像图只需画出两条特殊光线就可确定像的位置.做出以下两条特殊

光线:过光心的入射光线折射后方向不变;过物方焦点的入射光线通过透镜入射后平行于主光轴.根据分析中所述方法作成像光路图如图所示.

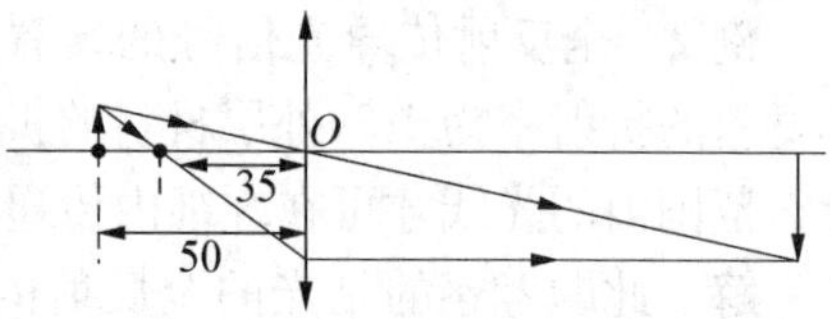

图 13-8

(2) 在已知透镜像方焦距 f' 和物距 p 时,利用薄透镜的成像公式 $\frac{1}{p'}-\frac{1}{p}=\frac{1}{f'}$ 即可求得像的位置.由成像公式可得成像位置为

$$p'=\frac{pf'}{p+f'}=\frac{(-50)\times 35}{-50+35}\text{cm}=117\text{ cm}$$

13.5 综合练习

一、选择题

1. 玻璃中的气泡看上去特别明亮,是由于(　　)

(A) 光的折射　　(B) 光的反射

(C) 光的全反射　　(D) 光的散射

2. 通过一个厚玻璃观察一个发光点,看到发光点的位置(　　)

(A) 移近了　　(B) 移远了

(C) 不变　　(D) 不能确定

3. 在焦距为 f 的透镜光轴上,物点从 $3f$ 移到 $2f$ 处,移动过程中物象点间的距离(　　)

(A) 先减小后增大　　(B) 先增大后减小

(C) 由小到大　　(D) 由大到小

4. 焦距为 4 cm 薄凸透镜用作放大镜,若物置于透镜前 3 cm 处,则其横向放大率(　　)

(A) 3　　(B) 4　　(C) 6　　(D) 12

5. 一透镜组有两个共轴的薄透镜组成,一凸一凹,它们的焦距都是 20 cm,中心相距 10 cm,现在凸透镜外,离凸透镜 30 cm 处,有一物体,这物体以透镜组成的像为(　　)

(A) 正立实像　　(B) 倒立实像　　(C) 正立虚像　　(D) 倒立虚像

6. 以下实验现象中,能够保持成理想像的光学系统是(　　)

(A) 平面折射成像　　(B) 球面反射成像

(C) 平面反射成像　　(D) 球面折射成像

7. 光从左向右射到透镜上,s 为物距,s' 为像距,下列虚物成虚像的是(　　)

(A) $s>0,s'>0$　　(B) $s<0,s'<0$

(C) $s>0,s'<0$　　(D) $s<0,s'>0$

8. 由折射率 $n=1.65$ 的玻璃制成的薄凸透镜,前后两球面的曲率半径均为 40 cm,则其焦距为(　　)

(A) 20.4 cm　　(B) 21.6 cm　　(C) 25.8 cm　　(D) 30.7 cm

9. 焦距为 4 cm 薄凸透镜用作放大镜,若物置于透镜前 3 cm 处,则横向放大率为(　　)

(A) 3　　(B) 4　　(C) 12　　(D) 6

10. 一个 5 cm 高的物体放在球面镜前 10 cm 处成 1 cm 高的虚像,则此镜的曲率半径为(　　)

(A) 3 cm　　(B) 4 cm　　(C) 5 cm　　(D) 6 cm

二、填空题

11. 光的直线传播定律指出光在________介质中沿直线传播.

12. 虚物点是________的________的交点.

13. 全反射的条件是________大于________,光从光密介质射向光疏介质________产生全反射.

14. 某种透明物质对于空气的临界角为 45°,该透明物质的折射率等于________.

15. 在几何光学系统中,唯一能够完善成像的是________系统,其成像规律为________.

16. 几何光学的三个基本定律是________、________和________.

17. 费马原理指出,光在指定的两点间传播,实际的________总是一个极值.

18. 当物处于主光轴上无穷远处,入射光线平行于主光轴,得到的像点称为________.

19. 主轴上物点发出的宽光束将产生________.

20. 焦距为 4 cm 的薄凸透镜用作放大镜,若其横向放大率为 4,物放置于透镜前________.

三、计算题

21. 一束光在透明介质中的波长为 400 nm,传播速度为 2×10^{8} m/s,(1) 试确定该介质对这一光束的折射率;(2) 同一束光在空气中的波长为多少?

22. 一台幻灯机,镜头焦距是 30 cm,用它放映时,像的最大放大倍数是 100 倍,镜头可移动的范围是 5.7 cm.问此幻灯机最小放大倍数为多少?这时需要将镜头与屏幕间的距离如何改变?

23. 两个焦距为 10 cm 的凸透镜,放在相距 15 cm 的同一轴线上,求在镜前 15 cm 处的小物体所成像的位置.

24. 凹面镜的曲率半径为 150 cm,要想获得放大三倍的像,物体应放在什么位置?

第 14 章　波动光学

14.1　基本要求

一、理解获得相干光的方法,理解光程的概念,掌握光程差和相位差的关系及光的干涉加强和减弱的条件,掌握半波损失发生的条件并能正确运用.

二、掌握杨氏双缝干涉条纹及薄膜等厚干涉条纹的分布规律.理解增反膜和增透膜的原理.

三、了解惠更斯—菲涅耳原理及它对光的衍射现象的定性解释.能用半波带法分析单缝夫琅禾费衍射条纹分布规律,会分析缝宽及波长对衍射条纹分布的影响.

四、了解光栅衍射条纹的形成及特点,理解光栅衍射公式,会确定光栅衍射谱线的位置,会分析光栅常数及波长对光栅衍射谱线分布的影响.

五、理解自然光、线偏振光和部分偏振光的特征及检验方法.

六、理解布儒斯特定律和马吕斯定律.

14.2　内容提要

一、光的相干性

1. 相干条件

(1) 两列光波的频率相同;

(2) 两列光波在相遇点的振动方向相同,或者有振动方向相同的分量;

(3) 两列光波在相遇的区域内,各点保持稳定的相位差.

2. 相干光的获取

(1) 基本思想:将同一波列的光"一分为二"成为两个相干波.

(2) 两种方法

① 分振幅法:利用反射或折射,将同一波列分成两个或若干个振幅较小的相干波,经不

同路径传播后再相遇产生干涉；

② 分波阵面法：从同一波列的同一波面上分出两个或若干个相干的子波源，经不同路径传播后再相遇产生干涉.

二、光程和光程差

1. 光程

光在折射率 n 的介质中走过几何路程 L，则乘积 nL 叫光程.

意义：光在折射率为 n 的介质中通过几何路程 L 时所发生的相位变化，相当于光在真空中通过 nL 的路程所发生的相位变化.通过光程，可以把单色光在不同介质中的传播路程都折算为该单色光在真空中的传播路程.

2. 光程差 Δ 与相位差 $\Delta\varphi$ 的关系

$$\Delta\varphi=2\pi\frac{nL}{\lambda}=2\pi\frac{\Delta}{\lambda}$$

3. 半波损失

光从折射率较小的光疏介质射向折射率较大的光密介质时，反射光的相位与入射光相位相比跃变了 π.这一相位跃变相当于反射光多(或少)走了半个波长的距离，称为半波损失.

三、光的干涉

1. 分析处理干涉问题的基本公式—干涉加强或减弱的条件

干涉加强(明纹) $\Delta=\pm k\lambda \quad k=0,1,2,\cdots$

干涉减弱(暗纹) $\Delta=\pm(2k+1)\dfrac{\lambda}{2} \quad k=0,1,2,\cdots$

注意：(1) $k=0,1,2,\cdots$或$k=1,2,\cdots$，是否取 0 应根据具体情况而定；

(2) 公式中等式右边的"±"号不是任何情况都要有的，如薄膜干涉.

2. 典型干涉装置

(1) 杨氏双缝干涉(分波面干涉)

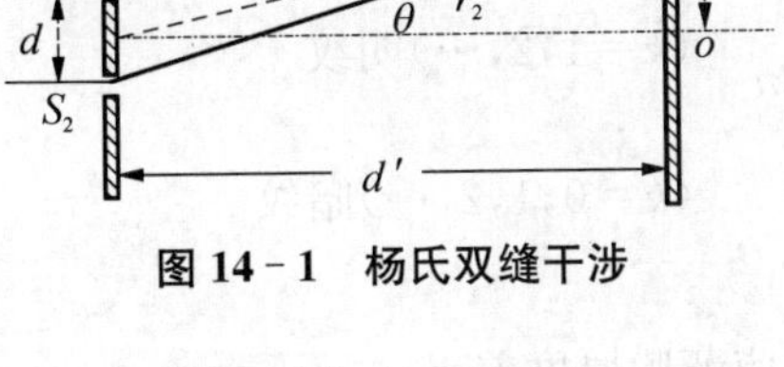

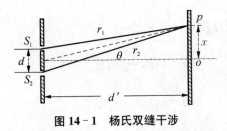

图 14-1　杨氏双缝干涉

屏幕上明条纹中心位置　　$x=\pm k\dfrac{d'}{d}\lambda, k=0,1,2,\cdots$

屏幕上暗条纹中心位置 $x=\pm(2k+1)\dfrac{d'}{d}\cdot\dfrac{\lambda}{2},k=0,1,2,\cdots$

相邻明(暗)条纹间距 $\Delta x=\dfrac{d'}{d}\lambda$

(2) 薄膜干涉(分振幅干涉)

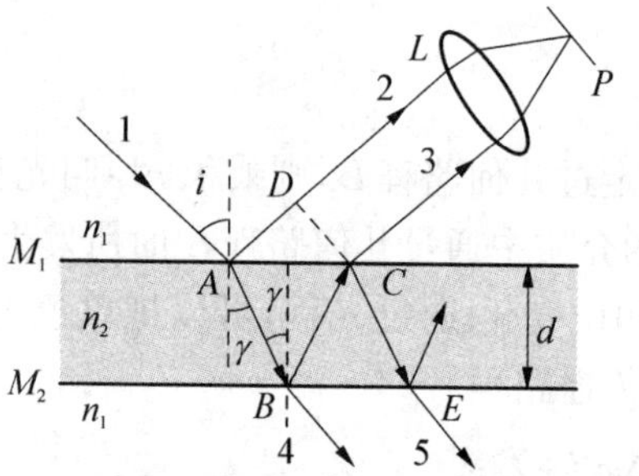

图 14-2 薄膜干涉

图 14-2 中,光线 2 和 3 的总光程差 Δ_r 为

$$\Delta_r=2d\sqrt{n_2^2-n_1^2\sin^2 i}+\frac{\lambda}{2}$$

反射光干涉条件为

$$\Delta_r=2d\sqrt{n_2^2-n_1^2\sin^2 i}+\frac{\lambda}{2}=\begin{cases}k\lambda, & k=1,2,\cdots(\text{加强})\\(2k+1)\dfrac{\lambda}{2}, & k=0,1,2,\cdots(\text{减弱})\end{cases}$$

特别地,当光垂直入射时,$i=0°$,

$$\Delta_r=2n_2d+\frac{\lambda}{2}=\begin{cases}k\lambda, & k=1,2,\cdots(\text{加强})\\(2k+1)\dfrac{\lambda}{2}, & k=0,1,2,\cdots(\text{减弱})\end{cases}$$

说明:(1) 薄膜干涉属于等厚干涉,即薄膜折射率均匀而厚度不均匀时,膜厚相同处对应于同一干涉条纹;

(2) 光经过理想透镜时不产生附加的光程差;

(3) 典型的薄膜干涉装置有:劈尖、牛顿环和迈克耳孙干涉仪.

① 劈尖干涉

明、暗纹对应的空气膜厚度

$$d=\begin{cases}\left(k-\dfrac{1}{2}\right)\dfrac{\lambda}{2n} & (k=1,2,\cdots)\text{明纹}\\k\,\dfrac{\lambda}{2n} & (k=0,1,2,\cdots)\text{暗纹}\end{cases}$$

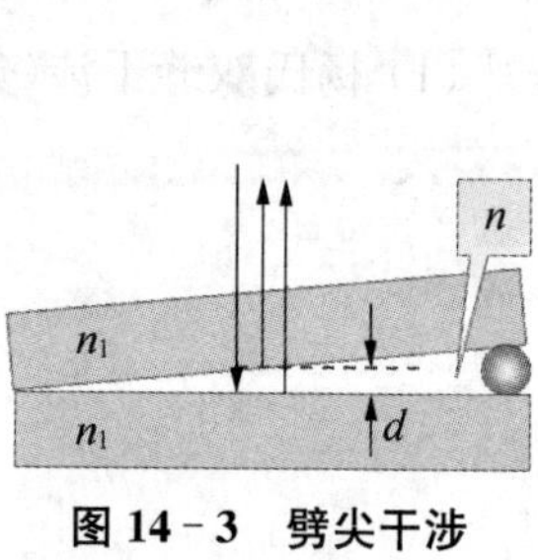

图 14-3 劈尖干涉

相邻明(或暗)条纹所对应薄膜厚度差 $d_{i+1}-d_i=\dfrac{\lambda}{2n}$

② 牛顿环

明环半径　$r=\sqrt{\left(k-\frac{1}{2}\right)R\lambda}\ (k=1,2,\cdots)$

暗环半径　$r=\sqrt{kR\lambda}\ (k=0,1,2,\cdots)$

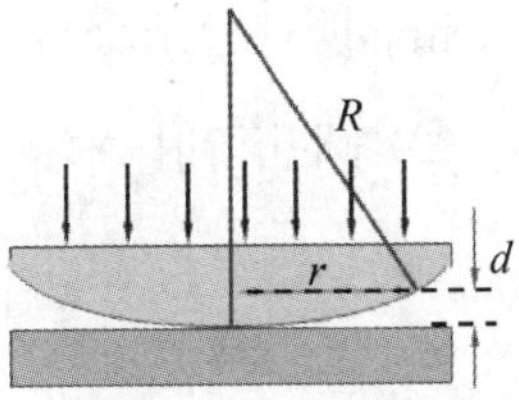

图 14-4　牛顿环

③ 迈克耳孙干涉仪

条纹移动的数目 Δk 与反射镜移动的距离 Δd 满足：$\Delta d=\Delta k\ \frac{\lambda}{2}$

一光路中加入折射率 n、厚度 e 的介质薄膜时：$2(n-1)e=\Delta k\lambda$

四、光的衍射

1. 惠更斯-菲涅耳原理

同一波面上的每一微小面元都可以看作是新的振动中心，它们发出次级子波.这些次级子波经传播而在空间某点相遇时，该点的振动是所有这些次级子波在该点的相干叠加.

2. 衍射的分类

据光源、衍射屏(障碍物)及接收屏相对位置的不同，常将衍射分为两类：

① 菲涅尔衍射——光源、接收屏及衍射屏三者间两两距离之一为有限；

② 夫琅禾费衍射——光源、接收屏及衍射屏三者间两两距离均为无限大.

3. 典型衍射装置

(1) 单缝夫琅禾费衍射

① 菲涅尔半波带法

如图 14-5 所示，波面 AB 沿缝宽方向分成若干等宽的窄长直条波带，相邻两波带对应点沿衍射角 θ 方向发出的子波在屏幕上 Q 点处的光程差均为$\frac{\lambda}{2}$(因此直条波带称为半波带).对应于衍射角 θ，波面 AB 若为奇数个半波带，Q 点为明条纹；若为偶数个半波带，Q 点为暗条纹.

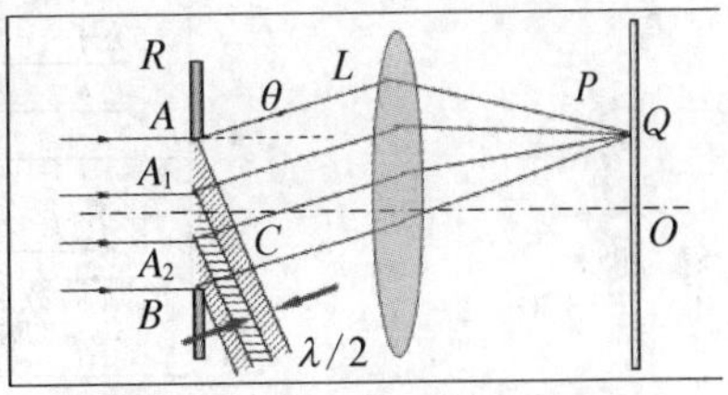

图 14-5　单缝的菲涅尔半波带

② 单缝(宽为 b)的衍射公式

$$
\begin{cases}
b\sin\theta=0 & \text{中央明纹} \\
b\sin\theta=\pm 2k\cdot\dfrac{\lambda}{2} \quad (k=1,2,3,\cdots) & \text{暗纹} \\
b\sin\theta=\pm(2k+1)\cdot\dfrac{\lambda}{2} \quad (k=1,2,3,\cdots) & \text{明纹}
\end{cases}
$$

中央明纹的宽度　$l_0=2x_1\approx 2\,\frac{\lambda}{b}f$

相邻明(暗)条纹间距 $l=\theta_{k+1}f-\theta_k f=\dfrac{\lambda f}{b}$

(2) 圆孔衍射

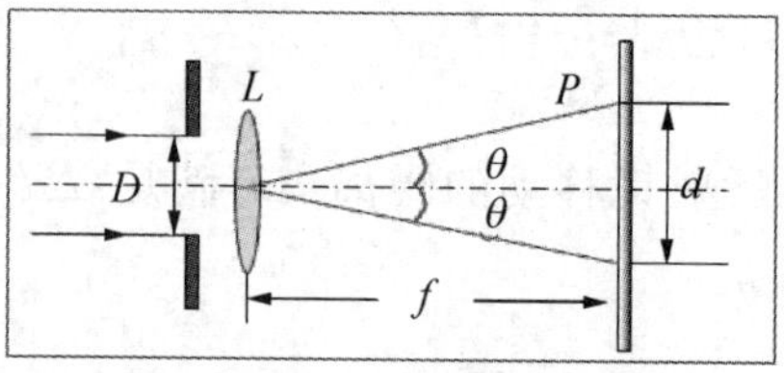

图 14-6 圆孔衍射

直径为 D 的圆孔衍射如图 14-6 所示，爱里斑对透镜光心的张角 2θ 为

$$2\theta=\frac{d}{f}=2.44\,\frac{\lambda}{D}$$

光学仪器的最小分辨角 θ_0 为

$$\theta_0=1.22\,\frac{\lambda}{D}$$

光学仪器所能分辨的最小分辨角，意指对于两个强度相等的不相干点光源(物点)，一个点光源衍射图样的主极大刚好和另一点光源衍射图样的第一极小相重合时的临界情形.这一判据又称为瑞利判据.

(3) 光栅衍射

光栅衍射条纹是单缝衍射和多个单缝光束彼此间干涉的总效果.

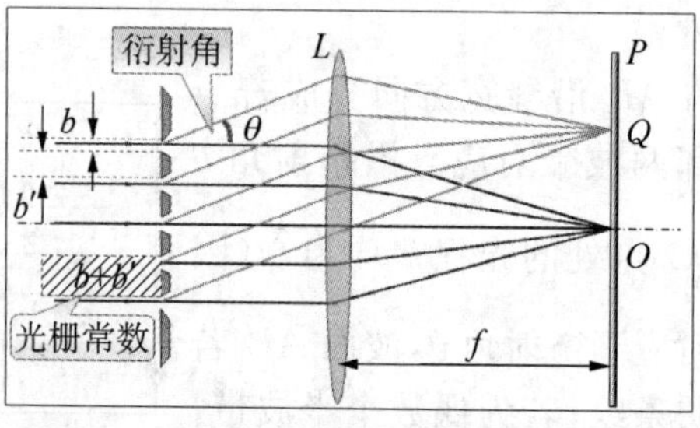

图 14-7 透射式平面光栅衍射截面示意图

光栅方程式 $(b+b')\sin\theta=\pm k\lambda\ (k=0,1,2,\cdots)$

衍射角 θ 同时满足

$$\begin{cases}b\sin\theta=\pm k'\lambda\\(b+b')\sin\theta=\pm k\lambda\end{cases}$$

时，因单缝衍射为暗而出现缺级现象，所缺级次为：$\dfrac{b+b'}{b}=\dfrac{k}{k'}$

五、光的偏振

1. 基本概念

(1) 自然光:在垂直于传播方向的平面内,光矢量(**E** 矢量)在各方向上均匀分布且振幅都相等(轴对称)的光.

(2) 线偏振光与部分偏振光:光振动只沿某一固定方向的光称为线偏振光;部分偏振光是指具有各个方向的光振动,但各方向上振幅不等.

(3) 二向色性:某些物质能吸收某一方向的光振动,而只让与这个方向垂直的光振动通过,这种性质称二向色性.

2. 产生偏振光的方法

(1) 偏振片和偏振化方向:涂有二向色性材料的透明薄片称为偏振片.当自然光照射在偏振片上时,它只让某一特定方向的光通过,这个方向叫此偏振片的偏振化方向.

说明:偏振片可起起偏和检偏作用.检偏时,自然光的出射光强在偏振片旋转时始终不变;偏振光出射光强随偏振片旋转而变,有消光现象;而部分偏振光时出射光强随转动而变,但无消光现象.

(2) 反射与折射:反射与折射时,反射光和折射光一般都为部分偏振光.反射光是垂直入射面振动大于平行入射面振动;折射光是垂直入射面振动小于平行入射面振动.

(3) 双折射:寻常光线(o 光)满足普通折射定律,为垂直自己主平面的偏振光;非常光线(e 光)不满足普通的折射定律,为平行自己主平面的偏振光.

3. 马吕斯定律

强度为 I_0 的线偏振光,偏振方向和检偏器的偏振化方向夹角为 α 时,经过检偏器后出射光强度 I 为

$$I=I_0\cos^2\alpha$$

4. 布儒斯特定律

自然光入射到折射率分别为 n_1 和 n_2 的两种介质的分界面上时,当入射角 i_B 满足 $\tan i_B=\dfrac{n_2}{n_1}$,即反射光与折射光相互垂直时,反射光只有垂直于入射面的光振动,而没有平行于入射面的光振动.这时反射光为线偏振光,而折射光仍为部分偏振光.

14.3　典型例题

例 1　如图所示杨氏双缝实验,双缝之间的距离 $d=0.2$ mm,屏幕与双缝之间的距离 $d'=100$ mm.

(1) 波长 $\lambda=589$ nm 的单色光垂直入射到双缝上,求条纹间距;

(2) 如果以白光入射，求第三级光谱宽度.

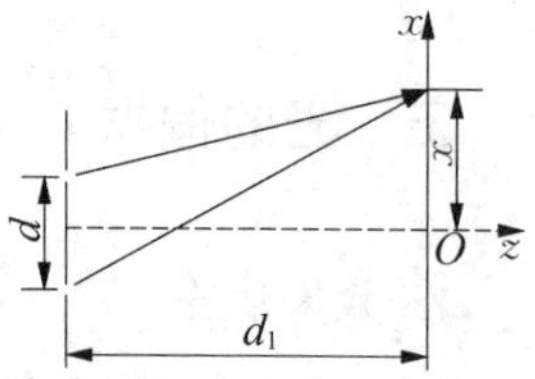

图 14-8

解 这是光的干涉题目.对所有的干涉装置，相干光发生干涉的条件均相同，即光程差为波长的整数倍，干涉相长；光程差为半波长的奇数倍，干涉相消.但不同的干涉装置，影响光程差的因素不同.因此在处理光的干涉问题时，根据实验结构和光路图，求出光程差的具体表达式是解决干涉问题的关键.杨氏双缝干涉实验中，两束相干光的光程差 $\Delta = r_2 - r_1 = d\,\dfrac{x}{d'}$，干涉相长的条件为 $d\,\dfrac{x}{d'} = \pm k\lambda$，因此，$\lambda$，$d$ 和 d' 都对干涉条纹有影响.单色光照射时，干涉条纹为等距离分布的明暗相间的直条纹；白光照射时，中心零级明纹极大处为白色，其他各级条纹彼此分开，具有一定的宽度.

(1) 在杨氏双缝干涉装置中，干涉相长的条件为

$$\Delta = r_2 - r_1 = d\,\frac{x}{d'} = \pm k\lambda, k = 0,1,2,3,\cdots$$

明条纹的位置

$$x = \pm k\,\frac{d'}{d}\lambda, k = 0,1,2,3,\cdots$$

相邻明条纹间距

$$\Delta x = x_{k+1} - x_k = \frac{d'}{d}\lambda$$
$$= \frac{100\times10^{-2}\times589\times10^{-9}}{0.2\times10^{-3}}\ \mathrm{m} = 2.95\times10^{-3}\ \mathrm{m}$$

(2) 第三级紫光和红光条纹中心的距离即为第三级彩色条纹光谱宽度.

第三级紫光条纹中心位置 $x_{紫} = \pm k\,\dfrac{d'}{d}\lambda_{紫}, k = 0,1,2,3,\cdots$

第三级红光条纹中心位置 $x_{红} = \pm k\,\dfrac{d'}{d}\lambda_{红}, k = 0,1,2,3,\cdots$

第三级彩色条纹光谱宽度

$$\Delta x = x_{红} - x_{紫} = k\cdot\frac{d'}{d}(\lambda_{红} - \lambda_{紫})$$
$$= 3\times\frac{100\times10^{-2}}{0.2\times10^{-3}}\times(760-400)\times10^{-9}\ \mathrm{m} = 5.40\times10^{-3}\ \mathrm{m}$$

例 2 在玻璃(折射率 $n_3 = 1.60$)表面镀一层 MgF_2(折射率 $n_2 = 1.38$)薄膜作为增反膜.为使波长为 500 nm 的光从空气(折射率 $n_1 = 1.000$)正入射时尽可能增加反射，求 MgF_2 薄膜的最小厚度.

解 增反膜的作用是使光线入射到玻璃表面时尽可能多的反射，因此反射光应满足干涉加强的条件.题目中的薄膜是厚度均匀的薄膜，且光线垂直入射，分析此干涉结构发生干

涉的两束光光程差的表达式，注意分析是否有半波损失，再根据干涉条件列出方程.

光线垂直表面入射时，反射光的光程差

$$\Delta=2n_2d$$

反射光干涉加强的条件

$$2n_2d=k\lambda,\quad k=1,2,\cdots$$

增反膜的厚度满足

$$d=\frac{k\lambda}{2n_2},\quad k=1,2,\cdots$$

增反膜的最小厚度即 $k=1$ 时对应的厚度

$$d_{\min}=\frac{k\lambda}{2n_2}=\frac{1\times500}{2\times1.38}=181.2\ \text{nm}$$

例 3　用 $\lambda=600$ nm 的单色光垂直照射在宽为 3 cm，共有 5 000 条缝的光栅上.问：

(1) 光栅常数是多少?

(2) 第二级主极大的衍射角 θ 为多少?

(3) 光屏上可以看到的条纹的最大级数?

解　此题目是衍射类题目.对应各类衍射装置，理解衍射光束加强或减弱的条件是关键.对于光栅衍射，光栅公式即光栅衍射明纹条件是解决光栅衍射的基础.

(1) 根据已知条件得

光栅常数　　$$b+b'=\frac{3.0\times10^{-2}}{5\,000}=6\times10^{-6}\ \text{m}$$

(2) 由光栅方程 $b+b'\sin\theta=\pm k\lambda,k=0,1,2,\cdots$ 得

$$\sin\theta_2=2\frac{\lambda}{b+b'}=2\times\frac{600\times10^{-9}}{6\times10^{-6}}=0.2\Rightarrow\theta_2=\arcsin0.2=11.5^\circ$$

(3) $\sin\theta_k=\pm k\dfrac{\lambda}{b+b'}=\pm k\times\dfrac{600\times10^{-9}}{6\times10^{-6}}=\pm k\times0.1$

因为 $-1<\sin\theta_k<1,-10<k=\dfrac{\sin\theta_k}{0.1}<10$，取 $k=\pm9$，屏上可以看见的条纹最大级数是 9.

例 4　一部分偏振光通过一偏振片，当偏振片由对应最大亮度位置转过 $\dfrac{\pi}{3}$，光束亮度减为入射光强的一半，若此部分偏振光仅由自然光和线偏振光组成，求自然光和线偏振光强度之比?

解　此题是偏振类题目.线偏振光通过偏振片的强度由马吕斯定律 $I=I_0\cos^2\alpha$ 给出；自然光通过偏振片后强度减为原来的二分之一.这两点是解决偏振光透射强度类题目的关键.

设部分偏振光中自然光光强为 I_1，线偏振光强度为 I_2，根据题意光强最大为

$$I_{总}=\frac{1}{2}I_1+I_2$$

当转过$\frac{\pi}{3}$时，总光强为 $I'_{总}=\frac{1}{2}I_1+I_2\cos^2\frac{\pi}{3}=\frac{1}{2}I_1+\frac{1}{4}I_2$

由于
$$I'_{总}=\frac{1}{2}I_{总}$$

所以
$$\frac{1}{2}I_1+\frac{1}{4}I_2=\frac{1}{2}\left(\frac{1}{2}I_1+I_2\right)$$

得自然光与线偏振光强度之比为 $\frac{I_1}{I_2}=1$

14.4 习题选讲

14-16 利用空气劈尖测细丝直径.如图 14-9 所示，已知波长 $\lambda=589.3$ nm，$L=2.888\times10^{-2}$ m，测得 30 条条纹的总宽度为 4.259×10^{-3} m，求细丝直径 d.

解 在应用劈尖干涉公式 $d=\frac{\lambda}{2nb}L$ 时，应注意相邻条纹的间距 b 是 N 条条纹的宽度 Δx 除以$(N-1)$.对空气劈尖 $n=1$.

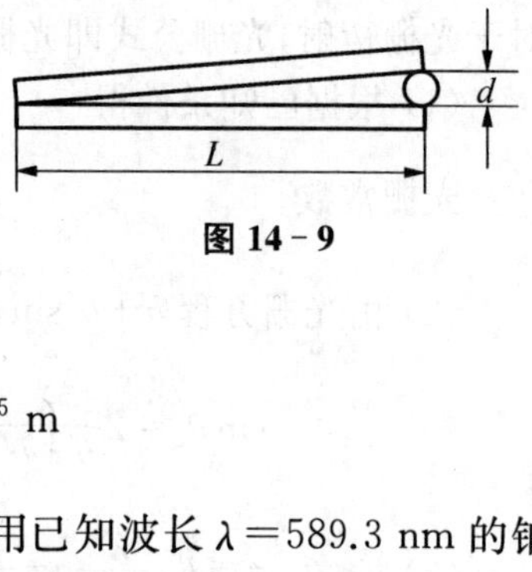

图 14-9

相邻条纹间距 $b=\frac{\Delta x}{N-1}$，则细丝直径为

$$d=\frac{\lambda}{2nb}L=\frac{\lambda(N-1)}{2n\Delta x}=5.75\times10^{-5}\ \text{m}$$

14-21 在利用牛顿环测未知单色光波长的实验中，当用已知波长 $\lambda=589.3$ nm 的钠黄光垂直照射时，测得第一和第四暗环的距离为 $\Delta r=4.0\times10^{-3}$ m；当用波长未知的单色光垂直照射时，测得第一和第四暗环的距离为 $\Delta r'=3.85\times10^{-3}$ m，求该单色光的波长.

解 牛顿环装置产生的干涉暗环半径 $r=\sqrt{kR\lambda}$，其中 $k=0,1,2\cdots$，$k=0$，对应牛顿环中心的暗斑，$k=1$ 和 $k=4$ 则对应第一和第四暗环，由它们之间的间距 $\Delta r=r_4-r_1=\sqrt{R\lambda}$，可知 $\Delta r\propto\sqrt{\lambda}$，据此可按题中的测量方法求出未知波长 λ'.

$$\frac{\Delta r'}{\Delta r}=\frac{\sqrt{\lambda'}}{\sqrt{\lambda}}$$

故未知光波长
$$\lambda'=546\ \text{nm}$$

14-23 把折射率 $n=1.40$ 的薄膜放入迈克耳孙干涉仪的一臂，如果由此产生了 7.0 条条纹的移动，求膜厚.设入射光的波长 $\lambda=589$ nm.

解　迈克耳孙干涉仪中的干涉现象可以等效为薄膜干涉.在干涉仪一臂中插入介质片后,两束相干光的光程差改变了,相当于在观察者视野内的空气膜的厚度改变了,从而引起干涉条纹的移动.

插入厚度为 d 的介质片后,两相干光光程差的改变量为 $2(n-1)d$,从而引起 N 条条纹的移动,根据劈尖干涉加强的条件,有 $2(n-1)d=N\lambda$,得

$$d=\frac{N\lambda}{2(n-1)}=5.154\times10^{-6}\ \text{m}$$

14-24　如图 14-10 所示,狭缝的宽度 $b=0.6$ mm,透镜焦距 $f=0.40$ m,有一与狭缝平行的屏放置在透镜焦平面处.若以波长为 600 nm 的单色平行光垂直照射狭缝,则在屏上离点 O 为 $x=1.4$ mm 处的点 P 看到的是衍射明条纹.试求:(1) 点 P 条纹的级数;(2) 从点 P 看来对该光波而言,狭缝的波阵面可作半波带的数目.

解　单缝衍射中的明纹条件为 $b\sin\varphi=\pm(2k+1)\frac{\lambda}{2}$,在观察点 P 位置确定(即衍射角 φ 确定)以及波长 λ 确定后,条纹的级数 k 也就确定了.而狭缝处的波阵面对明条纹可以划分的半波带数目为$(2k+1)$条.

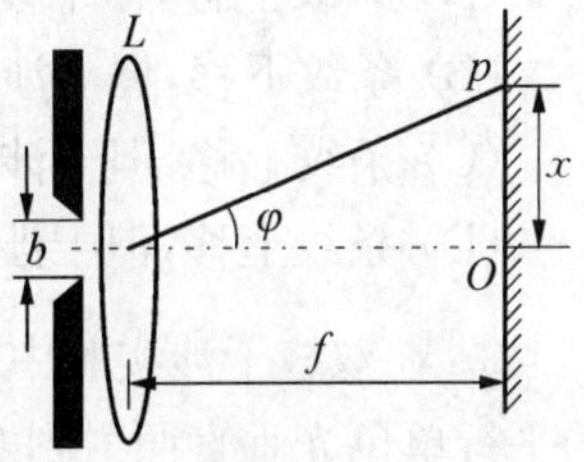

图 14-10

(1) 设透镜到屏的距离为 d,由于 $d\gg b$,对点 P 而言,有 $\sin\varphi\approx\tan\varphi=\frac{x}{d}$.根据分析中的条纹公式,有

$$\frac{bx}{d}=\pm(2k+1)\frac{\lambda}{2}$$

将 b、$d(d\approx f)$、x、λ 的值代入,可得

$$k=3$$

(2) 由分析可知,半波带数目为 7.

14-31　如图 14-11,测得一池静水的表面反射出来的太阳光是线偏振光,求此时太阳处在地平线的多大仰角处?(水的折射率为 1.33)

解　设太阳光(自然光)以入射角 i 入射到水面,则所求仰角 $\theta=\frac{\pi}{2}-i$.当反射光起偏时,根据布儒斯特定律,有 $i=i_0=\arctan\frac{n_2}{n_1}$(其中 n_1 为空气的折射率,n_2 为水的折射率).根据以上分析,有

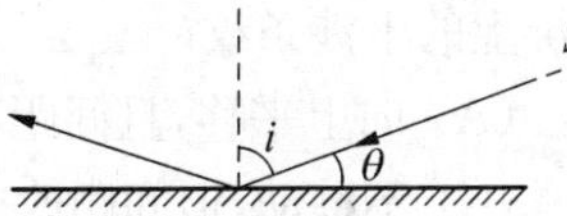

图 14-11

$$i_0=i=\frac{\pi}{2}-\theta=\arctan\frac{n_2}{n_1}$$

则

$$\theta=\frac{\pi}{2}-\arctan\frac{n_2}{n_1}=36.9°$$

14.5 综合练习

一、选择题

1. 在杨氏干涉花样中心附近,其相邻条纹的间隔(　　)

(A) 与干涉的级次有关　　(B) 与光波的波长有关

(C) 与缝距无关　　(D) 与缝屏距无关

2. 若用一张薄云母片将杨氏双缝干涉试验装置的上缝盖住,则(　　)

(A) 条纹上移,但干涉条纹间距不变

(B) 条纹下移,但干涉条纹间距不变

(C) 条纹上移,但干涉条纹间距变小

(D) 条纹上移,但干涉条纹间距变大

3. 在双缝干涉实验中,两缝间距离为 d,双缝与屏幕之间的距离为 $d'(d'\gg d)$.波长为 λ 的平行单色光垂直照射到双缝上.屏幕上干涉条纹中相邻暗纹之间的距离是(　　)

(A) $2\lambda d'/d$　　(B) $\lambda d/d'$　　(C) dd'/λ　　(D) $\lambda d'/d$

4. 从一狭缝透出的单色光经过两个平行狭缝而照射到 120 cm 远的幕上,若此两狭缝相距为 0.20 mm,幕上所产生干涉条纹中两相邻亮线间距离为 3.60 mm,则此单色光的波长为(　　)

(A) 550 nm　　(B) 600 nm　　(C) 620 nm　　(D) 685 nm

5. 用波长为 650 nm 的红色光做杨氏双缝干涉实验,已知狭缝相距 10^{-4} m,从屏幕上量得相邻亮条纹间距为 1 cm,则狭缝到屏幕间距为(　　)

(A) 2 m　　(B) 1.5 m　　(C) 3.2 m　　(D) 1.8 m

6. 在双缝干涉实验中,设缝是水平的.若双缝所在的平面稍微向下平移,其他条件不变,则屏上的干涉条纹(　　)

(A) 向上平移,且间距不变　　(B) 向下平移,且间距不变

(C) 不移动,但间距改变　　(D) 向上平移,且间距改变

7. 借助于玻璃表面上所涂的折射率为 $n=1.38$ 的 MgF_2 透明薄膜,可以减少折射率为 $n'=1.60$ 的玻璃表面的反射,若波长为 500 nm 的单色光垂直入射时,为了实现最小的反射,问此透明薄膜的厚度至少为(　　)

(A) 50 nm　　(B) 300 nm　　(C) 90.6 nm　　(D) 2 500 nm

8. 波长 $\lambda=600$ mm 单色光垂直地照到尖角 α 很小、折射率 n 为 1.5 的玻璃尖劈上,则得相邻明纹间距为 1 mm.则玻璃尖劈的尖角 α 为(　　)

(A) 5×10^{-4} rad　　(B) 4×10^{-4} rad　　(C) 3×10^{-4} rad　　(D) 2×10^{-4} rad

9. 在一个折射率为 1.50 的厚玻璃板上，覆盖着一层折射率为 1.25 的丙酮薄膜.当波长可变的平面光波垂直入射到薄膜上时，发现波长为 600 nm 的光产生相消干涉.而 700 nm 波长的光产生相长干涉，则此丙酮薄膜厚度是(　　)

(A) 840 nm　　(B) 900 nm　　(C) 800 nm　　(D) 720 nm

10. 严格地讲，空气折射率大于 1，因此在牛顿环实验中，若将玻璃夹层中的空气逐渐抽去而成为真空时，干涉条纹将(　　)

(A) 不变　　(B) 消失　　(C) 变疏　　(D) 变密

11. 若把牛顿环装置(都是用折射率为 1.52 的玻璃制成)由空气搬入折射率为 1.33 的水中，则干涉条纹(　　)

(A) 中心暗斑变成亮斑　　(B) 变疏

(C) 变密　　(D) 间距不变

12. 在迈克耳孙干涉仪的一支光路中，放入一片折射率为 n 的透明介质薄膜后，测出两束光的光程差的改变量为一个波长，则薄膜的厚度是(　　)

(A) $\lambda/2$　　(B) $\lambda/(2n)$　　(C) λ/n　　(D) $\lambda/2(n-1)$

13. 在单缝夫琅禾费衍射实验中，若增大缝宽，其他条件不变，则中央明条纹(　　)

(A) 宽度变小　　(B) 宽度变大

(C) 宽度不变，且中心强度也不变　　(D) 宽度不变，但中心强度增大

14. 波长为 589 nm 的光垂直照射到宽度为 1.0 mm 单缝上，透镜焦距为 3 m，在中央衍射极大任一侧的前两个衍射极小间的距离为(　　)

(A) 0.90 mm　　(B) 1.77 mm　　(C) 3.60 mm　　(D) 0.45 mm

15. 在夫琅禾费单缝衍射实验中，对于给定的狭缝，当入射单色光波长增大时，除中央亮纹的中心位置不变外，各级衍射条纹(　　)

(A) 对应的衍射角变小　　(B) 对应的衍射角变大

(C) 对应的衍射角不变　　(D) 不确定

16. 波长为 500 nm 的单色光垂直入射到光栅常数为 1.0×10^{-4} cm 的衍射光栅上，第一级衍射主极大所对应的衍射角为(　　)

(A) 45°　　(B) 30°　　(C) 15°　　(D) 5°

17. 一衍射光栅宽 3.00 cm，用波长 600 nm 的光照射，第二级主极大出现在衍射角为 30°处，则光栅上总刻线数为(　　)

(A) 1.25×10^4　　(B) 2.50×10^4　　(C) 6.25×10^3　　(D) 9.48×10^3

18. 一束白光垂直照射在一光栅上，在形成的同一级光栅光谱中，偏离中央明纹最远的是(　　)

(A) 紫光　　(B) 绿光　　(C) 黄光　　(D) 红光

19. 波长为 520 nm 的单色光垂直投射到 2 000 线/厘米的平面光栅上，则第一级衍射主极大所对应的衍射角为(　　)

(A) 3° (B) 6° (C) 9° (D) 12°

20. 一束光强为 I_0 的自然光垂直穿过两个偏振片,且此两偏振片的偏振化方向成 45°角,则穿过两个偏振片后的光强 I 为(　　)

(A) $I_0/4\sqrt{2}$ (B) $I_0/4$ (C) $I_0/2$ (D) $\sqrt{2}I_0/2$

21. 三个偏振片 P_1,P_2 与 P_3 堆叠在一起,P_1 与 P_3 的偏振化方向相互垂直,P_2 与 P_1 的偏振化方向间的夹角为 30°.强度为 I_0 的自然光垂直入射于偏振片 P_1,并依次透过偏振片 P_1、P_2 与 P_3,则通过三个偏振片后的光强为(　　)

(A) $I_0/4$ (B) $3I_0/8$ (C) $3I_0/32$ (D) $I_0/16$

22. 自然光以 60°的入射角照射到某两介质交界面时,反射光为完全线偏振光,则知折射光为(　　)

(A) 完全线偏振光且折射角是 30°

(B) 部分偏振光且只是在该光由真空入射到折射率为$\sqrt{3}$的介质时,折射角是 30°

(C) 部分偏振光,但须知两种介质的折射率才能确定折射角

(D) 部分偏振光且折射角是 30°

23. 在光栅衍射实验中,为了得到较多的谱线,应该(　　)

(A) 适当减小光栅常数 d (B) 适当增大光栅常数 d

(C) 适当减少缝数 N (D) 适当增加缝数 N

24. 下列哪一个不是光的偏振态?(　　)

(A) 自然光 (B) 白光 (C) 线偏振光 (D) 部分偏振光

25. 下列什么现象说明光是横波?(　　)

(A) 光的干涉现象 (B) 光的衍射现象

(C) 光的色散现象 (D) 光的偏振现象

26. 强度为 I 的自然光垂直入射到一块理想偏振片上,当偏振片绕着光传播方向为轴转动时,通过偏振片的透射光强度(　　)

(A) 仍为 I,且不随偏振片的转动而改变

(B) 为 $I/2$,且不随偏振片的转动而改变

(C) 最大值为 I,最小值为零

(D) 最大值为 $I/2$,最小值为零

27. 自然光通过两块透振方向平行的偏振片时,透射光强度为 I_0,要使透射光强度变为 $\frac{I_0}{2}$,须将其中一块偏振片转过的角度为(　　)

(A) 60° (B) 45° (C) 30° (D) 15°

28. 自然光以布儒斯特角从透明介质表面反射时(　　)

(A) 反射光是自然光

(B) 反射光是部分偏振光

(C) 反射光是线偏振光,电矢量平行于入射面

(D) 反射光是线偏振光，电矢量垂直于入射面

29. 自然光从空气以 60°角入射到折射率为 n 的介质表面上，反射光是振动面垂直于入射面的线偏振光，则该介质的折射率 n 的值是(　　)

(A) 1.73　　(B) 1.50　　(C) 1.41　　(D) 1.33

30. 透明介质的折射率为$\sqrt{3}$，自然光从介质中射向介质和空气的分界面，如果反射光为线偏振光，则入射角应该是(　　)

(A) 0°　　(B) 30°　　(C) 60°　　(D) 45°

二、填空题

31. 光的干涉和衍射现象反映了光的______性质，光的偏振现象说明光波是_______波.

32. 一双缝干涉装置，在空气中观察时干涉条纹间距为 0.1 mm，若整个装置放在水中，干涉条纹的间距将为_______mm.(设水的折射率为 4/3)

33. 光强均为 I_0 的两束相干光相遇而发生干涉时，在相遇区域内有可能出现的最大光强是_______.

34. 两束相干光叠加，光程差为 $\lambda/2$ 时，相位差 $\Delta\varphi$ 为_______.

35. 在杨氏双缝干涉实验中，缝距为 d，缝屏距为 d'，屏上任意一点 p 到屏中心点的距离为 y，则从双缝所发光波到达 p 点的光程差为_______.

36. 波长为 600 nm 的红光入射到间距为 0.2 mm 的双缝上，在距离 1 m 处的光屏上形成干涉条纹，则相邻明条纹的间距为_______mm.

37. 在杨氏双缝干涉实验中，用一薄云母片盖住实验装置的下缝，则屏上的干涉条纹要向_______移动，干涉条纹的间距_______(填"不变"或"变大"或"变小").

38. 在杨氏双缝干涉试验中，若将两缝的间距加倍，则干涉条纹的间距变为原来的_______倍.

39. 如图 14－12 所示，在双缝干涉实验中，若把一厚度为 e、折射率为 n 的薄云母片覆盖在 S_1 缝上，中央明条纹将向_______移动；覆盖云母片后，两束相干光至原中央明纹 O 处的光程差为_______.

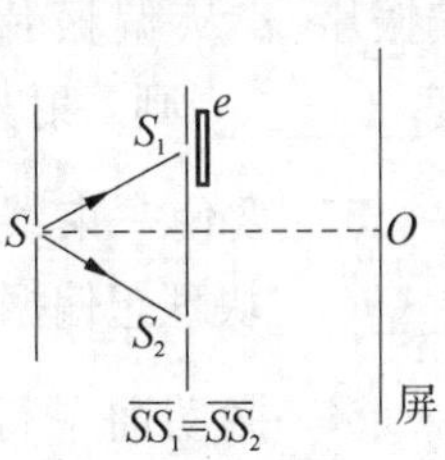

图 14－12

40. 用单色光垂直照射在牛顿环的装置上，当平凸透镜向上缓慢平移而远离平面玻璃时，可以观察到这些环状干涉条纹_______.(填"向中心收缩"或"向外扩张")

41. 在迈克耳孙干涉仪的一条光路中，插入一块折射率为 n，厚度为 d 的透明薄片.插入这块薄片使这条光路的光程改变了_______.

42. 在玻璃($n=1.50$)表面上镀一层 MgF_2($n_0=1.38$)，以增加对波长为 λ 的光的反射，这样的膜称之为高反膜，其最小厚度为_______.

43. 由平板玻璃和平凸透镜构成的牛顿环仪，置于空气中，用单色光垂直入射，在反射

方向观察，环心是________（填“明纹”或“暗纹”）.

44. 强度为 I_0 的自然光经偏振片后的透射光强为________.

45. 振幅为 A 的线偏振光垂直入射到偏振片上，偏振片透光方向与入射光的振动方向成 θ 角，则出射光强为________.

46. 强度为 I 的自然光，通过两块偏振化方向互相垂直的偏振片后，透射光的强度是________.

47. 惠更斯引入________的概念提出了惠更斯原理，菲涅耳再用________的思想补充了惠更斯原理，发展成了惠更斯－菲涅耳原理.

48. 波长 $\lambda=550$ nm 的单色光垂直入射于光栅常数 $b+b'=2\times10^{-4}$ cm 的平面衍射光栅上，可能观察到的光谱线的最大级次为________.

49. 将波长为 λ 的平行单色光垂直投射于一狭缝上，若对应于衍射图样的第一级暗纹位置的衍射角的绝对值为 θ，则缝的宽度等于________.

50. 一单色平行光垂直入射一单缝，其衍射第三级明纹位置恰好与波长为 600 nm 的单色光垂直入射该缝时衍射的第二级明纹位置重合，则该单色光的波长为________.

51. 一单色光垂直入射到光栅常数为 $b+b'$ 的平面衍射光栅上，第一级衍射主极大所对应的衍射角为 φ，则光的波长为________.

52. 用 $\lambda=600$ nm 的单色光垂直照射在宽为 3 cm，共有 5 000 条缝的光栅上.则第二级主极大的衍射角 θ 为________.

53. 两个偏振片堆叠在一起，其偏振化方向相互垂直.若一束强度为 I_0 的线偏振光入射，其光矢量振动方向与第一偏振片偏振化方向夹角为 $\pi/4$，则穿过第一偏振片后的光强为________，穿过两个偏振片后的光强为________.

54. 检验自然光，线偏振光和部分偏振光时，使被检验的光入射到偏振片上，然后旋转偏振片，若从偏振片射出的光的强度________，则入射光为自然光.若射出的光的强度________，则入射光为部分偏振光.若射出的光的强度________，则入射光为线偏振光.

55. 要使一束线偏振光通过偏振片后振动方向转过 90°，至少需要让这束光通过________块理想偏振片，在此情况下，透射光强最大是原来光强的________倍.

56. 振动面平行于入射面，光强为 I_0 的线偏振光以布儒斯特角入射，反射光强度为________，折射光为________于入射面的线偏振光，其强度为________.

57. 自然光以布儒斯特角由空气入射到一玻璃表面上，反射光是________于入射面的线偏振光.

三、计算题

58. 在双缝干涉实验中，波长 $\lambda=550$ nm 的单色平行光垂直入射到缝间距 $d=2\times10^{-4}$ m的双缝上，屏到双缝的距离 $d'=2$ m.求：

(1) 中央明纹两侧的两条第 10 级明纹中心的间距；

(2) 用一厚度为 $e=6.6\times10^{-6}$ m、折射率为 $n=1.58$ 的玻璃片覆盖一缝后，零级明纹将移到原来的第几级明纹处？

59. 杨氏双缝实验中缝间距 $d=0.02$ cm，距光屏 $d'=2$ m，当 $\lambda=500$ nm 的光入射到双缝上时，求第二级亮纹的中心位置和条纹间距.

60. 杨氏双缝实验中以波长 $\lambda=600$ nm 的单色光入射到双缝上时，在距离双缝 0.5 m 的光屏上测得条纹间距为 0.3 mm 求：(1) 双缝的宽度；(2) 若在一缝后放置厚度为 4.8×10^{-3} mm 的平板式介质薄膜，发现新的中央亮条纹恰好落到原来第 4 级亮条纹处，求介质的折射率.

61. 白光垂直照射到空气中一厚度为 500 nm，折射率为 1.50 的油膜上.试问该油膜呈现什么颜色.

62. 观察迈克耳孙干涉仪的等倾干涉条纹，移动可动镜 M_1，可以改变"空气层"厚度 h. 当中心吞吐 500 个条纹时，厚度改变量 Δh 是 0.15 mm，试求单色光的波长.

63. 如图 14－13 所示，用波长为 589.3 nm 的钠黄光从空气垂直照射到 SiO_2 的劈尖部分，反射方向上共看到 6 条暗条纹，且第 6 条暗条纹恰位于图中劈尖的最高点处，求此 SiO_2 薄膜的厚度 e(已知 SiO_2 折射率 $n_1=1.50$，Si 折射率 $n_2=3.42$).

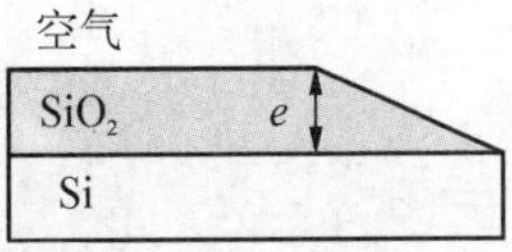

图 14－13

64. 用单色光观察牛顿环，测得某一亮环的直径为 3 mm，在它外边第 5 个亮环的直径为 4.6 mm，所用平凸透镜的凸面曲率半径为 1.03 m，求此单色光的波长.

65. 用 He－Ne 激光器发出的 $\lambda=0.633\ \mu$m 的单色光，在牛顿环实验时，测得第 k 个暗环半径为 5.63 mm，第 $k+5$ 个暗环半径为 7.96 mm，求平凸透镜的曲率半径 R.

66. 在折射率为 $n_1=1.52$ 的棱镜表面涂一层折射率为 $n_2=1.30$ 增透膜.为使此增透膜适用于 550 nm 波长的光，增透膜的厚度应取何值？

67. 用波长 $\lambda=500$ nm 的单色光垂直照射在由两块玻璃板(一端刚好接触成为劈棱)构成的空气劈形膜上，劈尖角 $\theta=2\times10^{-4}$ rad.如果劈形膜内充满折射率为 $n=1.40$ 的液体.求从劈棱数起第五个明条纹在充入液体前后移动的距离.

68. 用波长不同的光 $\lambda_1=600$ nm 和 $\lambda_2=450$ nm 观察牛顿环，观察到用 λ_1 时的第 k 个暗环与用 λ_2 时的第 $k+1$ 个暗环重合，已知透镜的曲率半径为 190 cm.求 λ_1 时第 k 个暗环的半径.

69. 用波长 $\lambda=632.8$ nm 的平行光垂直入射到单缝上，缝后用焦距 $f=40$ cm 的凸透镜把衍射光会聚于焦平面上.测得中央明条纹的宽度为 3.4 mm，单缝的宽度是多少？

70. 用钠光($\lambda=589.3$ nm)垂直照射到某光栅上，测得第三级光谱的衍射角为 60°.

(1) 若换用另一光源测得其第二级光谱的衍射角为 30°，求后一光源发光的波长.

(2) 若以白光(400—760 nm)照射到该光栅上，求其第二级光谱的张角.

71. 用单色平行可见光，垂直照射到缝宽为 $b=0.5$ mm 的单缝上，在缝后放一焦距 $f=1$ m 的透镜，在位于焦平面的观察屏上形成衍射条纹，已知屏上离中央明纹中心为 1.5 mm 处的 P 点为明纹，求：

(1) 入射光的波长；

(2) P 点的明纹级次和对应的衍射角；

(3) 中央明纹的宽度.

72. 将两块偏振片叠放在一起，它们的偏振化方向之间的夹角为 60°.一束强度为 I_0，光矢量的振动方向与二偏振片的偏振化方向皆成 30°的线偏振光，垂直入射到偏振片上.

(1) 求透过每块偏振片后的光束强度；

(2) 若将原入射光束换为强度相同的自然光，求透过每块偏振片后的光束强度.

73. 水的折射率为 1.33，玻璃的折射率为 1.50.当光由水中射向玻璃而反射时，布儒斯特角是多少？当光由玻璃射向水面而反射时，布儒斯特角又是多少？

第 15 章　狭义相对论

15.1　本章基本要求

一、掌握狭义相对论的两个基本原理和洛伦兹变换式.

二、基本理解狭义相对论的时空观:同时相对性、长度缩短、时间延缓.

三、理解掌握相对论动量和能量.

15.2　内容提要

一、狭义相对论的两个基本原理

1. 爱因斯坦相对性原理:物理定律在所有惯性系中都具有相同的表达形式,即所有的惯性参考系对运动的描述都是等效的;

2. 光速不变原理:真空中的光速是常量,它与光源或观测者的运动无关,即不依赖于惯性系的选择.

二、洛伦兹变换式

设惯性系 S(简称静系)和 S'(简称动系)的对应坐标轴相互平行,且 S' 相对于 S 以速度 v 匀速沿 Ox 轴正方向运动,又设两坐标系原点重合时为计时起点(下同).

若有一事件发生在 P 点,从 S 系和 S' 系测得的时空坐标分别是 $P(x,y,z,t)$ 和 $P'(x',y',z',t')$,该事件在 S 系和 S' 系中的如下时空变换式称为洛伦兹变换式:

$$\begin{cases} x'=\dfrac{x-vt}{\sqrt{1-\beta^2}}=\gamma(x-vt) \\ y'=y \\ z'=z \\ t'=\dfrac{t-\dfrac{vx}{c^2}}{\sqrt{1-\beta^2}}=\gamma\left(t-\dfrac{vx}{c^2}\right) \end{cases} \quad 或 \quad \begin{cases} x=\dfrac{x'+vt'}{\sqrt{1-\beta^2}}=\gamma(x'+vt') \\ y=y' \\ z=z' \\ t=\dfrac{t'+\dfrac{vx'}{c^2}}{\sqrt{1-\beta^2}}=\gamma\left(t'+\dfrac{vx'}{c^2}\right) \end{cases}$$

洛伦兹正变换式　　　　洛伦兹逆变换式

式中 $\beta=\dfrac{v}{c}$，$\gamma=\dfrac{1}{\sqrt{1-\beta^2}}$.

三、狭义相对论的时空观

1. 同时的相对性：两个事件在一个惯性系中是同时的，在另一个惯性系中却不一定是同时的，即不存在与惯性系无关的所谓绝对时间.同时性是相对的，不是绝对的，它与空间坐标和相对运动有关.

2. 空间度量的相对性——长度收缩：设观察者 A 位于静系 S 中并静止，观察者 B 位于动系 S' 中相对 S' 静止.一细杆静止于 S' 系中并沿 x' 轴放置.A 测得的运动的杆长度 l 称为动长，B 测得的杆长度 l_0 称为静长，则

$$l=l_0\sqrt{1-\beta^2}\leqslant l_0$$

表明：静系 S 中观察者 A 观测到的运动着的杆的长度比它静止的长度缩短了.

3. 时间度量的相对性——时间延缓：设在动系 S' 中的某固定点 x_0' 处发生一件事 A，A 开始、结束时刻依次为 t_1'、t_2'(以 S' 系时钟度量).但对静系 S 来说，A 开始、结束时刻依次为 t_1、t_2(以 S 系时钟度量)，则有

$$t_2-t_1=\frac{t_2'-t_1'}{\sqrt{1-\beta^2}}\geqslant t_2'-t_1'$$

表明：在 S 系中测得的事件经历的时间间隔比相对静止的 S' 系所测得的时间间隔要长.

四、相对论性动量和能量

1. 相对论性质量、动量、能量

(1) 相对论性质量　　$m=\dfrac{m_0}{\sqrt{1-\beta^2}}=\gamma m_0$

其中 m_0 称为静止质量.

(2) 相对论性动量　　$p=mv=\dfrac{m_0 v}{\sqrt{1-\beta^2}}$

(3) 相对论性能量 $E_k = mc^2 - m_0 c^2$

2. 相对论力学基本方程—牛顿第二定律的普遍形式

$$F = \frac{d\boldsymbol{p}}{dt} = \frac{d}{dt}\left(\frac{m_0 \boldsymbol{v}}{\sqrt{1-v^2/c^2}}\right)$$

3. 爱因斯坦质能关系

$$E = mc^2$$

说明:(1) 因为 c 很大,因此即使 m_0 很小,静止能量仍然很大,物质内部蕴藏着大量的能量;

(2) 质能关系阐明了能量和质量的普遍关系,揭示了质量与能量不可分割的内在联系.它是爱因斯坦的重大发现之一,是当代核能利用的理论基础.

4. 相对论能量动量关系

$$E^2 = p^2c^2 + E_0^2$$

15.3 典型例题

例 1 现有 S'系相对 S 系以速度 v 沿着 x 正方向运动,两事件对 S 系来说是同时发生的,试问在以下两种情况中,它们对 S'系是否同时发生?

(1) 两事件发生于 S 系的同一地点;

(2) 两事件发生于 S 系的不同地点.

解 由洛伦兹变换式 $\Delta t' = \gamma(\Delta t - \frac{v}{c^2}\Delta x)$可知:

第一种情况,$\Delta x = 0, \Delta t = 0$,故 S'系中 $\Delta t' = 0$,即两事件同时发生;

第二种情况,$\Delta x \neq 0, \Delta t = 0$,故 S'系中 $\Delta t' \neq 0$,两事件不同时发生.

例 2 一观察者在飞船 A 中测得飞船 B 正以 $0.4c$ 的速率尾随而来,一地面站测得飞船 A 的速率为 $0.5c$,求:

(1) 地面站测得飞船 B 的速率;

(2) 飞船 B 测得飞船 A 的速率.

解 以地面站为参考,选地面为静止 S 系,飞船 A 为运动 S'系,则有:

(1) $v'_x = 0.4c, u = 0.5c, v_x = \dfrac{v'_x + u}{1 + \dfrac{v}{c^2}v'_x} = \dfrac{3}{4}c$

(2) $v_{BA} = -v_{AB} = -v'_x = -0.4c$

例 3 一惯性系 S'相对另一惯性系 S 沿 x 轴作匀速直线运动,取两坐标原点重合时刻作为计时起点.在 S 系中测得两事件的时空坐标分别为 $x_1 = 6\times10^4$ m, $t_1 = 2\times10^{-4}$ s,以及

$x_2=12\times10^4$ m,$t_2=1\times10^{-4}$ s.已知在 S'系中测得该两事件同时发生.试问：

(1) S'系相对 S 系的速度是多少？

(2) S'系中测得的两事件的空间间隔是多少？

解 设 S'相对 S 的速度为 v,

(1) 根据洛伦兹变换式
$$t_1'=\gamma\left(t_1-\frac{v}{c^2}x_1\right)$$
$$t_2'=\gamma\left(t_2-\frac{v}{c^2}x_2\right)$$

由题意
$$t_2'-t_1'=0$$

则
$$t_2-t_1=\frac{v}{c^2}(x_2-x_1)$$

故
$$v=c^2\ \frac{t_2-t_1}{x_2-x_1}=-\frac{c}{2}=-1.5\times10^8\ \text{m}\cdot\text{s}^{-1}$$

(2) 由洛伦兹变换 $x_1'=\gamma(x_1-vt_1),x_2'=\gamma(x_2-vt_2)$

代入数值
$$x_2'-x_1'=5.2\times10^4\ \text{m}$$

例 4 在 S 系中有一静止的正方形场地,其面积为 100 m²,观察者 S'以速度 $0.8c$ 沿正方形的对角线运动,S'测得的该场地面积是多少？

解 设正方形在 S 系中每边长为 L,其对角线长为$\sqrt{2}L$,因为相对运动,沿着运动方向的对角线缩短,垂直于运动方向的对角线长度不变.故在 S'系观测的面积为
$$S=L'L=L^2(\sqrt{1-v^2/c^2})=60\ \text{m}^2$$

15.4 习题选讲

15-5 设 S'系以速率 $v=0.6c$ 相对于 S 系沿 xx'轴运动,且在 $t=t'=0$ 时,$x=x'=0$. (1) 若有一事件,在 S 系中发生于 $t=2.0\times10^{-7}$ s,$x=50$ m 处,该事件在 S'系中发生于何时刻? (2) 如有另一事件发生于 S 系中 $t=3.0\times10^{-7}$ s,$x=10$ m 处,在 S'系中测得这两个事件的时间间隔为多少?

解 在相对论中,可用一组时空坐标(x,y,z,t)表示一个事件.本题可直接利用洛伦兹变换把两事件从 S 系变换到 S'系中.

(1) 由洛伦兹变换可得 S'系的观察者测得第一事件发生的时刻为
$$t_1'=\frac{t_1-\dfrac{v}{c^2}x_1}{\sqrt{1-v^2/c^2}}=1.25\times10^{-7}\ \text{s}$$

(2) 同理,第二个事件发生的时刻为

$$t_2'=\frac{t_2-\frac{v}{c^2}x_2}{\sqrt{1-v^2/c^2}}=3.5\times10^{-7}\ \text{s}$$

所以，在 S' 系中两事件的时间间隔为

$$\Delta t'=t_2'-t_1'=2.25\times10^{-7}\ \text{s}$$

15-6　设有两个参考系 S 和 S'，它们的原点在 $t=0$ 和 $t'=0$ 时重合在一起.有一事件，在 S' 系中发生在 $t'=8.0\times10^{-8}$ s，$x'=60$ m，$y'=0$，$z'=0$ 处，若 S' 系相对于 S 系以速率 $v=0.6c$ 沿 xx' 轴运动，问该事件在 S 系中的时空坐标各为多少？

解　本题可直接由洛伦兹逆变换将该事件从 S' 系转换到 S 系.由洛伦兹逆变换得该事件在 S 系的时空坐标分别为

$$x=\frac{x'+vt'}{\sqrt{1-v^2/c^2}}=93\ \text{m}$$

$$y=y'=0$$

$$z=z'=0$$

$$t=\frac{t'+\frac{v}{c^2}x'}{\sqrt{1-v^2/c^2}}=2.5\times10^{-7}\ \text{s}$$

15-8　在惯性系 S 中，某事件 A 发生在 x_1 处，经过 2.0×10^{-6} s 后，另一事件 B 发生在 x_2 处，已知 $x_2-x_1=300$ m.问：(1) 能否找到一个相对 S 系作匀速直线运动的参考系 S'，在 S' 系中，两事件发生在同一地点？(2) 在 S' 系中，上述两事件的时间间隔为多少？

解　在相对论中，从不同惯性系测得两事件的空间间隔和时间间隔有可能是不同的.它与两惯性系之间的相对速度有关.设惯性系 S' 以速度 v 相对 S 系沿 x 轴正向运动，因在 S 系中两事件的时空坐标已知，由洛伦兹时空变换式，可得

$$x_2'-x_1'=\frac{(x_2-x_1)-v(t_2-t_1)}{\sqrt{1-v^2/c^2}} \tag{1}$$

$$t_2'-t_1'=\frac{(t_2-t_1)-\frac{v}{c^2}(x_2-x_1)}{\sqrt{1-v^2/c^2}} \tag{2}$$

两事件在 S' 系中发生在同一地点，即 $x_2'-x_1'=0$，代入式(1)可求出 v 值以此作匀速直线运动的 S' 系，即为所寻找的参考系.然后由式(2)可得两事件在 S' 系中的时间间隔.对于本题第二问，也可从相对论时间延缓效应来分析.因为如果两事件在 S' 系中发生在同一地点，则 $\Delta t'$ 为固有时间间隔(原时)，由时间延缓效应关系式 $\Delta t'=\Delta t\sqrt{1-v^2/c^2}$ 可直接求得结果.

(1) 令 $x_2'-x_1'=0$，由式(1)可得

$$v=\frac{x_2-x_1}{t_2-t_1}=1.50\times10^8\ \text{m}\cdot\text{s}^{-1}=0.50c$$

(2) 将 v 值代入式(2),可得

$$t_2'-t_1'=\frac{(t_2-t_1)-\frac{v}{c^2}(x_2-x_1)}{\sqrt{1-v^2/c^2}}=(t_2-t_1)\sqrt{1-v^2/c^2}=1.73\times10^{-6}\ \text{s}$$

这表明在 S'系中事件 A 先发生.

15.5 综合练习

一、选择题

1. 在某地发生两件事,静止位于该地的甲测得时间间隔为 4 s,相对甲作匀速直线运动的乙测得时间间隔为 5 s,则乙相对于甲的运动速度是(c 表示真空中光速)(　　)

(A) $4c/5$　　(B) $3c/5$　　(C) $c/5$　　(D) $2c/5$

2. 一宇宙飞船相对地球以 $0.8c$(c 表示真空中光速)的速度飞行.一光脉冲从船尾传到船头,飞船上的观察者测得飞船长为 90 m,地球上的观察者测得光脉冲从船尾发出和到达船头两个事件的空间间隔为(　　)

(A) 90 m　　(B) 54 m　　(C) 270 m　　(D) 150 m

3. K 系与 K'系是坐标轴相互平行的两个惯性系,K'系相对于 K 系沿 Ox 轴正方向匀速运动.一根刚性尺静止在 K'系中,与 $O'x'$轴成 30°.今在 K 系中观测得该尺与 Ox 轴成 45°角,则 K'系相对于 K 系的速度是(　　)

(A) $2c/3$　　(B) $c/3$　　(C) $c\sqrt{2/3}$　　(D) $c\sqrt{1/3}$

4. 某宇宙飞船以 $0.8c$ 的速度离开地球,若地球上接收到它发出的两个信号之间的时间间隔为 10 s,则宇航员测出的相应的时间间隔为(　　)

(A) 6 s　　(B) 8 s　　(C) 10 s　　(D) 3.33 s

5. 一个电子的运动速度为 $v=0.99c$,则该电子的动能 E_k 等于(电子的静止能量为 0.51 MeV)(　　)

(A) 3.5 MeV　　(B) 4.0 MeV

(C) 3.1 MeV　　(D) 2.5 MeV

6. 地面上一旗杆高为 2.28 m,在竖直上升的火箭(速率 $u=0.8c$)上的乘客观测,此旗杆的高度为(　　)

(A) 2.28 m　　(B) 2 m　　(C) 1.60 m　　(D) 1.37 m

7. 远方的一颗星以 $0.8c$ 的速度离开我们,接收到它辐射出来的闪光按 5 昼夜的周期变化,则固定在此星上的参照系测得的闪光周期为(　　)

(A) 3 昼夜　　(B) 4 昼夜　　(C) 6.25 昼夜　　(D) 8.3 昼夜

8. 宇宙飞船相对于地面以速度 v 作匀速直线飞行，某一时刻飞船头部的宇航员向飞船尾部发一个光讯号，经过 Δt（飞船上的钟）时间后，被尾部的接收器收到，则由此可知飞船的固有长度为(　　)

(A) $c\Delta t$　　(B) $v\Delta t$

(C) $\dfrac{c\Delta t}{\sqrt{1-\left(\dfrac{v}{c}\right)^2}}$　　(D) $c\Delta t\sqrt{1-\left(\dfrac{v}{c}\right)^2}$

9. 根据相对论力学，动能为 $\dfrac{1}{4}$ MeV 的电子，其运动速度约为（电子静能 $m_0c^2=0.5$ MeV）(　　)

(A) $0.1c$　　(B) $0.5c$　　(C) $0.75c$　　(D) $0.85c$

10. 把一个静止质量为 m_0 的粒子，由静止加速到 $0.6c$，需做的功是(　　)

(A) $0.25m_0c^2$　　(B) $0.36m_0c^2$　　(C) $1.25m_0c^2$　　(D) $1.75m_0c^2$

二、填空题

11. 有两惯性系 S 和 S'，S' 相对 S 运动速率为 $0.6c$，在 S 系中观测某一件事情发生在 $t=2\times10^{-4}$ s，$x=5\times10^3$ m 处，则在 S' 系中观测，该事件发生在________处.

12. 某物体由于运动使其质量增加了 10%，试问此物体在运动方向上缩短了________%.

13. 一宇航员要到离地球为 5 光年的星球去旅行，如果宇航员希望把这路程缩短为 3 光年，则他所乘的火箭相对于地球的速度是________.

14. π 介子的半衰期是 1.8×10^{-8} s，一束 π 介子以 $0.8c$ 的速度离开一个加速器，按经典理论，π 介子衰变一半时飞过的距离为________；按相对论计算，它飞过的距离为________.

15. 在地球上进行的一场足球赛持续了 90 min，在以速率 $u=0.8c$ 飞行的火箭上的乘客观测，这场球赛持续的时间为________.

16. 某种介子静止时的寿命是 10^{-8} s，如它在实验室中的速率为 2×10^8 m/s，在它的一生中能飞行________m.

17. 某粒子的动能等于它本身的静止质量，这时该粒子的速度为________.

18. 已知电子的静止质量为 m_0，当电子的动能为静止能量的 2 倍时，该电子的质量为________.

19. 实验室中质子的速度为 $0.99c$，静质量为 m_0，它的相对论总能量 $E=$________，动量 $p=$________，动能 $E_k=$________.

三、计算题

20. 两个惯性系中的观察者 O 和 O' 以 $0.6c$（c 表示真空中光速）的相对速度相互接近，

如果 O 测得两者的初始距离是 20 m，则 O'测得两者经过多少时间相遇？

21. 飞船 A 以 $0.8c$ 的速度相对地球向正东飞行，飞船 B 以 $0.6c$ 的速度相对地球向正西方向飞行.当两飞船即将相遇时 A 飞船在自己的天窗处相隔 2 s 发射两颗信号弹.在 B 飞船的观测者测得两颗信号弹相隔的时间间隔为多少？

22. 两飞船，在自己的静止参考系中侧的各自的长度均为 l_0，飞船甲上仪器测得飞船甲的前端驶完飞船乙的全长需 Δt，求两飞船的相对运动速度.

23. 一门宽为 a，今有一固有长度 $l_0(l_0>a)$的水平细杆，在门外贴近门的平面内沿其长度方向匀速运动.若站在门外的观察者认为此杆的两端可同时被拉进此门，则该杆相对于门的运动速率 u 至少为多少？

24. (1) 如果将电子由静止加速到速率为 $0.1c$，需对它做多少功？

(2) 如果将电子由速率为 $0.8c$ 加速到 $0.9c$，又需对它做多少功？

第 16 章　量子物理

16.1　本章基本要求

一、了解黑体辐射和量子化假设的含义.

二、理解光电效应和康普顿效应的实验规律以及爱因斯坦光子理论所做的解释,理解光的波粒二象性.

三、了解玻尔氢原子理论,并能进行简单计算.

四、了解德布罗意物质波假设,了解波函数的统计意义.

16.2　内容提要

一、早期量子论

物理学史上把普朗克 1900 年提出能量子假设作为量子物理的诞生的标志.普朗克能量子假设、爱因斯坦光子理论和玻尔氢原子理论称为早期量子论.

1. 普朗克为解释黑体辐射实验规律提出能量子假设

(1) 热辐射:任何物体,在任何温度下都要发射电磁波,这种由于物体中分子、原子受到热激发而发射电磁辐射的现象,称为热辐射.

(2) 黑体:能完全吸收照射到它上面的一切外来电磁辐射的物体称为黑体.

(3) 黑体辐射实验规律

① 斯特藩-玻耳兹曼定律:黑体的辐出度 $M(T)$ 与黑体的热力学温度 T 的四次方成正比

$$M(T)=\sigma T^4$$

② 维恩位移定律:黑体热力学温度 T 升高时,与单色辐射出射度 $M_\lambda(T)$ 的峰值相对应的波长向短波方向移动

$$\lambda_m T=b$$

说明:(1) $M_\lambda(T)$指单位时间、单位面积上辐射出的波长 λ 附近单位波长区间的能量;(2) $M(T)=\int_0^\infty M_\lambda(T)\mathrm{d}\lambda$.

(4) 普朗克能量子假设:频率为 ν 的带电谐振子所吸收或者发射的电磁辐射能量 E 只能取最小能量 $\varepsilon=h\nu$ 的整数倍,即 $E=nh\nu$.

(5) 能量子假设解释黑体辐射实验规律

按照能量子假设得到普朗克公式

$$M_\lambda(T)=2\pi hc^2\lambda^{-5}\frac{1}{\mathrm{e}^{hc/\lambda kT}-1}$$

该公式从理论上得出了与实验相一致的黑体辐射频谱分布.

2. 爱因斯坦为解释光电效应实验规律提出光子理论

(1) 光电效应:光照射到金属表面发射电子的现象,逸出的电子称为光电子.

(2) 光电效应实验规律

① 对某种金属来说,只有当入射光频率大于该金属的截止频率 ν_0 时,电路中才有光电流;

② 不同频率 $\nu(>\nu_0)$的光照射到金属表面时,遏止电势差 U_0 与入射光频率为线性关系;

③ 光照射到金属表面上时,几乎立即就有光电子逸出.

(3) 光子假设:频率为 ν 的光束是一束以光速运动的粒子流,每一粒子称为光量子,简称光子.每一光子的能量为 $\varepsilon=h\nu$.

(4) 光的波粒二象性:量子理论表明,光不仅具有波动性还同时具有粒子性.

光子的能量 $\varepsilon=h\nu$

光子的动量 $p=mc=\frac{h\nu}{c^2}c=\frac{h\nu}{c}=\frac{h}{\lambda}$

(5) 爱因斯坦方程及对光电效应的解释

① 爱因斯坦方程 $h\nu=W+\frac{1}{2}mv_m^2$

② 光电效应的解释:金属中的电子吸收入射光子的全部能量 $h\nu$,一部分用于脱离金属表面所需的逸出功 W,另一部分成为逸出后光电子的动能.

(6) W、ν_0 以及 U_0 等相关量间关系式:$W=h\nu_0$,$\frac{1}{2}mv_m^2=eU_0$

3. 康普顿用光子理论解释康普顿效应证实光子学说

(1) 康普顿效应:在散射的 X 射线中除有与入射波长相同的射线外,还有波长比入射波长更长的射线的现象.

(2) 光子理论解释康普顿效应

康普顿散射过程是入射光子与散射物质中受原子束缚较弱的电子或自由电子相互作用的过程.入射光子将部分能量和动量传给电子,电子会获得一部分能量,而光子自身能量下降,因而散射光波长变长.

(3) 康普顿散射公式：$\Delta\lambda = 2\lambda_c \sin^2 \frac{\theta}{2}$

其中 $\lambda_c = \frac{h}{m_0 c} = 2.43\times 10^{-3}$ nm 称为康普顿波长.

4. 玻尔为解释氢原子光谱实验规律，提出氢原子理论

(1) 氢原子光谱实验规律

氢原子光谱线经验公式　　$\frac{1}{\lambda} = R\left(\frac{1}{m^2} - \frac{1}{n^2}\right)$

部分氢原子谱线系：$m=1, n=2,3,4,\cdots$ 莱曼系

$m=2, n=3,4,5,\cdots$ 巴耳末系

$m=3, n=4,5,6,\cdots$ 帕邢系

(2) 玻尔理论

① 定态假设：电子在原子中，可以在一些特定的轨道上运动而不辐射电磁波，这时原子处于稳定状态(简称定态)，并具有一定的能量；

② 频率假设：当原子从高能量的定态 E_i 跃迁到低能量的定态 E_f 时，要发射频率为 ν 的光子，且 $h\nu = E_i - E_f$；

③ 轨道角动量量子化假设：电子以速度 v 在半径为 r 的圆周上绕核运动时，只有电子的角动量 L 等于 $\frac{h}{2\pi}$ 的整数倍的那些轨道是稳定的，即

$$L = mvr = n\frac{h}{2\pi} \quad n=1,2,3,\cdots \quad \text{量子数}$$

(3) 氢原子的轨道半径与能级

① 轨道半径：$r_n = \frac{\varepsilon_0 h^2}{\pi m e^2} n^2$

② 能级公式：$E_n = \frac{E_1}{n^2} \quad n=1,2,3,\cdots$

式中 $E_1 = -13.6$ eV，为氢原子基态能量.

二、量子物理基础

1. 德布罗意假设和实物粒子的二象性

(1) 德布罗意假设：一切实物粒子具有波动性，这种波称为物质波或德布罗意波.

同光子一样，物质波的波长 λ、频率 ν 与物质粒子的能量 E、动量 p 满足下列关系

$$E = mc^2 = h\nu, p = mv = \frac{h}{\lambda}$$

上式又称为德布罗意公式.

(2) 证明德布罗意物质波假设的两个实验：戴维孙—革末实验；汤姆孙电子衍射实验.

2. 不确定关系

1927 年海森伯提出不确定关系：$\Delta x \cdot \Delta p_x \geqslant h$，$\Delta y \cdot \Delta p_y \geqslant h$，$\Delta z \cdot \Delta p_z \geqslant h$

说明：对于微观粒子，不能同时用确定的位置和确定的动量来描述.

3. 波函数 $\Psi(\boldsymbol{r},t)$

(1) 波函数的统计意义：$|\Psi|^2=\psi\psi^*$ 表示在某处附近单位体积元内粒子出现的概率，称为概率密度；

(2) 归一化条件：$\int |\Psi|^2 \mathrm{d}V=1$，表示粒子出现在整个空间的概率为 1.

16.3 典型例题

例 1 在天文学中，常用斯特藩-玻尔兹曼定律确定恒星半径.已知某恒星到达地球的每单位面积上的辐射能为 1.2×10^{-8} W/m^2，恒星离地球距离为 4.3×10^{17} m，表面温度为 5 200 K.若恒星辐射与黑体相似，求恒星的半径.

解 对应于半径为 4.3×10^{17} m 的球面恒星发出的总的能量 $W=E_1\cdot4\pi R^2$，则恒星表面单位面积上所发出能量 E_0 为

$$E_0=\frac{W}{4\pi r^2}=\frac{E_1 4\pi R^2}{4\pi r^2}=\frac{E_1R^2}{r^2}$$

由斯特藩定律 $$E_0=\sigma T^4$$

联立解得 $$r=\sqrt{\frac{E_1}{\sigma}\frac{R}{T^2}}=\sqrt{\frac{1.2\times10^{-8}}{5.67\times10^{-8}}\frac{4.3\times10^{17}}{5\,200^2}}=7.3\times10^9\ \mathrm{m}$$

例 2 从铝中移出一个电子需要 4.2 eV 的能量，今有波长为 200 nm 的光投射到铝表面上，问：(1) 由此发射出来的光电子的最大动能为多少？(2) 遏止电势差为多大？(3) 铝的截止波长有多大？

解 由爱因斯坦方程 $h\nu=E_{\max}+W$

(1) $E_{\max}=h\nu-W=\dfrac{hc}{\lambda}-W=\dfrac{6.63\times10^{-34}\times3\times10^8}{2.0\times10^{-7}\times1.6\times10^{-19}}-4.2=2.0\ \mathrm{eV}$

(2) 由光电效应的实验规律 $E_{\max}=eU_0$ 可得：$U_0=\dfrac{E_{\max}}{e}=2.0\ \mathrm{V}$

(3) 因为 $W=h\nu_0=\dfrac{hc}{\lambda_0}$，所以

$$\lambda_0=\frac{hc}{W}=\frac{6.63\times10^{-34}\times3\times10^8}{4.2\times1.6\times10^{-19}}=2.958\times10^{-7}\ \mathrm{m}$$

例 3 当氢原子中电子从 $n=3$ 能级跃迁到 $n=2$ 能级时，发出光子能量为多大？发出光的波长是多少？

解 由氢原子的玻尔假设,发射光子能量

$h\nu=E_3-E_2$,又 $E_n=\frac{E_1}{n^2}$,当从能级 3 跃迁到能级 2 时,发出光子能量为:

$$h\nu=\frac{-13.6}{3^2}-\frac{-13.6}{2^2}=1.89\ \text{eV}$$

所以 $\lambda=\frac{hc}{E}=656\ \text{nm}$

16.4 习题选讲

16-2 光电效应和康普顿效应都是光子和物质原子中的电子相互作用过程,其区别何在?在下面几种理解中,正确的是( )

(A) 两种效应中电子与光子组成的系统都服从能量守恒定律和动量守恒定律

(B) 光电效应是由于电子吸收光子能量而产生的,而康普顿效应则是由于电子与光子的弹性碰撞过程

(C) 两种效应都相当于电子与光子的弹性碰撞过程

(D) 两种效应都属于电子吸收光子的过程

解 两种效应都属于电子与光子的作用过程,不同之处在于:光电效应是由于电子吸收光子而产生的,光子的能量和动量会在电子以及束缚电子的原子、分子或固体之间按照适当的比例分配,但仅就电子和光子而言,两者之间并不是一个弹性碰撞过程,也不满足能量和动量守恒.而康普顿效应中的电子属于"自由"电子,其作用相当于一个弹性碰撞过程,作用后的光子并未消失,两者之间满足能量和动量守恒.综上所述,应选(B).

16-7 太阳可看作是半径为 7.0×10^8 m 的球形黑体,试计算太阳的温度.设太阳射到地球表面上的辐射能量为 $1.4\times103\ \text{W}\cdot\text{m}^{-2}$,地球与太阳间的距离为 1.5×10^{11} m.

解 以太阳为中心,地球与太阳之间的距离 d 为半径作一球面,地球处在该球面的某一位置上.太阳在单位时间内对外辐射的总能量将均匀地通过该球面,因而可根据地球表面单位面积在单位时间内接受的太阳辐射能量 E,计算出太阳单位时间单位面积辐射的总能量 $M(T)$,再由公式 $M(T)$,计算太阳温度.

根据分析有

$$M(T)=\frac{4\pi d^2E}{4\pi R^2} \tag{1}$$

$$M(T)=\sigma T^4 \tag{2}$$

由式(1)、(2)可得

$$T=\left(\frac{d^2E}{R^2\sigma}\right)^{1/2}=5\,800\ \text{K}$$

16-9 钾的截止频率为 4.62×10^{14} Hz，今以波长为 435.8 nm 的光照射，求钾放出的光电子的初速度.

解 根据光电效应的爱因斯坦方程

$$h\nu=\frac{1}{2}mv^2+W$$

其中 $$W=h\nu_0,\nu=c/\lambda$$

可得电子的初速度

$$v=\sqrt{\left[\frac{2h}{m}\left(\frac{c}{\lambda}-\nu_0\right)\right]}=5.74\times10^5\ \mathrm{m\cdot s^{-1}}$$

由于逸出金属的电子的速度 $v\ll c$，故式中 m 取电子的静止质量.

16-16 在玻尔氢原子理论中，当电子由量子数 $n_i=5$ 的轨道跃迁到 $n_f=2$ 的轨道上时，对外辐射光的波长为多少？若再将该电子从 $n_f=2$ 的轨道跃迁到游离状态，外界需要提供多少能量？

解 当原子中的电子在高能量 E_i 的轨道与低能量 E_f 的轨道之间跃迁时，原子对外辐射或吸收外界的能量，可用公式 $\Delta E=E_i-E_f$ 或 $\Delta E=E_f-E_i$ 计算.对氢原子来说，$E_n=\frac{E_1}{n^2}$，其中 E_1 为氢原子中基态($n=1$)的能量，即 $E_1=-Rhc=-13.6$ eV，电子从 $n_f=2$ 的轨道到达游离状态时所需的能量，就是指电子由轨道 $n_f=2$ 跃迁到游离态 $n_i\to\infty$时所需能量，它与电子由基态($n_f=1$)跃迁到游离态 $n_i=\infty$时所需的能量(称电离能)是有区别的，后者恰为 13.6 eV.

根据氢原子辐射的波长公式，电子从 $n_i=5$ 跃迁到 $n_f=2$ 轨道状态时对外辐射光的波长满足

$$\frac{1}{\lambda}=R\left(\frac{1}{2^2}-\frac{1}{5^2}\right)$$

则 $$\lambda=4.34\times10^{-7}\ \mathrm{m}=434\ \mathrm{nm}$$

而电子从 $n_f=2$ 跃迁到游离态 $n_i\to\infty$所需的能量为

$$\Delta E=E_2-E_\infty=\frac{E_1}{2^2}-\frac{E_1}{\infty}=-3.4\ \mathrm{eV}$$

负号表示电子吸收能量.

16.5 综合练习

一、选择题

1. 量子理论的开端是黑体能量辐射的能量量子化假设，该假设最早提出者是(　　)

(A) 爱因斯坦　(B) 普朗克　(C) 玻尔　(D) 狄拉克

2. 以下实验中能够用来说明光具有粒子性的实验是(　　)

(A) 射线衍射　(B) 盖革-马斯顿实验

(C) 康普顿效应　(D) 塞曼效应

3. 下列物体哪个是绝对黑体(　　)

(A) 不辐射可见光的物体　(B) 不辐射任何光线的物体

(C) 不能反射可见光的物体　(D) 不能反射任何光线的物体

4. 用频率为 ν_1 的单色光照射某一金属时,测得光电子的最大初动能为 E_{k1};用频率为 ν_2 的单色光照射另一种金属时,测得光电子的最大初动能为 E_{k2},并且 $E_{k2}>E_{k1}$,那么(　　)

(A) ν_1 一定大于 ν_2　(B) ν_1 一定小于 ν_2

(C) ν_1 一定等于 ν_2　(D) ν_1 可能大于也可能小于 ν_2

5. 已知一单色光照射在钠表面上,测得光电子的最大动能是 1.2 eV,而钠的红限波长是 540 nm,那么入射光的波长是(　　)

(A) 535 nm　(B) 500 nm　(C) 435 nm　(D) 355 nm

6. 用频率为 ν 的单色光照射某种金属时,逸出光电子的最大动能为 E_k;若改用频率为 2ν 的单色光照射此种金属时,则逸出光电子的最大动能为(　　)

(A) $2E_k$　(B) $2h\nu-E_k$　(C) $h\nu-E_k$　(D) $h\nu+E_k$

7. 当单色光垂直照射到金属表面产生光电效应时,已知此金属的逸出功为 W_0,则这种单色光的波长 λ 一定要满足的条件为(　　)

(A) $\lambda\leqslant\frac{hc}{W_0}$　(B) $\lambda\geqslant\frac{hc}{W_0}$

(C) $\lambda\geqslant\frac{W_0}{hc}$　(D) $\lambda\leqslant\frac{W_0}{hc}$

8. 金属的光电效应的红限依赖于(　　)

(A) 入射光频率　(B) 入射光强度

(C) 金属的逸出功　(D) 入射光频率和金属的逸出功

9. 用波长为 200 nm 的紫外光照射金属表面时,产生光电子的最大能量为 1 eV,如改用 100 nm 的紫外光照射时,光电子的最大能量约为(　　)

(A) 0.5 eV　(B) 2 eV　(C) 4 eV　(D) 以上三个都不对

10. 康普顿效应实验中散射光波长是入射光波长的 1.2 倍,则散射光光子能量 e 与反冲电子动能 E_k 之比 e/E_k 为(　　)

(A) 2　(B) 3　(C) 4　(D) 5

11. 根据玻尔理论,氢原子基态能量为 -13.6 eV,要把氢原子从基态激发到第一激发态所需能量为(　　)

(A) 3.4 eV　(B) 6.8 eV　(C) 10.2 eV　(D) 13.6 eV

12. 根据玻尔理论,氢原子中电子在 $n=5$ 的轨道上的角动量与在第一激发态的角动量之比为(　　)

(A) 5/2　　(B) 5/3　　(C) 5/4　　(D) 5/1

13. 由玻尔理论知,当大量氢原子处于 $n=3$ 的激发态时,原子跃迁可能发出(　　)

(A) 一种波长的光　　(B) 两种波长的光

(C) 三种波长的光　　(D) 连续光谱

14. 若氢原子从基态激发到某一定态所需能量为 10.19 eV,则氢原子从能量为 −0.85 eV的状态跃迁到上述定态时,所发射的光子的能量为(　　)

(A) 2.56 eV　　(B) 3.41 eV　　(C) 4.25 eV　　(D) 9.95 eV

15. 为使处于基态的氢原子受激发后能发射赖曼系最长波长的谱线,至少应向基态氢原子提供的能量应该是(　　)

(A) 1.5 eV　　(B) 3.4 eV　　(C) 10.2 eV　　(D) 13.6 eV

16. 有两种粒子,质量 $m_1=2m_2$,动能 $E_{k1}=2E_{k2}$,则它们的德布罗意波长之比 $\frac{\lambda_1}{\lambda_2}$ 为(　　)

(A) $\frac{1}{4}$　　(B) $\frac{1}{2}$　　(C) $\frac{1}{\sqrt{2}}$　　(D) $\frac{1}{8}$

17. 若两种不同质量的微观粒子德布罗意波波长相同,则这两种粒子的(　　)

(A) 动量相同　　(B) 能量相同　　(C) 速度相同　　(D) 动能相同

*18. 波长 λ 为 500 nm 的光沿 x 轴正向传播,若光的波长的不确定量 $\Delta\lambda=10^{-4}$ nm,则利用不确定关系式 $\Delta p_x \Delta x \geqslant h$ 可得光子的 x 坐标的不确定量至少为(　　)

(A) 25 cm　　(B) 50 cm　　(C) 250 cm　　(D) 500 cm

*19. 下列各组量子数中,哪一组可以描述原子中电子的状态?(　　)

(A) $n=2,l=2,m_l=0,m_s=\frac{1}{2}$　　(B) $n=3,l=1,m_l=-1,m_s=-\frac{1}{2}$

(C) $n=1,l=2,m_l=1,m_s=\frac{1}{2}$　　(D) $n=1,l=0,m_l=1,m_s=-\frac{1}{2}$

*20. 氢原子中电子处于 $3d$ 量子态,则描述其量子态的四个量子数 (n,l,m_l,m_s) 可能取的值为(　　)

(A) $\left(3,0,1,-\frac{1}{2}\right)$　　(B) $\left(1,1,1,-\frac{1}{2}\right)$

(C) $\left(2,1,2,\frac{1}{2}\right)$　　(D) $\left(3,2,0,\frac{1}{2}\right)$

*21. 在氢原子的 K 壳层中,电子可能具有的量子数 (n,l,m_l,m_s) 是(　　)

(A) $\left(1,0,0,\frac{1}{2}\right)$　　(B) $\left(1,0,-1,\frac{1}{2}\right)$

(C) $\left(1,1,0,-\frac{1}{2}\right)$　　　　(D) $\left(2,1,0,-\frac{1}{2}\right)$

△22. 如果将波函数在空间各点的振幅同时增大 D 倍，则粒子在空间的分布概率将(　　)

(A) 增大 D^2 倍　　(B) 增大 $2D$ 倍　　(C) 增大 D 倍　　(D) 不变

二、填空题

23. 在光电效应实验中，入射光频率大于阈值频率时，遏止电势差随着入射光波长的增加而________.

24. 金属铯的红限 $\lambda_0=660$ nm，其逸出功是________.

25. 已知钾的逸出功是 2.0 eV，如果用波长为 3.60×10^{-7} m 的光照射在钾上，则钾的遏止电势差是________.

26. 当用波长是 310 nm 的紫外光照射逸出功是 2.0 eV 的金属材料时，得到的光电子最大动能是________.

27. 玻尔的氢原子理论对原子物理学的发展做出了重大贡献，支持该理论的主要实验是夫兰克-赫兹实验和________.

28. 在氢原子中，当电子从第一激发态跃迁到基态时，放出的光子波长为________.

29. 根据爱因斯坦的光子理论，每个光子(其频率为 ν，波长为 $\lambda=\frac{c}{\nu}$)的能量 $E=$________，动量 $p=$________，质量 $m=$________.

30. 当一个质子俘获一个动能 $E_k=13.6$ eV 的自由电子组成一个基态氢原子时，所发出的单色光的频率 $\nu=$________.

31. 某一波长的 X 光经物质散射后，其散射光中包含波长________和波长________的两种成分，其中________的散射成分称为康普顿散射.

32. 氢原子发射光谱的巴耳末线系中有一频率为 6.15×10^{14} Hz 的谱线，它是氢原子从能级 $E_n=$________eV 跃迁到能级 $E_k=$________eV 而发出的.

33. 在氢原子光谱中，莱曼系的最短波长的谱线所对应的光子能量为________eV；巴耳末系的最短波长的谱线所对应的光子的能量为________eV.

34. 欲使氢原子发射莱曼系中波长为 121.6 nm 的谱线，应传给基态氢原子的最小能量是________eV.

35. 氢原子的部分能级跃迁示意如图 16－1.在这些能级跃迁中，(1) 从 $n=$________的能级跃迁到 $n=$________的能级时所发射的光子的波长最短；(2) 从 $n=$________的能级跃迁到 $n=$________的能级时所发射的光子的频率最小.

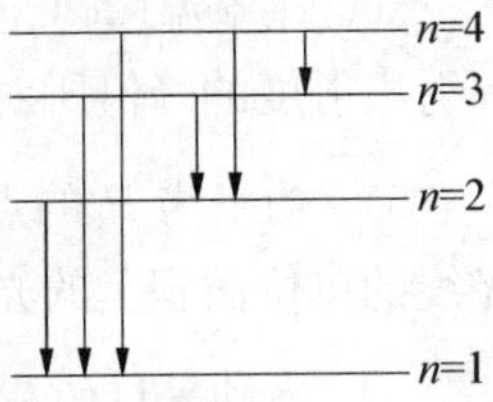

图 16－1

36. 被激发到 $n=3$ 的状态的氢原子气体发出的辐射中,有________条可见光谱线和________条非可见光谱线.

37. 德布罗意假设认为所有的微观粒子都具有________,从而把光的特性推广到所有微观粒子.

*38. 电子经电场加速,加速电势差为 100 V(不考虑相对论效应),其德布罗意波长为________.

*39. 令 $\lambda_c = h/(m_e c)$(称为电子的康普顿波长,其中 m_e 为电子静止质量,c 为真空中光速,h 为普朗克常量).当电子的动能等于它的静止能量时,它的德布罗意波长是 $l=$________l_c.

△40. 如电子被限制在边界 x 与 $x+\Delta x$ 之间,$\Delta x=0.05$ nm,则电子动量 x 分量的不确定量近似地为________kg·m/s.

△41. 设描述微观粒子运动的波函数为 $\boldsymbol{\Psi}(\boldsymbol{r},t)$,则 $\boldsymbol{\Psi\Psi}^*$ 表示________________;$\boldsymbol{\Psi}(\boldsymbol{r},t)$须满足的条件是________________;其归一化条件是________________.

*42. 原子内电子的量子态由 n、l、m_l 及 m_s 四个量子数表征.当 n、l、m_l 一定时,不同的量子态数目为________;当 n、l 一定时,不同的量子态数目为________;当 n 一定时,不同的量子态数目为________.

*43. 电子的自旋磁量子数 m_s 只能取________和________两个值.

△44. 根据量子力学理论,氢原子中电子的角动量为 $L=\sqrt{l(l+1)}\hbar$,当主量子数 $n=3$ 时,电子角动量的可能取值为________.

*45. 若原子中电子的主量子数 $n=2$,它可能具有的状态数最多为________个.

*46. 多电子原子中电子的排列遵循________原理和________原理.

*47. 泡利不相容原理的内容是________.

*48. 在主量子数 $n=2$,自旋磁量子数 $m_s=\dfrac{1}{2}$ 的量子态中,能够填充的最大电子数是________.

*49. 根据量子力学理论,原子内电子的量子态由 (n,l,m_l,m_s) 四个量子数表征.那么,处于基态的氦原子内两个电子的量子态可由________和________两组量子数表征.

三、计算题

50. 在室温(20℃)下,物体的辐射能强度峰值所对应的波长是多少?若使一物体单色辐射出射度的峰值所对应的波长在红光谱线范围内,$\lambda_m=6.5\times10^{-7}$ m,则温度为多少?

51. 功率为 P 的点光源,发出波长为 λ 的单色光,在距光源为 d 处,每秒钟落在垂直于光线的单位面积上的光子数为多少?若 $\lambda=663$ nm,则光子的质量为多少?

52. 当钠光灯的黄光($\lambda=589.3$ nm)照射某一光电池时,为了遏止所有电子达到阳极,需要 0.3 V 的负电势.如果用波长 $\lambda'=400$ nm 的光照射这个光电池，问释放出的光电子速度是多少？要遏止电子需要加多大的负电势？

53. 当电子和光子波长都为 0.20 nm 时，它们各自的动量和能量各是多少？

54. 当用能量为 12.6 eV 的电子轰击基态的氢原子时，试求这些氢原子所能达到的最高能级？

55. 不考虑相对论效应，波长为 550 nm 的电子的动能是多少 eV？（普朗克常量 $h=6.63\times10^{-34}$ J·s，电子静止质量 $m_e=9.11\times10^{-31}$ kg）

*56. 如电子运动速度与光速可以比拟，则当电子的动能等于它静止能量的 2 倍时，其德布罗意波长为多少？（普朗克常量 $h=6.63\times10^{-34}$ J·s，电子静止质量 $m_e=9.11\times10^{-31}$ kg）

△57. 已知在一维无限深势阱中运动的粒子，其波函数为 $\psi=\sqrt{2/a}\sin(\pi x/a)(0\leqslant x\leqslant a)$，求发现粒子概率最大的位置.

△58. 粒子在一维无限深势阱中运动，其波函数为：$\psi_n(x)=\sqrt{2/a}\sin(n\pi x/a)(0<x<a)$，若粒子处于 $n=1$ 的状态，它在 0—$a/4$ 区间内的概率是多少？

提示：$\int\sin^2 x\,\mathrm{d}x=\frac{1}{2}x-(1/4)\sin 2x+C$

△59. 已知氢原子波函数为 $\psi=\frac{1}{\sqrt{10}}(2\psi_{100}+\psi_{210}+\sqrt{2}\psi_{211}+\sqrt{3}\psi_{310}$，其中 ψ_{nlm} 是氢原子的能量本征态，求 $\boldsymbol{E}$ 的可能值、相应的概率及平均值.

参考答案

第1章 质点运动学

一、选择题

1. D **2.** B **3.** D **4.** D **5.** D **6.** D **7.** C **8.** B **9.** D **10.** B **11.** B **12.** A **13.** C *__14.__ C **15.** D

二、填空题

16. $x_0+\frac{F_0}{m\omega^2}(1-\cos\omega t)$(SI). **17.** $v_0+\frac{1}{3}ct^3$;$x_0+v_0t+\frac{1}{12}ct^4$. **18.** 1;1.5. **19.** $2c$;$\frac{(b+2ct)^2}{R}$. **20.** $8\boldsymbol{j}\ \mathrm{m\cdot s^{-1}}$;$(-\boldsymbol{i}+4\boldsymbol{j})\ \mathrm{m\cdot s^{-2}}$. **21.** $6.4t^2$;$0.8\ \mathrm{m/s^2}$;$2+\frac{\sqrt{3}}{2}\approx 2.866$ rad. **22.** $A\omega^2\sin\omega t$;$\frac{1}{2}(2n+1)\pi/\omega(n=0,1,\cdots)$. **23.** $5\ \mathrm{m\cdot s^{-1}}$;$17\ \mathrm{m\cdot s^{-1}}$. **24.** $2.24\ \mathrm{m\cdot s^{-2}}$;$104°$. **25.** 静止或者匀速直线;匀速率曲线;变速直线;变速曲线. **26.** $x=\frac{1}{3}t^3+4t-12$. **27.** 6.28;0;0;8.04. **28.** 3.80. **29.** $-R\omega\sin\omega t\boldsymbol{i}+R\omega\cos\omega t\boldsymbol{j}$;0;圆. **30.** $\frac{4\pi}{3}$m;$\frac{3\sqrt{3}}{400\pi}\mathrm{m\cdot s^{-1}}$;$\alpha=\frac{\pi}{3}$.

三、计算题

31. (1) $a_t=0$,$a_n=-g$(方向竖直向下),$(g=10\ \mathrm{m\cdot s^{-2}})$;(2) $t=2$ s,$a_t=3.83\ \mathrm{m\cdot s^{-2}}$,$a_n=9.24\ \mathrm{m\cdot s^{-2}}$. **32.** $x(t)=4+3t+\frac{1}{6}t^4$. **33.** 略. **34.** 以x正轴方向为正方向,$t=10$ s时,$v\Big|_{t=10\,\mathrm{s}}=190\ \mathrm{m\cdot s^{-1}}$,$x\Big|_{t=10\,\mathrm{s}}=705$ m. **35.** $\boldsymbol{a}=a_x\boldsymbol{i}+a_y\boldsymbol{j}=ak^2\mathrm{e}^{kt}\boldsymbol{i}+bk^2\mathrm{e}^{-kt}\boldsymbol{j}$;$xy=ab$. **36.** (1) $\boldsymbol{v}=\boldsymbol{v}_0+\boldsymbol{a}t=(4t\boldsymbol{i}+3t\boldsymbol{j})$(SI);$\boldsymbol{r}=\boldsymbol{r}_0+\boldsymbol{v}_0t+\frac{1}{2}\boldsymbol{a}t^2=\left((10+2t^2)\boldsymbol{i}+\frac{3}{2}t^2\boldsymbol{j}\right)$(SI);(2) 运动轨迹方程$y=\frac{3}{4}(x-5)$(SI). **37.** $t_1=\frac{b-\sqrt{cR}}{c}$;$t_2=\frac{b+\sqrt{cR}}{c}$. *__38.__ (1) $t=69.4$ min;(2) $r=5.0$ cm时,$\omega=26$ rad/s,$\alpha=-3.31\times10^{-3}\ \mathrm{rad/s^2}$. **39.** 圆周运动以逆时针方向为正方向,当$t=2$ s时,$\omega=\beta t=0.4\ \mathrm{rad\cdot s^{-1}}$,$v=r\omega=0.16\ \mathrm{m\cdot s^{-1}}$,$a_n=r\omega^2=0.064\ \mathrm{m\cdot s^{-2}}$,$a_t=r\beta=0.08\ \mathrm{m\cdot s^{-2}}$,$a=\sqrt{a_n^2+a_t^2}=\sqrt{(r\omega^2)^2+(r\beta)^2}=0.102\ \mathrm{m\cdot s^{-2}}$. **40.** (1)$t=2$ s,

$a_t=r\beta=36\ \mathrm{m\cdot s^{-2}}$, $a_n=r\omega^2=1\,296\ \mathrm{m\cdot s^{-2}}$;(2) $\theta=2+3t^3=2\frac{2}{3}=2.67$ rad.

第2章　牛顿定律

一、选择题

1. D　**2.** C　**3.** C　**4.** B　***5.** C　**6.** B　**7.** D　**8.** C　**9.** B　**10.** B　**11.** B　***12.** D　**13.** C　**14.** D　**15.** B

二、填空题

16. 2 N;1 N.　**17.** $v=\frac{\left(\frac{1}{2}Bt^2+At\right)}{m}$; $x=\frac{\left(\frac{1}{6}Bt^3+\frac{1}{2}At^2\right)}{m}$　**18.** $a_{\max}=g(\mu\cos\theta-\sin\theta)$　**19.** $m\frac{d^2x}{dt^2}=-Kt+F_0\cos 2t$; $v_x=v_0-\frac{K}{2\,m}t^2+\frac{F_0}{2\,m}\sin 2t$; $x=v_0t-\frac{K}{6\,m}t^3-\frac{F_0}{4\,m}\cos 2t+\frac{F_0}{4\,m}$.　**20.** $F_n=\frac{16\,mt^2}{R}$.　**21.** $Rg\tan\theta$.　**22.** 5.2 N.　**23.** 1.68 N.　**24.** $\boldsymbol{r}=\frac{2}{3}t^3\boldsymbol{i}+2t\boldsymbol{j}$.　**25.** $\frac{1}{\cos^2\theta}$.　**26.** $2\boldsymbol{i}\ \mathrm{m\cdot s^{-1}}$.　**27.** $T=2\pi\sqrt{\frac{l\cos\theta}{g}}$.　**28.** $\frac{1}{2}R(N-3mg)$.　***29.** $4\ \mathrm{m\cdot s^{-1}}$; $2.5\ \mathrm{m\cdot s^{-1}}$.　**30.** $h=3.6\times10^3$ km.

三、计算题

31. $F=29.4$ N; $T=9.8$ N.　**32.** $N=mg\cos\theta+mv^2/R$; $a_t=g\sin\theta$.　**33.** (1) $T=(mv^2/R)-mg\cos\theta$; $a_t=g\sin\theta$;(2) $a_t=g\sin\theta$,它的数值随 θ 的增加按正弦函数变化.(规定物体由顶点开始转一周又回到顶点,相应 θ 角由 0 连续增加到 2π).当 $0<\theta<\pi$ 时,$a_t>0$,表示 $\boldsymbol{a}_t$ 与 $\boldsymbol{v}$ 同向;$\pi<\theta<2\pi$ 时,$a_t<0$,表示 $\boldsymbol{a}_t$ 与 $\boldsymbol{v}$ 反向.　**34.** $r_{\max}=37.2$ mm; $r_{\min}=12.4$ mm.　***35.** $v_x=\frac{v_0}{1+v_0bt}$; $x=\frac{1}{b}ln(1+v_0bt)$.　***36.** $x=\frac{m}{k}\boldsymbol{v}_0$.　**37.** (1) $v(t)=\frac{1}{1+\frac{kv_0}{m}t}v_0$;(2) $s(t)=\frac{m}{k}\ln\left(1+\frac{kv_0t}{m}\right)$;(3) $v(t)=v_0\mathrm{e}^{-\frac{k}{m}s}$.　**38.** (1) $T=367.5$ N;(2) $a=0.98\ \mathrm{m\cdot s^{-2}}$.　**39.** $v=6t^2+4t+6$, $x=2t^3+2t^2+6t+5$.　**40.** (1) $v_0=\sqrt{gr}$;(2) $h=r(1+\cos\theta)=\frac{5}{3}r$.

第3章　动量守恒定律和能量守恒定律

一、选择题

1. B　**2.** C　**3.** B　**4.** D　**5.** A　**6.** B　**7.** B　**8.** A　**9.** B　**10.** B　**11.** D　**12.** B　**13.** A　**14.** C　**15.** C　**16.** C　**17.** D　**18.** D　**19.** C　**20.** D　**21.** B　**22.** D

二、填空题

23. 正. **24.** 100 m/s. **25.** $k/(2r)$. **26.** $\boldsymbol{v}=2\boldsymbol{i}$ m/s. **27.** $m\sqrt{6gh}$，垂直斜面向下. **28.** mgh. **29.** 67 J. **30.** $mgl\sin\alpha$. **31.** 1.28×10^4 J. **32.** $mgl/50$. **33.** $-\dfrac{2GMm}{3R}$.

三、计算题

34. (1) 56 N·s；(2) 28 N；(3) 5.6 m·s^{-1}. **35.** (1) 9 N·s；(2) 9 N·s. **36.** 12 J. **37.** (1) −50 J；(2)0 J；(3) 物体在上抛运动中机械能守恒.在物体上抛运动中，动能和势能不断转换，其和不变.(4) 50 J. **38.** (1) 在 A 点$(a,0)$，$E_{kA}=\dfrac{1}{2}mb^2\omega^2$；在 B 点$(0,b)$，$E_{kB}=\dfrac{1}{2}ma^2\omega^2$.(2) $-ma\omega^2\cos\omega t\boldsymbol{i}-mb\omega^2\sin\omega t\boldsymbol{j}$；$\dfrac{1}{2}ma^2\omega^2$；$-\dfrac{1}{2}mb^2\omega^2$. **39.** (1) 27 J；(2) 36.45 J. **40.** (1) $\dfrac{1}{2}kA^2$；(2) $\dfrac{1}{2}kA^2$；(3) $\dfrac{1}{2}m\omega^2A^2$；(4) $\omega=\sqrt{k/m}$. **41.** (1) 7.7×10^2 m/s；(2) 2.87×10^{10} J，-5.74×10^{10} J；(3) -2.87×10^{10} J. **42.** (1) 4 m/s；(2) 6 J；(3) 6 J. **43.** (1) 1 800 N；(2) 22 m/s. **44.** (1) $v=\dfrac{M-m}{M+m}v_0$，方向向右；(2) $s=\dfrac{2M-m}{2\,\mu mg}v_0^2$.

第 4 章　刚体转动

一、选择题

1. D **2.** C **3.** B **4.** C **5.** B **6.** C **7.** D **8.** A **9.** C **10.** B **11.** B **12.** A

二、填空题

13. $2mk$，$J\alpha t$. **14.** −0.05 rad/s^2，250 rad. **15.** 刚体转动惯性的量度，刚体的质量、质量分布、转轴位置. **16.** $14\ ml^2$. **17.** $2\omega_0$. **18.** ρ_A 大于 ρ_B. **19.** $-0.5v_0mgt^2\cos\alpha\boldsymbol{k}$，$-v_0mgt\cos\alpha\boldsymbol{k}$，$-v_0mgt\cos\alpha\boldsymbol{k}$. **20.** g/l，$g/2l$. **21.** $\mu mgl/2$.

三、计算题

22. $a+2bt-4ct^3$，$2b-12ct^2$. **23.** 0，$4.5\boldsymbol{k}$. **24.** $\dfrac{5}{12}\boldsymbol{k}$. **25.** $\dfrac{mb^2}{12}$. **26.** $\theta=30°34'$. **27.** 0.2 m/s^2，0.36 m/s^2. **28.** $\dfrac{J\ln 2}{k}$. **29.** 1∶2. **30.** $M=mg\cdot\dfrac{l}{2}$，$\alpha=\dfrac{2g}{3l}$. **31.** $\theta=\dfrac{R\omega_0}{u}\sqrt{\dfrac{M}{2\,\mathrm{m}}}\arctan\left(\dfrac{ut}{R}\sqrt{\dfrac{2\,\mathrm{m}}{M}}\right)$. **32.** $a=\dfrac{mr^2}{mr^2+J}g\sin\theta$，$T=\dfrac{J}{mr^2+J}mg\sin\theta$. **33.** $l=\sqrt{\dfrac{1}{3}}L$.

第5章　机械振动

一、选择题

1. B　**2.** C　**3.** A　**4.** C　**5.** C　**6.** C　**7.** C　**8.** B　**9.** D　**10.** B　**11.** B　**12.** C

二、填空题

13. T/n.　**14.** $2\times10^{-2}\cos\left(\frac{5}{2}t-\frac{\pi}{2}\right)$.　**15.** $0.697\ \mathrm{m/s^2}$；向上；$0.697\ \mathrm{m/s^2}$；向下.
16. 0.628 s.　**17.** 0.　**18.** $|A_2-A_1|\cos\left(\frac{2\pi}{T}t+\frac{1}{2}\pi\right)$.　**19.** $A\cos\left(\frac{2\pi t}{T}-\frac{\pi}{2}\right)$，$A\cos\left(\frac{2\pi t}{T}+\frac{\pi}{3}\right)$.　**20.** $\frac{1}{\pi}\sqrt{\frac{k}{m}}$，$\frac{1}{\pi}\sqrt{\frac{k}{m}}$.　**21.** 落后，$-\frac{\pi}{2}$.　**22.** $T=\frac{24}{11}s$，$\varphi=\frac{2}{3}\pi$.　**23.** 9.42 cm/s.
24. π.

三、计算题

25. (1) 由 $F=-8x$ 可知物体作简谐振动，且 $k=8$ N/m；(2) 0.04 J.　**26.** $t=6n=0,6,12$ s，…($n=0,1,2,\cdots$)时，速度最大.　$t=3(2n+1)=3,9,15$ s，…($n=0,1,2,\cdots$)时，加速度最大.　**27.** (1) 4.19 s；(2) $0.045\ \mathrm{m/s^2}$；(3) $0.02\cos\left(1.5t-\frac{\pi}{2}\right)$(SI).　**28.** (1) $\frac{\pi}{4}$；(2) $x=0.02\cos\left(\pi t+\frac{\pi}{4}\right)$.　**29.** (1) $0.106\cos\left(10t-\frac{\pi}{4}\right)$(SI)，(2) $0.106\cos\left(10t+\frac{\pi}{4}\right)$(SI).

30. 图略，$\frac{19}{3}$ s.　**31.** $\frac{30}{\pi}\cos\left(\frac{\pi}{3}t+\frac{\pi}{6}\right)$.　**32.** (1) 2.72 s.(2) 4.8 cm.　**33.** (1) $x=0.052$ m，$v=-0.094$ m/s，$a=-0.513\ \mathrm{m/s^2}$.(2) 0.833 s.　**34.** π.　**35.** $x=7.81\times10^{-2}\cos(10t+1.48)=7.81\times10^{-2}\cos(10t+0.47\pi)$(SI).

第6章　机械波

一、选择题

1. C　**2.** D　**3.** C　**4.** D　**5.** C　**6.** D　**7.** D　**8.** A　**9.** A　**10.** C　**11.** D　**12.** D
13. A

二、填空题

14. 向 x 轴负向，5 m，2 s，$\frac{1}{2}$ m，$\frac{1}{4}$ m/s.　**15.** $0.25\cos(125t-3.7)$(SI)；-5.55 rad.

16. 2.4，6.　**17.** $0.04\cos(\pi t+\pi)$.　**18.** $A\cos\left[\omega\left(t+\frac{L}{u}\right)+\varphi\right]$；$A\cos\left[\omega\left(t-\frac{x-L}{u}\right)+\varphi\right]$.

19. $0.04\cos\left[2\pi\left(\frac{t}{5}-\frac{x}{0.4}\right)-\frac{\pi}{2}\right]$(SI)；$0.04\cos\left(0.4\pi t-\frac{3\pi}{2}\right)$(SI).　**20.** $6\times10^{-3}\cos\left(2\pi t-\frac{1}{2}\pi\right)$(SI).　**21.** $A\cos\left[2\pi\nu\left(t+\frac{d}{u}\right)+\varphi\right]$.　**22.** $1.58\times10^{21}\ \mathrm{W\cdot m^{-2}}$；$3.79\times10^{19}$ J.

三、计算题

23. (1) $-0.05\ \text{m}, -1.25\sqrt{3}=-2.165\ \text{m/s}, 31.25\ \text{m/s}^2$. (2) 3π.

24. (1) $\nu=\dfrac{\omega}{2\pi}=2\ \text{Hz}, u=2\ \text{m/s}, \lambda=u/\nu=1\ \text{m}$; (2) $x_{\min}=-0.4\ \text{m}$; (3) $t=4\ \text{s}$.

25. $0.1\cos\left(4\pi t+2\pi x+\dfrac{\pi}{2}\right)$. **26.** $2\times10^{-2}\cos\left(100\pi t-\dfrac{1}{2}\pi\right)$; $6.28\ \text{m/s}$. **27.** $y(x,t)=0.1\cos\left[10\left(t-\dfrac{x}{50}\right)+\dfrac{2\pi}{3}\right]$. **28.** (1) $y=0.01\cos(200\pi t-\pi x-\pi/2)$; (2) $y=-0.01\sin(\pi x)$.

29. (1) $A\cos\left(\dfrac{\pi}{2}t+\pi\right)$, (2) $A\cos\left[\dfrac{\pi}{2}t+\dfrac{2\pi(x-d)}{\lambda}\right)+\pi\right]$. **30.** (1) $\varphi_O=\dfrac{\pi}{2}, \varphi_A=0, \varphi_B=-\dfrac{\pi}{2}, \varphi_C=-\dfrac{3\pi}{2}$.(负值表示 A、B、C 点位相,应落后于 O 点的位相)(2) $\varphi_O'=-\dfrac{\pi}{2}, \varphi_A'=0, \varphi_B=\dfrac{\pi}{2}, \varphi_C'=\dfrac{3\pi}{2}$.(正值表示 A、B、C 点位相超前于 O 点的位相) **31.** (1) $\lambda_{\min}=\dfrac{1}{6}\ \text{m}$, (2) $\lambda_{\min}=\dfrac{1}{2}\ \text{m}$. **32.** (1) $A\cos(2\pi\nu t+\pi/2)$; (2) $-2\pi\nu A\cos 2\pi\nu t$. **33.** (1) $A=0.01\ \text{m}$, $u=20\ \text{m/s}$; (2) $0.2\ \text{m}$.

第7章 气体动理论

一、选择题

1. B **2.** C **3.** A **4.** A **5.** B **6.** C **7.** A **8.** B **9.** D **10.** B **11.** C **12.** D **13.** B **14.** B **15.** D

二、填空题

16. $5pV/2$. **17.** $\dfrac{3}{2}N_1kT+\dfrac{5}{2}N_2kT$. **18.** $p_1=p_2$. **19.** $\dfrac{5}{6}$. **20.** $1\,000\ \text{m/s}, \sqrt{2}\times10^3\ \text{m/s}$. **21.** 25%. **22.** $6P_1$. **23.** 1.6 kg. **24.** 速率区间 $0\sim v_p$ 的分子数占总分子数的百分率; $\bar{v}=\dfrac{\int_{v_p}^{\infty}vf(v)\mathrm{d}v}{\int_{v_p}^{\infty}f(v)\mathrm{d}v}$. **25.** 4%. **26.** PV/kT. **27.** kT/m. **28.** $(E/V)_A<(E/V)_B$.

29. $\bar{\lambda}=\bar{\lambda}_0$, $\bar{Z}=\dfrac{1}{2}\bar{Z}_0$.

三、计算题

30. **解:**(1) 493 m/s; (2) 0.028 kg/mol N_2 或 CO 气体; (3) 5.56×10^{-21} J 3.77×10^{-21} J; (4) $1.5\times10^5\ \text{J/m}^3$; (5) 1.70×10^3 J. **31.** (1) 9.68×10^{-21} J; (2) 467 K.

32. (1) $\sqrt{\dfrac{m_2}{m_1}}$; (2) $2\sqrt{\dfrac{E}{3\pi}}\left(\dfrac{1}{\sqrt{m_1}}+\dfrac{1}{\sqrt{m_2}}\right)$; (3) $\dfrac{4E}{3V}$. **33.** $T=280.7$ K. $p=1.04\times10^5$ Pa.

34. 2.43×10^{17}个. **35.** (1) $2.00\times10^{26}\ \text{m}^{-3}$; (2) 6.21×10^{-21} J; (3) 2.49×10^4 J.

36. (1) 8.31×10^{-3} m^3;(2) 6.67×10^{-2} kg　3.33×10^{-2} kg.　**37.** $C=\frac{1}{v_0},\bar{v}=\int_0^{v_0}vf(v)dv=\int_0^{v_0}vCdv=\frac{1}{v_0}\int_0^{v_0}vdv=\frac{v_0}{2},\sqrt{\overline{v^2}}=\frac{v_0}{\sqrt{3}}$.　**38.** (1) 0.2%;(2) 2.0×10^{-42} %;(3) 0 个　**39.** $3v_0$;(2) $4v_0$;(3) $3.65v_0$.

第8章　热力学基础

一、选择题

1. B　**2.** B　**3.** D　**4.** B　**5.** D　**6.** D　**7.** B　**8.** C　**9.** D　**10.** A　**11.** D　**12.** B　**13.** C　**14.** B　**15.** D

二、填空题

16. 等体吸热过程.　**17.** $p_0/2$.　**18.** 5/3;10/3.　**19.** 净功增大,效率不变.　**20.** cd.　**21.** $2^{1/3}$.　**22.** 包括热现象在内的能量转化与守恒定律　热力学过程进行的方向性和条件.　**23.** $S_1=S_2$.　**24.** $2^{1/7}$.　**25.** $A\rightarrow B$.　**26.** 200 K.　**27.** 不变.

三、计算题

28. 14.9×10^5 J,0,14.9×10^5 J　**29.** $W_{ab}=\frac{1}{2}(p_2V_2-p_1V_1)$　$W_{bc}=\frac{5}{2}(p_2V_2-p_1V_1)$　$W_{ca}=p_1V_1\ln\frac{V_1}{V_3}$.　**30.** (1) $Q=\Delta E=623$ J;(2) 417 J;(3) -623 J.　**31.** (1) $p_0V_0(\ln 2-0.5)$;(2)9.8%.　**32.** 1.22.　**33.** (1) 29.4%;(2) 425 K.　**34.** $\frac{T_2}{T_1-T_2}$.　**35.** (1) 66.7 W;(2) 667 $J\cdot s^{-1}$　**36.** 525 K,1.016×10^5 Pa.

第9章　静电场

一、选择题

1. C　**2.** A　**3.** C　**4.** C　**5.** C　**6.** B　**7.** A　**8.** D　**9.** C　**10.** A　**11.** A　**12.** B　**13.** D　**14.** D　**15.** C　**16.** B　**17.** A

二、填空题

18. $\frac{Q}{3\pi\varepsilon_0a^2}$.　**19.** 4,向上.　**20.** $3F/8$.　**21.** $\Phi_E=\pi R^2E,\Phi'_E=-\pi R^2E$.　**22.** $\frac{Q}{2\sqrt{3}\pi\varepsilon_0a}$.　**23.** $E=0,V=\frac{Q}{4\pi\varepsilon_0R}$.　**24.** $\frac{q}{2\pi\varepsilon_0l^2}$,0.　**25.** $-2q$.　**26.** 0.　**27.** $(q_2+q_4)/\varepsilon_0$,q_1、q_2、q_3、q_4.　**28.** $q/24\varepsilon_0$.　**29.** $\frac{qQ}{4\pi\varepsilon_0R}$.　**30.** -140 V.　**31.** 5/6.

三、计算题

32. $\Phi_{OABC}=\Phi_{DEFG}=0,\Phi_{ABGF}=E_2a^2,\Phi_{CDEO}=-E_2a^2,\Phi_{AOEF}=-E_1a^2,\Phi_{BCDG}=(E_1+$

$ka)a^2$. **33.** (1) $E_{pA}=1.2\times10^{-4}$ J, $V_A=1.2\times10^4$ V, (2) 1.2×10^4 V. **34.** (1) 0, (2) 0, (3) $-\dfrac{qq_0}{6\pi\varepsilon_0 R}$. **35.** (1) 9.0×10^{-8} J, (2) 135 V. **36.** (1) $0<r<R_1$, $E_1=\dfrac{1}{4\pi\varepsilon_0}\dfrac{q_0}{r^2}$; $R_1<r<R_2$, $E_2=\dfrac{1}{4\pi\varepsilon_0}\dfrac{Q_1+q_0}{r^2}$; $r>R_2$, $E_3=\dfrac{1}{4\pi\varepsilon_0}\dfrac{Q_1+Q_2+q_0}{r^2}$; (2) $0<r<R_1$, $V_1=\dfrac{1}{4\pi\varepsilon_0}\cdot\dfrac{q_0}{r}+\dfrac{1}{4\pi\varepsilon_0}\dfrac{Q_1}{R_1}+\dfrac{1}{4\pi\varepsilon_0}\dfrac{Q_2}{R_2}$; $R_1<r<R_2$, $V_2=\dfrac{1}{4\pi\varepsilon_0}\dfrac{q_0+Q_1}{r}+\dfrac{1}{4\pi\varepsilon_0}\dfrac{Q_2}{R_2}$; $r>R_2$, $V_3=\dfrac{1}{4\pi\varepsilon_0}\cdot\dfrac{Q_1+Q_2+q_0}{r}$. **37.** (1) $V_A-V_B=\dfrac{Q}{4\pi\varepsilon_0}\left(\dfrac{1}{r_A}-\dfrac{1}{r_B}\right)$, (2) $V_A-V_B=0$, (3) $V_{r>R}(r)=\dfrac{Q}{4\pi\varepsilon_0 r}$, (4) $V_{r<R}(r)=\dfrac{Q}{4\pi\varepsilon_0 R}$. **38.** (1) $\sigma'=-\left(\dfrac{R_2}{R_1}\right)^2\sigma$, (2) $r<R_1$ 区域: $E=0$; $R_1<r<R_2$: $E=-\dfrac{\sigma}{\varepsilon_0}\left(\dfrac{R_2}{r}\right)^2$. **39.** $V_P=\dfrac{q}{8\pi\varepsilon_0 l}\ln\left(\dfrac{2l+a}{a}\right)$. **40.** (1) $E=\dfrac{-\lambda}{2\pi\varepsilon_0 R}$, (2) $V_O=\dfrac{\lambda}{2\pi\varepsilon_0}\ln 2+\dfrac{\lambda}{4\varepsilon_0}$. **41.** (1) 8.85×10^{-9} C/m^2, (2) 6.67×10^{-9} C.

第10章　静电场中的导体和电介质

一、选择题

1. D　**2.** C　**3.** D　**4.** B　**5.** B　**6.** B　**7.** D　**8.** C　**9.** C

二、填空题

10. 0, $-q$. **11.** 降低. **12.** $\sigma=\dfrac{Q+q}{4\pi R_2^2}$. **13.** 无极;电偶极子. **14.** ε_r, 1, ε_r. **15.** $E=\dfrac{\sigma}{\varepsilon_0\varepsilon_r}$. **16.** 增大,减小. **17.** $2U/3$.

三、计算题

18. $\sigma_A=\sigma_D=\dfrac{Q_1+Q_2}{2S}$; $\sigma_B=-\sigma_C=\dfrac{Q_1-Q_2}{2S}$. **19.** $V_1=\dfrac{Q}{4\pi\varepsilon_0}\left(\dfrac{1}{a}-\dfrac{1}{b}+\dfrac{1}{c}\right)$, $V_2=\dfrac{Q}{4\pi\varepsilon_0 c}$.

20. (1) $q_1=6.67\times10^{-9}$ C, $q_2=13.3\times10^{-9}$ C. (2) $V_1=V_2=\dfrac{q_1}{4\pi\varepsilon_0 r_1}=6.0\times10^3$ V.

21. (1) ① $R_0<r_1<R_1$: $D=\dfrac{Q}{4\pi r_1^2}$, $E=\dfrac{Q}{4\pi\varepsilon_0 r_1^2}$. ② $R_1<r_2<R_2$: $D=\dfrac{Q}{4\pi r_2^2}$, $E=\dfrac{Q}{4\pi\varepsilon_0\varepsilon_r r_2^2}$. ③ $r_3>R_2$: $D=\dfrac{Q}{4\pi r_3^2}$, $E=\dfrac{Q}{4\pi\varepsilon_0 r_3^2}$. (2) $\dfrac{Q}{4\pi\varepsilon_0}\left[\dfrac{1}{R_0}+\dfrac{1-\varepsilon_r}{\varepsilon_r}\left(\dfrac{1}{R_1}-\dfrac{1}{R_2}\right)\right]$. **22.** (1) $C=\dfrac{\varepsilon_0 S}{d-t}$. (2) 无影响. **23.** (1) E 不变. 铜板在板间时, $E=\dfrac{U_1}{d_1-d_2}=1.5\times10^{-5}$ V/m. 抽出后, $E=\dfrac{\sigma}{\varepsilon_0}=\dfrac{q}{S\varepsilon_0}$, q 不变,所以 E 不变. (2) 2.99×10^{-6} J. **24.** 120 pF,都被击穿. **25.** (1) 3.16×

10^{-6} F.(2) 1×10^{-3} C,100 V. **26.** 5.4 μF,$\begin{cases}Q_1=2.4\times10^{-4}\ \text{C}\\Q_2=4\times10^{-5}\ \text{C}\\Q_3=2\times10^{-4}\ \text{C}\\Q_4=3\times10^{-4}\ \text{C}\end{cases}$. **27.** (1) $C=\dfrac{4\pi\varepsilon_0R_1R_2}{R_2-R_1}$. (2) $\dfrac{Q^2(R_2-R_1)}{8\pi\varepsilon_0R_1R_2}$. **28.** (1) $Q_1=C_1U=1.28\times10^{-3}$ C ,$Q_2=C_2U=1.92\times10^{-3}$ C.(2) 并联前 $W_0=1.28$ J,并联后 $W=0.512$ J.

第11章 恒定磁场

一、选择题

1. D **2.** D **3.** B **4.** D **5.** B **6.** D **7.** D **8.** D **9.** B **10.** B **11.** B **12.** B **13.** A **14.** B **15.** B **16.** C **17.** B **18.** D **19.** C **20.** A **21.** D **22.** A **23.** C

二、填空题

24. 3.0×10^{-3} Wb,1.5×10^{-3} Wb. **25.** 3×10^{-6} N/cm,0,3×10^{-6} N/cm. **26.** 吸引. **27.** 1∶1,30°. **28.** $\dfrac{\sqrt{3}}{4}IBl^2$,竖直向下. **29.** $\dfrac{2}{3}\mu_0 I$. **30.** $\dfrac{\mu_0 Il}{2\pi}\ln\dfrac{d_2}{d_1}$. **31.** 逆时针. **32.** $\sqrt{2}aIB$. **33.** $\dfrac{\mu_0 Ia}{2\pi}\ln 2$. **34.** 1∶1. **35.** 3.57×10^{-10} s,4.48×10^{-10} A. **36.** $\mu_0 I$,0,$2\mu_0 I$. **37.** 0,0. **38.** $\dfrac{9\mu_0 I}{4\pi a}$,⊙. **39.** 2. **40.** $v\cos\theta\cdot\dfrac{2\pi m}{qB}$,$\dfrac{mv\sin\theta}{qB}$.

三、计算题

41. (1) $F_{AB}=\dfrac{\sqrt{3}\mu_0 bI_1I_2}{2\pi(a+b)}$,$F_{BC}=\dfrac{\mu_0I_1I_2}{2\pi}\ln\dfrac{a+b}{a}$,$F_{CA}=\dfrac{\mu_0I_1I_2}{\pi}\ln\dfrac{a+b}{a}$;(2) $\Phi_m=\dfrac{\sqrt{3}\mu_0I_1}{2\pi}\left(b-a\ln\dfrac{a+b}{a}\right)$. **42.** (1) $B=1.14\times10^{-3}$ T,方向垂直纸面向里;(2) $t=1.57\times10^{-8}$ s. **43.** $B=\dfrac{\mu_0 I}{4\pi R}+\dfrac{\mu_0 I}{4R}=2.1\times10^{-5}$ T,方向垂直纸面向里. **44.** (1) $\Phi_{abOc}=-0.24$ Wb;(2) $\Phi_{bedO}=0$;(3) $\Phi_{acde}=0.24$ Wb. **45.** $v=\dfrac{\lambda}{\varepsilon_0\mu_0 I}$. **46.** (1) $B=7.02\times10^{-4}$ T;(2) 与 cc' 平面夹角 $\theta=63.5°$. **47.** $I=17.2$ A. **48.** $B=\dfrac{\mu_0 Ir}{2\pi R^2}(r<R)$,$B=\dfrac{\mu_0 I}{2\pi r}(r>R)$;$\Phi=\dfrac{\mu_0 Il}{4\pi}$. **49.** $B=\dfrac{\mu_0 I}{2\pi a}+\dfrac{\mu_0 I}{2\pi a}=4.0\times10^{-4}$ T,2.2×10^{-5} Wb.

第12章 电磁感应 电磁场

一、选择题

1. B **2.** C **3.** B **4.** D **5.** A ***6.** A **7.** B ***8.** D **9.** D **10.** B **11.** D

12. A **13.** C **14.** D **15.** B **16.** D **17.** B △**18.** A △**19.** C △**20.** B

二、填空题

***21.** $\frac{\mu_0 Iv}{2\pi}\ln\frac{d+l}{l}$. **22.** $0,\frac{1}{2}B\omega L^2$,高. **23.** 直. **24.** 7.0×10^{-3} V,A.

***25.** 3.18×10^{-5} V,2.86×10^{-4} V,2.54×10^{-4} V. **26.** $100\pi AN$. ***27.** $\frac{\mu_0 neRk}{4\ m_e}$,0.

28. πcaR^2. **29.** 31 V,逆时针. **30.** (1) 顺时针;(2) 顺时针. **31.** 1.11×10^{-5} V,A 端.

32. 0. ***33.** $\frac{1}{4}\pi R^2 k$,$c\to b$. △**34.** 1.21×10^3.

三、计算题

35. $I_{\max}=9.42\times10^{-3}$ A. **36.** (1) $\varepsilon_1=0.50$ V,$E_k=1$ N/C;(2) $\varepsilon_2=\left(\frac{100\pi}{6}-4\sqrt{3}\right)\times10^{-2}$ V≈0.45 V,感应电流沿顺时针方向. **37.** $\varepsilon_1=\frac{\mu_0 Iv}{2\pi}\ln\frac{5}{2}$. ***38.** $I_i=-\frac{\pi\mu_0\lambda r_1^2}{2R}\frac{d\omega}{dt}$,$\frac{d\omega}{dt}>0$ 时,电流为顺时针;$\frac{d\omega}{dt}<0$ 时,电流为逆时针. **39.** (1) 2.76×10^{-7} Wb,(2) 5.52×10^{-8} V,逆时针. ***40.** $v=\frac{mgR\sin\theta}{B^2l^2\cos^2\theta}$. **41.** (1) 顺时针切线方向,感生电场大小 $E_k=\frac{r}{2}\frac{dB}{dt}$,$r$ 为各点到圆心的距离;(2) $\varepsilon_{AC}=0$;(3) 4×10^{-3} V;(4) 2×10^{-3} A;(5) 4×10^{-3} V,A 点电势高. ***42.** $\varepsilon=\frac{\mu_0 Iv}{2\pi}\ln\frac{2(a+b)}{2a+b}$,$D$ 端的电势较高. ***43.** $\frac{\mu_0\omega I}{2\pi}\left(L-b\ln\frac{b+L}{b}\right)$.

44. $\frac{3}{18}B\omega l^2$,b 点电势高.

第13章 几何光学

一、选择题

1. C **2.** A **3.** D **4.** B **5.** C **6.** C **7.** C **8.** D **9.** B **10.** C

二、填空题

11. 均匀. **12.** 入射光线,反向延长线. **13.** 入射角,临界角,反射光. **14.** $\sqrt{2}/2$. **15.** 平面镜,物体在平面镜中成虚像,像和物体的大小相同,像和物体到镜面的距离相等,它们的连线与镜面垂直. **16.** 光的直线传播定律,光的独立传播定律,反射和折射定律. **17.** 光程. **18.** 像方焦点. **19.** 球差. **20.** 3 cm.

三、计算题

21. (1) $n=1.5$. (2) $\lambda_0=600$ nm. **22.** $m_{\min}=5$,需将屏幕移近 123 cm. **23.** 像在第二透镜后 6 cm 处. **24.** (1) $p=100$ cm,实物成放大实像. (2) $p=50$ cm,实物成放大虚像.

第14章　波动光学

一、选择题

1. B　**2.** A　**3.** D　**4.** B　**5.** B　**6.** B　**7.** C　**8.** D　**9.** A　**10.** C　**11.** C　**12.** D　**13.** A　**14.** B　**15.** B　**16.** B　**17.** A　**18.** D　**19.** B　**20.** B　**21.** C　**22.** D　**23.** B　**24.** B　**25.** D　**26.** B　**27.** B　**28.** D　**29.** A　**30.** B

二、填空题

31. 波动,横.　**32.** 0.075.　**33.** $4I_0$.　**34.** π.　**35.** dy/d'.　**36.** 3.　**37.** 下,不变.　**38.** 1/2.　**39.** 上.$(n-1)e$.　**40.** 向中心收缩.　**41.** $2(n-1)d$.　**42.** 0.36λ　**43.** 暗纹.　**44.** $I_0/2$.　**45.** $(A\cos\theta)^2$.　**46.** 0.　**47.** 子波,子波干涉.　**48.** 3.　**49.** $\lambda/\sin\theta$.　**50.** 428.6 nm.　**51.** $(b+b')\sin\varphi$.　**52.** 11.5°.　**53.** $I_0/2$,0.　**54.** 不变,光强有变化,但最小值不等于零;某方向最小值为零.　**55.** 2,1/4.　**56.** 0,平行,I_0.　**57.** 垂直.

三、计算题

58. (1) 0.11 m;(2) 零级明纹移到原第7级明纹处.　**59.** 1 cm,0.5 cm.　**60.** (1) 1 mm;(2) 1.5　**61.** 600 nm(橙),429 nm(紫),因此油膜上呈现紫橙色.　**62.** 600 nm.　**63.** 1.08 μm.　**64.** 590.3 nm.　**65.** 10.0 m.　**66.** 薄膜厚度为105.8 nm的奇数倍.　**67.** 1.61 mm.　**68.** 0.18 cm.　**69.** 0.15 mm.　**70.** (1) 510.3 nm;(2) 25°.　**71.** (1) 500 nm;(2) $k=1, 1.5\times10^{-3}$ rad;(3) 2×10^{-3} m.　**72.** (1) $I_1=\frac{3}{4}I_0, I_2=\frac{3}{16}I_0$;(2) $I_1'=\frac{I_0}{2}, I_2'=\frac{1}{8}I_0$.　**73.** (1) 48.44°;(2)41.56°.

第15章　狭义相对论

一、选择题

1. B　**2.** C　**3.** C　**4.** A　**5.** C　**6.** D　**7.** A　**8.** A　**9.** C　**10.** A

二、填空题

11. $t'=2.375\times10^{-4}$ s,$x'=-3.875\times10^{4}$ m.　**12.** 9.1%.　**13.** $(4/5)c$.　**14.** 4.32 m,2.60 m.　**15.** 150 min.　**16.** 2.68 m.　**17.** $0.866c$.　**18.** $3m_0$.　**19.** $7.1m_0c^2$,$7.02m_0c$,$6.1m_0c^2$.

三、计算题

20. $\Delta t'=8.89\times10^{-8}$ s.　**21.** $\Delta t=6.17$ s.　**22.** $u=\dfrac{l_0}{\sqrt{\Delta t^2+\dfrac{l_0^2}{c^2}}}$.　**23.** $u=c\sqrt{1-\left(\dfrac{a}{l_0}\right)^2}$.　**24.** (1) $\Delta E_k=2.57\times10^3$ eV.(2) $\Delta E_k'=3.21\times10^5$ eV.

第16章　量子物理

一、选择题

1. B　**2.** C　**3.** D　**4.** D　**5.** D　**6.** D　**7.** A　**8.** C　**9.** D　**10.** D　**11.** C　**12.** A　**13.** C　**14.** A　**15.** C　**16.** B　**17.** A　**18.** C　**19.** B　**20.** D　**21.** A　**22.** D

二、填空题

23. 减少.　**24.** 1.88 eV.　**25.** 1.44 V.　**26.** 2.0 eV.　**27.** 氢光谱实验.　**28.** 121.6 nm.　**29.** $h\nu$, $\frac{h}{\lambda}$, $\frac{h}{\lambda c}$.　**30.** 6.57×10^{15} Hz.　**31.** 不变、变长、波长变长.　**32.** -0.85、-3.4.　**33.** 13.6、-3.4.　**34.** 10.2.　**35.** 4、1;4、3.　**36.** 1、2.　**37.** 波动性.　**38.** 0.122 6 nm.　**39.** $1/\sqrt{3}$.　**40.** 1.33×10^{-23}.　**41.** 粒子在 t 时刻在(x,y,z)处出现的概率密度、单值、有限、连续；$\iiint|\Psi|^2\mathrm{d}x\mathrm{d}y\mathrm{d}z=1$.　**42.** 2、$2\times(2l+1)$、$2n^2$.　**43.** $\frac{1}{2}$、$-\frac{1}{2}$.　**44.** $0,\sqrt{2}\hbar,\sqrt{6}\hbar$.　**45.** 8.　**46.** 泡利不相容、能量最小.　**47.** 一个原子内部不能有两个或两个以上的电子有完全相同的四个量子数(n、l、m_l、m_s).　**48.** 4.　**49.** $\left(1,0,0,\frac{1}{2}\right)$,$\left(1,0,0,-\frac{1}{2}\right)$.

三、计算题

50. (1)$\lambda_m=9.89\times10^{-6}$ m,(2) $T=4.46\times10^3$ K.　**51.** 光子数　$n=P\lambda/(hc)$　光子的质量:$m=3.33\times10^{-36}$ kg.　**52.** $v_m=6.8\times10^5$ m/s,$U_0=-1.3$ V　**53.** 电子的动量和能量分别为 $p_e=3.3\times10^{-24}$ kg·m/s　$E_e=38$ eV.光子的动量和能量分别为 $p=3.3\times10^{-24}$ kg·m/s　$\varepsilon=6\,200$ eV.　**54.** 氢原子能达到的状态为 $n=3$ 的激发态.　**55.** $E_k=4.98\times10^{-6}$ eV.　**56.** 德布罗意波长为:8.85×10^{-13} m.　**57.** $\frac{1}{2}a$.　**58.** 0.091.　**59.** E 的可能值为:$E_1=-13.6$ eV、$E_2=-3.4$ eV、$E_3=-1.51$ eV.能量为 E_1 的概率为 2/5,能量为 E_2 的概率为 3/10,能量为 E_3 的概率为 3/10.能量的平均值为-6.91 eV.